Ernst Probst

Flugsaurier
in Deutschland

Von *Dorygnathus*
bis zu *Targaryendraco*

Widmung

*Dr. Rupert Wild, Ludwigsburg
und Dr. h. c. Helmut Tischlinger, Stammham,
gewidmet, die mich mehrfach bei Büchern
unterstützt haben.*

*Dank
Professor Dr. Jörg Fröbisch, Berlin,
Dr. Fabio Marco Dalla Vecchia,
Coloredo di Prato (Italien),
Dr. h. c. Helmut Tischlinger, Stammham,
Dr. Jahn J. Hornung, Hamburg,
Rico Stecher, Chur,
danke ich für wertvolle Hilfe
bei diesem Buch!*

Impressum:
Flugsaurier in Deutschland
1. Auflage als Print-Buch: April 2023
Autor: Ernst Probst
Im See 11, 55246 Mainz-Kostheim
Telefon: 06134/21152
E-Mail: ernst.probst (at) gmx.de
Herstellung: Amazon Distribution GmbH, Leipzig
Alle Rechte vorbehalten
ISBN: 979-8-389-47997-5

Pterodactylus auf der Suche nach Nahrung an den Klippen.
Abbildung aus dem Buch „Mighty Animals"
der amerikanischen Journalistin Jennie Irene Mix (1862–1925)

Steinbruch in Solnhofen (Mittelfranken).
Bild eines unbekannten Künstllers
aus dem 19. Jahrhundert

Vorwort

Flugsaurier in Deutschland stehen im Mittelpunkt des gleichnamigen Taschenbuches. Aus der Triaszeit, in der anderswo vor etwa 220 Millionen Jahren die ersten Lang-schwanz-Flugsaurier erschienen, sind bisher aus Deutsch-land keine Flugsaurier bekannt. Die geologisch ältesten Flugsaurier hierzulande stammen aus dem Unterjura vor ungefähr 180 Millionen Jahren. Zahlreiche Flugsaurier-Fossilien aus dem Oberjura vor rund 150 Millionen Jahren liegen aus den Solnhofener Plattenkalken in Bayern vor. Seltenheiten sind Flugsaurier-Funde aus der Kreidezeit vor mehr als 65 Millionen Jahren. Unter den Flugsauriern in Deutschland gab es solche im Adlerformat und andere im Spatzenformat. In Wort und Bild vorgestellt werden auch Flugsaurier aus aller Welt. Unter ihnen gab es wahre Riesen mit bis zu drei Meter langem Kopf, maximal sechs Metern Höhe und einer Flügelspannweite bis zu zwölf Metern.

*Lebensbild des Langschwanz-Flugsauriers Eudimorphodon
aus der Obertriaszeit.*
*Bild: Zeichnung von Arthur Weasley / CC BY-SA 3.0
(via Wikimedia Commons),
lizensiert unter Creative Commons-Lizenz by-sa-3.0-de,
http://creativecommons.org/licenses/by-sa/3.0/legalcode*

Inhalt

Lebensbild des Langschwanz-Flugsauriers
Dorygnathus banthensis von Dmitry Bogdanov.
Bild; Dmitry Bogdanov / CC BY-SA 3.0
(via Wikimedia Commons),
lizensiert unter Creative Commons-Lizenz by-sa-3.0,
https://creativecommons.org/licenses/by-sa/3.0/legalcode

Lebensbild des Kurzschwanz-Flugsauriers Pterodactylus (links)
und des Langschwanz-Flugsauriers Rhamphorhynchus (rechts)
von Heinrich Harder (1858–1935) –
The Wonderful Paleo Art of Heinrich Harder

Lebensbild des Kurzschwanz-Flugsauriers
Pterodactylus antiquus von Matthew P. Martyniuk.
Bild: Matthew P. Martyniuk / CC BY-SA 4.0
(via Wikimedia Commons),
lizensiert unter Creative Commons-Lizenz by-sa-4.0
https://creativecommons.org/licenses/by-sa/4.0/legalcode

*Lebensbild von Quetzalcoatlus northropi
aus der Oberkreidezeit von Texas (USA) von Johnson Mortimer.
Bild: Johnson Mortimer / CC BY-3.0 /
https://www.deviantart.com/johnson-mortimer/art/Quetzalcoatlus-
582934790 (via Wikimedia Commons),
lizensiert unter Creative Commons-Lizenz by-3.0,
https://creativecommons.org/licenses/by/3.0/legalcode*

Johann Jakob Kaup (1803–1873).
Ausschnitt aus einem vermutlich um 1860 entstandenen Foto

Die Flugsaurier

Flugsaurier gelten als die ersten Wirbeltiere der Erde, die sich an das Leben in der Luft angepasst haben. Sie existierten im Erdmittelalter von vor etwa 220 bis 65 Millionen Jahren mehr als 150 Millionen Jahre lang – mit Ausnahme der Antarktis – überall auf unserem „Blauen Planeten". Noch länger, nämlich 235 Millionen Jahre, behaupteten sich Dinosaurier, wenn man heutige Vögel als überlebende „Dinos" betrachtet.

Die ersten Flugsaurier (Pterosaurier) erschienen bereits in der Obertrias vor rund 220 Millionen Jahren, also ca. 70 Millionen Jahre früher als die ersten Urvögel im Oberjura vor ungefähr 150 Millionen Jahren. Die Urvögel wie *Archaeopteryx* werden heute als fliegende Raubdinosaurier mit Federn betrachtet, was nicht jedermanns Zustimmung findet. Gegen Ende der Oberkreide vor ca. 65 Millionen Jahren starben die Flugsaurier aus.

Den wissenschaftlichen Namen Pterosauria bzw. Pterosaurier („Geflügelte Echsen") für die Flugsaurier hat 1834 der Darmstädter Zoologe und Paläontologe Johann Jakob Kaup (1803–1873) geprägt. Der unehelich geborene Sohn einer jungen Darmstädterin und eines adeligen Leutnants, der Kaups schwangere Mutter früh verließ, tat sich oft als Erstbeschreiber von Tierarten aus der Urzeit hervor.

Der Stuttgarter Wirbeltier-Paläontologe Rupert Wild vertritt die Auffassung, die Flugsaurier seien nicht wie die Dinosaurier aus den Archosauriern hervorgegangen, sondern hätten sich früher abgezweigt. Seine Meinung, die Flugsaurier seien nicht nahe mit den Dinosauriern verwandt und würden nicht von den Archosauriern abstammen, wur-

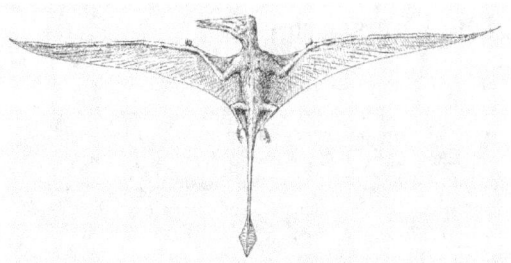

Lebensbild eines Langschwanz-Flugsauriers,
Rekonstruktion des österreichischen Paläontologen
Othenio Abel (1875–1946) von 1919

Lebensbild eines Kurzschwanz-Flugsauriers.
Rekonstruktion des österreichischen Paläontologen
Othenio Abel von 1920.

de in der Folgezeit von dem Münchner Paläontologen Peter Wellnhofer und anderen Experten vertreten. Wild rekonstruierte einen hypothetischen, auf Bäumen lebenden, kleinen, vierbeinigen Urahn namens *Protopterosaurus* mit Flughäuten und verlängertem vierten Finger.

Die ältesten Flugsaurier gehören zur Unterordnung der Langschwanz-Flugsaurier (Rhamphorhynchoidea), auch basale Pterosauria genannt, mit langem Schwanz und kurzen Mittelhand-Knochen. Sie erschienen in der Obertrias vor etwa 220 Millionen Jahren und erlebten ihre Blütezeit im Jura (etwa 201 bis 145 Millionen Jahre). Ab dem Mitteljura (174 Millionen bis 163,5 Millionen Jahre) oder ab dem folgenden Oberjura (163,5 bis 145 Millionen Jahre) tauchten die ersten Kurzschwanz-Flugsaurier (Pterodactyloidea) mit keinem oder kurzem Schwanz und langen Mittelhand-Knochen auf. Sie hatten sich von einem Zweig der Langschwanz-Flugsaurier abgespaltet. Im Oberjura vor etwa 150 Millionen Jahren kamen Langschwanz-Flugsaurier wie *Rhamphorhynchus* und Kurzschwanz-Flugsaurier wie *Pterodactylus* in der Gegend von Solnhofen und Eichstätt in Bayern zusammen vor. Gegen Ende des Oberjura vor ungefähr 145 Millionen Jahren starben die Langschwanz-Flugsaurier aus. In der Kreidezeit (etwa 145 bis 65 Millionen Jahre) erreichten die Kurzschwanz-Flugsaurier den Höhepunkt ihrer Entwicklung. Unter ihnen befanden sich viele bezahnte und einige zahnlose Formen und die größten Flugsaurier *(Quetzalcoatlus, Arambourgiania, Azhdarcho* und *Hatzegopteryx)* mit imposanten Flügelspannweiten bis zu zwölf Metern. Die erwähnten riesigen Flugsaurier wurden 1986 von dem amerikanischen Wirbeltier-Paläontologen Kevin Padian in einer Familie namens Azhdarchidae zusammengefasst.

Amerikanischer Paläontologe Douglas A. Lawson,
Entdecker des riesigen Flugsauriers Quetzalcoatlus northropi
in Texas (USA).
Paßbild, aufgenommen von Bob Lynds in Berkeley (Kalifornien).
Foto: Bob Lynds / CC BY-SA 4.0 (via Wikimedia Commons),
lizensiert unter Creative Commons-Lizenz by-sa-4.0,
https://creativecommons.org/licenses/by-sa/4.0/legalcode

Die Kurzschwanz-Flugsaurier behaupteten sich bis zum Massenaussterben gegen Ende der Kreidezeit vor ungefähr 65 Millionen Jahren. Dieses Ereignis wurde früher als Dinosaurier-Aussterben bezeichnet, bis man die heutigen Vögel als überlebende Dinosaurier betrachtete.

Der damals größte Flugsaurier wurde 1971 von dem Studenten Douglas A. Lawson in Texas (USA) entdeckt. Das riesige Flugtier erreichte eine Flügelspannweite von maximal zwölf Metern, ein Gewicht von schätzungsweise 100 bis 250 Kilogramm, lebte gegen Ende der Kreidezeit vor mehr als 65 Millionen Jahren und wurde *Quetzalcoatlus northropi* genannt. Sein Gattungsname *Quetzalcoatlus* erinnert an den als gefiederte Schlange dargestellten altmexikanischen Gott Quetzalcoatl, sein Artname *northropi* an das amerikanische Flugzeug Northrop YX-49. Dieser riesige Kurzschwanz-Flugsaurier war möglicherweise ein Aasfresser, der sich von Überresten verendeter Tiere ernährte.

Von der großen Art *Quetzalcoatlus northropi* mit einer Flügelspannweite bis zu zwölf Metern hat man im Big Bend Nationalpark, einer Region am Fluss Rio Grande im Südwesten von Texas, nur wenige fossile Reste geborgen, dagegen Hunderte von der kleinen Art *Quetzalcoatlus lawsoni* mit einer Flügelspannweite bis zu fünf Metern und einem Lebendgewicht von schätzungsweise 70 Kilogramm. Beide Arten lebten in einer Zeit, in der das Fundgebiet ein immergrüner Wald war und nicht – wie heute – eine Wüste. Abenteuerlich klingt die Entdeckungsgeschichte des riesigen Kurzschwanz-Flugsauriers *Arambourgiania philadelphiae* aus der Oberkreide von Jordanien. In den frühen 1940er Jahren stieß ein Arbeiter bei Reparaturen an der Bahnstrecke von Amman (Jordanien) nach Damaskus (Syrien) bei Russeifa nahe Amman auf einen 62 Zentimeter langen

*Abguss des Holotypus von Arambourgiania philadelphiae
im Muséum national d'histoire naturelle, Paris.
Foto: Gheodghedo / CC BY-SA 3.0 (via Wikimedia Commons),
lizensiert unter Creative Commons-Lizenz by-sa-3.0.
https://creativecommons.org/licenses/by-sa/3.0/legalcode*

Größenvergleich des gigantischen Flugsauriers
Arambourgiania philadelphiae (rechts)
mit dem großen Raubdinosaurier Tyrannosaurus rex
und dem merklich kleineren Raubdinosaurier Balaur bondoc
(„Untersetzter Drache") sowie einem heutigen Menschen
der Art Homo sapiens (von rechts nach links).
Bild: CC BY 2.0 (via Wikimedia Commons),
lizensiert unter Creative Commons-Lizenz by-2.0,
https://creativecommons.org/licenses/by/2.0/legalcode
Abbildung aus: WITTON, Mark P. / NAISH, Darren:
Azhdarchid pterosaurs: water-trawling pelican mimics
or „terrestrial stalkers"?. In: Acta Palaeontologica Polonica
60 (3): S. 651–660. 2015.

fossilen Knochen. Amin Kawar, der Direktor einer Phosphatmine, erwarb 1943 dieses Fossil. Nach dem Zweiten Weltkrieg (1939–1945) wies Kawar den englischen Archäologen Fielding auf den Fund hin. Dies weckte das Interesse von Wissenschaftlern und von König Abdallah I. von Jordanien (1882–1951). 1953 schickte man den Knochen an den französischen Agrar-Ingenieur, Geologen und Anthropologen Camille Arambourg (1885–1969) im Muséum national d'histoire naturelle in Paris. Arambourg untersuchte das Fossil und identifizierte es 1954 als Mittelhand-Knochen eines imposanten Flugsauriers. 1959 beschrieb Arambourg anhand des Knochens die neue Gattung und Art *Titanopteryax philadelphiae*. Der Gattungsname *Titanopteryx* bedeutet „Titanenflügel", der Artname *philadelphiae* erinnert an den Namen von Amman in der Antike.

Nach seiner Erstbeschreibung von *Titanopteryx* schickte Arambourg das Fossil zurück zur Phosphatmine in Jordanien. Zuvor hatte er von dem Knochen einen Gipsabguss anfertigen lassen. In der Mine geriet der Fund in Vergessenheit und galt bald als verschollen.

Als 1971 extrem lange Halswirbel des gigantischen Flugsauriers *Quetzalcoatlus northropi* in Texas zum Vorschein kamen, erkannte man, dass auch der vermeintliche Mittelhand-Knochen von *Titanopteryx* in Jordanien ein Halswirbel ist. In den 1980er Jahren erfuhr der russische Paläontologe Lev A. Nessov (1947–1995) von einem Entomologen (Insektenkundler) über den Gattungsnamen *Titanopteryx*. Weil dieser bereits 1935 von dem deutschen Zoologen und Entomologen Günther Enderlein (1872–1968) für eine Fliege vergeben worden war, benannte Nessov 1989 die Gattung *Titanopteryx* in *Arambourgiania* um. Der Artname *Arambourgiania* ehrt den inzwischen verstorbenen Pariser Forscher Arambourg. Im Westen verwendete man den Gattungsnamen *Titanopteryx* weiterhin informell. Teilweise wurde der neue Name *Arambourgiania* vermieden, weil man ihn als Nomen dubium (zweifelhafter Name) betrachtete.

Anfang 1995 reisten die Paläontologen David M. Martill (Portsmouth) und Eberhard Frey (Karlsruhe) nach Jordanien, um den in den frühen 1940er Jahren geborgenen Knochen zu untersuchen. Den Holotypus, anhand dessen 1959 *Titanopteryx philadelphiae* beschrieben wurde, konnten sie in der Phosphatmine nicht finden., Aber in einem Schrank des Büros der Jordan Phosphate Mines Company fielen ihnen einige andere Flugsaurier-Knochen auf. Nach der Abreise von Martill und Frey nach Europa durchsuchte der Ingenieur Rashdie Sadaqah die Phosphatmine weiter. 1996 recherchierte er, der Geologe Hani N. Khoury habe den Flugsaurier-Knochen 1969 von der Mine gekauft und ihn 1973 der Universität von Jordanien in Amman geschenkt. Das Fossil befand sich noch in der Sammlung der Universität und konnte von Martill und Frey untersucht werden. Bei dem Holotypus (Inventar-Nummer: VF 1) von *Titanopteryx philadelphiae* handelt es sich um den sehr langgestreckten, vermutlich fünften Halswirbel. Der ursprünglich 62 Zentimeter lange, nicht komplett erhaltene Knochen war in drei Teile zersägt worden, wovon heute der Mittelteil fehlt. Martill und Frey schätzten die Gesamtlänge des Halswirbels auf 78 Zentimeter und die gesamte Halslänge auf etwa drei Meter. Durch einen Vergleich mit dem kleineren, ungefähr 66 Zentimeter langen fünften Halswirbel von *Quetzalcoatlus northropi* aus Texas berechnete das Forscherduo Martill und Frey eine Flügelspannweite von *Arambourgiania philadelphiae* von zwölf bis dreizehn Metern. Damit hätte *Arambourgiania* merklich *Quetzalcoatlus northropi* übertroffen und wäre nun der größte Flugsaurier gewesen. Spätere Schätzungen ergaben allerdings manchmal nur eine Flügelspannweite von sieben Metern.

2016 wurde ein Halswirbel aus der Coon Creek-Formation des Mc-Nairy County in Tennessee (USA) beschrieben, den man mit *Arambourgiania philadelphiae* in Verbindung brachte. Falls dies zuträfe, wäre diese Art auch in Nordamerika nachgewiesen.

1984 ließ der russische Paläontologe Lev A. Nessov aus Sankt Petersburg mit seiner Erstbeschreibung der riesigen neuen Gattung und Art des Kurzschwanz-Flugsauriers *Azhdarcho lancicollis* aus der Oberkreide von Ubekistan die Welt aufhorchen. Der nach einem usbekischen Drachen bezeichnete Flugsaurier *Azhdarcho* besaß ähnlich extrem lange und schlanke Halswirbel wie *Quetzalcoatlus northropi* aus Texas mit einer Flügelspannweite von maximal zwölf Metern.

2002 erregten die Paläontologen Eric Buffetaut, Dan Grigorescu und Zoltan Csiki mit der Nachricht über den in Rumänien entdeckten riesenhaften Kurzschwanz-Flugsaurier *Hatzegopteryx thambema* aus der Oberkreide großes Aufsehen. Die fossilen Reste dieses Flugsauriers wurden 1978 von Grigorescu im Hateg-Becken im Nordwesten Rumäniens gefunden und zunächst für die Überreste eines Raubdinosauriers gehalten. Erst Ende der 1990er Jahre erkannte man am leichten Knochenbau, dass es sich um einen Flugsaurier handelte. Der Gattungsname *Hatzegopteryx* setzt sich aus dem rumänischen Namen des Fundortes Hateg (deutsch: Hötzing) und dem altgriechischen Begriff pteryx (Flügel) zusammen. Der Artname *thambema* (der Schrecken) spielt auf die enorme Größe dieses Flugsauriers an. Der Gigant trug einen etwa drei Meter langen Schädel, hatte eine Flügelspannweite von maximal zwölf Metern und in aufrechter Körperhaltung eine Höhe bis zu sechs Metern wie eine ausgewachsene männliche heutige Giraffe. Über die Frage, wie ein bis zu 250 Kilogramm schwerer Flugsaurier-Gigant wie *Quetzalcoatlus northropi* fliegen konnte, haben sich viele Wissenschaftler den Kopf zerbrochen. 2021 stellten Kevin Padian, James R. Cunningham, Wann Langston Jr. und John Conway die These auf, *Quetzalcoatlus northropi* sei drei Meter hoch oder noch mehr in die Luft gesprungen, um dann flügelschlagend abzuheben. Bei einem 250 Kilogramm schweren *Quetzalcoatlus* habe die Flugmuskulatur womöglich 50 Kilogramm gewogen. Vorher waren andere Forscher davon ausgegangen, Flugsaurier hätten sich auf Vorder- und Hintergliedmaßen gestellt, um in die Luft zu starten. Die zu Flügeln geformten Vordergliedmaßen hätten dabei den Boden berührt. Eine andere These besagte, *Quetzalcoatlus* sei zu schwer gewesen, um bei Windstille fliegen zu können.

Die Flügelspannweiten der im Oberjura vor etwa 150 Millionen Jahren im Gebiet von Solnhofen und Eichstätt in Bayern lebenden Flugsaurier reichten von zwanzig Zentimetern bis zu vielleicht drei Metern. Den kleinsten Langschwanz-Flugsaurier aus Europa fand im Sommer 2022 die Privat-Paläontologin und ehrenamtliche Mitarbeiterin des Museums Solnhofen, Monika Rothgänger aus Kallmünz, im Steinbruch Brunn, 25 Kilometer nordwestlich von Regensburg im bayerischen Regierungsbezirk Oberpfalz.

Die Erstbeschreibung des Sensationsfundes von Brunn erfolgte durch die Wissenschaftler David William Elliott Hone (Universität Bristol), Helmut Tischlinger (Stammham), Eberhard Frey (Karlsruhe) und Martin Röper (Solnhofen). Der kleine Flugsaurier aus den Oberjura-Platten-

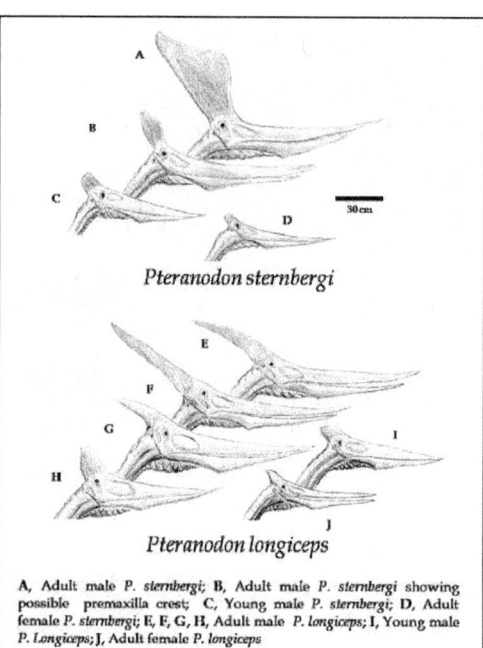

A, Adult male *P. sternbergi*; B, Adult male *P. sternbergi* showing possible premaxilla crest; C, Young male *P. sternbergi*; D, Adult female *P. sternbergi*; E, F, G, H, Adult male *P. longiceps*; I, Young male *P. Longiceps*; J, Adult female *P. longiceps*

Schädel mit Knochenkamm von Pteranodon sternbergi und Pteranodon longiceps mit unterschiedlichem Alter und Geschlecht. Bild: Smokeybjb / CC BY-SA 3.0 (via Wikimedia Commons), lizensiert unter Creative Commons-Lizenz by-sa-3.0, https://creativecommons.org/licenses/by/3.0/legalcode

kalken von Brunn ist ein Jungtier und hat nur eine Gesamtlänge von vierzehn Zentimetern. Die vier Erstbeschreiber
gaben dieser fliegenden Echse ausdem Oberjura den wissenschaftlichen Namen *Bellubrunnus rothgaengeri*, womit sie
die Entdeckerin jenes Fossils und des Steinbruches Brunn
ehrten.
Dank zahlreicher Funde in vielen Ländern der Erde weiß
man gut über das Skelett der Flugsaurier Bescheid. Der
Schädel der Flugsaurier war im Verhältnis zum relativ kurzen Rumpf ziemlich groß. Flugsaurier hatten im Schädel
große Nasenöffnungen (Naris) und Augenöffnungen (Orbi-
ta), was ihr Gewicht reduzierte. Ihr Geruchssinn und ihr
Sehvermögen war ausgezeichnet. Häufig sind in der Augenöffnung kleine Knochenplättchen des Augenringes (Scleralring) fossil erhalten. Wie bei heutigen Vögeln stützte jener
Knochenring die Hornhaut des Auges von innen. Je nach
Gattung besteht der Augenring aus zwölf bis zwanzig sich
überlappenden, dünnen Knochenplättchen.
Manche Flugsaurier der Jura- und Kreidezeit trugen verschieden geformte Knochenkämme am Schädel. Man kennt
lange und niedrige Knochenkämme auf der Schädelmitte –
wie bei *Germanodactylus, Gnathosaurus, Ctenochasma* und
Dsungaripterus aus dem Oberjura –, kürzere oder längere
Knochenkämme, die an der Hinterseite des Schädels
beginnen (Parietalkamm) oder hohe Knochenkämme am
Vorder-Ende der Kiefer. *Anhanguera* und *Tropeognathus* aus
Brasilien in der Unterkreide besaßen Knochenkämme am
Schädel und Unterkiefer, die vermutlich beim Fischfang
ihren Kopf unter Wasser stabilisierten. Bei männlichen und
weiblichen Tieren waren die Schädelkämme offenbar ver-
schieden groß und deshalb ein Geschlechtsmerkmal oder
Schauobjekt. Knochenkämme könnten aber auch zur Sta-

Lebensbild des Flugsauriers Gnathosaurus subulatus (fliegend)
und des Meereskrokodils Dakosaurs maximus (schwimmend).
Bild: Dmitry Bogdanov / CC-BY-3.0 (via Wikimedia Commons),
lizensiert unter Creative Commons-Lizenz by-3.0,
https://creativecommons.org/licenses/by/3.0/legalcode

bilisierung des langen und großen Kopfes während des Fluges gedient haben.

Bei den Langschwanz-Flugsauriern sind die Zähne schräg nach vorne oder steil ausgerichtet. Die vorderen Zähne waren oft länger und stärker gekrümmt als die hinteren sowie glatt und spitz. Eine Ausnahme bildete *Eudimorphodon* aus der Obertrias in der Lombardei (Oberitalien) mit robusten vorderen Zähnen und vielen kleinen, dicht stehenden, drei- und fünfspitzigen Zähnen. Bei allen Flugsauriern saßen die Zähne in Höhlen der Kieferknochen. Während des Oberjura nahm die Anzahl der Zähne bei den Flugsauriern ab. Einige Arten behielten noch Zähne am vorderen Ende der Kiefer, andere verloren alle Zähne, wodurch ein schnabelähnlicher Kiefer entstand.

Der Flugsaurier *Pterodaustro* aus der Unterkreide vor mehr als 120 Millionen Jahren hatte mehr als 1.000 Zähne. Mit seinem siebartigen Gebiss filterte er Kleinstlebewesen (Plankton) aus dem Wasser.

Kurzschwanz-Flugsaurier haben im Vergleich zu Langschwanz-Flugsauriern durchwegs kleinere und gleichförmigere Zähne. Einige Gattungen – wie *Ctenochasma, Gnathosaurus* oder *Pterodaustro* – besaßen Reusengebisse mit teilweise sehr langen und dicht stehenden Zähnen. Damit konnten sie Plankton-Nahrung aus dem Wasser filtern.

Im Verhältnis zur Flügelspannweite blieb der Körper bzw. Rumpf der Flugsaurier klein. Ein Kurzschwanz-Flugsaurier der Art *Diopecephalus kochi* aus Workerszell bei Eichstätt in Oberbayern hatte eine Flügelspannweite von etwa zwanzig Zentimetern, aber nur eine Rumpflänge von 2,5 Zentimetern. *Anhanguera* aus der Unterkreidezeit von Brasilien erreichte eine Flügelspannweite von maximal vier Metern und eine Rumpflänge von etwas mehr als zwanzig Zentimetern.

Der Flugsaurier Pterodaustro trug mehr als tausend Zähne.
Bild: Nobu Tamura (CC BY-SA 3.0
(via Wikimedia Commons),
lizensiert unter Creative Commons-Lizenz by-sa-3.0,
https://creativecommons.org/licenses/by-sa/3.0/legalcode

Schultergürtel und Flügelskelett der Flugsaurier waren überproportional vergrößert.

Die Zahl der Hals-, Rumpf-, Kreuzbein- und Schwanzwirbel ist bei den Flugsauriern verschieden. Es gibt sieben, acht oder auch neun Halswirbel, elf bis sechzehn Rumpfwirbel, elf bis vierzig Schwanzwirbel. Die Schwanz-Wirbelsäule der Langschwanz-Flugsaurier ist fast doppel so lang wie die Rumpf-Wirbelsäule. Der kurze Schwanz von *Pterodactylus* hatte höchstens sechzehn Wirbel.

Die Flugsaurier waren mit einer langen und schmalen Armflughaut und einem Vorflügel ausgestattete Gleitsegler. Zwischen der Vorder-Extremität mit dem langen Flugfinger und dem Körper spannte sich die Armflughaut. Ob die Hinterbeine bis zum Unterschenkel oder bis zum Fußknöchel in die Armflughaut eingebunden waren, wird diskutiert. Zwischen Halsansatz, Oberarm und Unterarm erstreckte sich der Vorflügel.

Anders als bei Fledermäusen ist die Flughaut bei Flugsauriern nicht zwischen dem verlängerten zweiten, dritten, vierten und fünften Finger und den Füßen wie durch die Speichen eines Regenschirms ausgespannt worden. Stattdessen wurde die Flughaut zwischen dem Arm und dem stark verlängerten vierten Finger (Flugfinger) ausgebreitet. Der vierte Finger ist etwa um das Zwanzigfache der drei anderen Finger verlängert. Die drei übrigen kurzen, beweglichen Finger trugen scharfe Krallen, die nach vorne aus dem Flügel herausragten und wie Haken zum Festklammern dienten. Mit ihren Fingerkrallen konnten sich Flugsaurier an Felsvorsprüngen oder Baumstämmen festklammern und vermutlich klettern. Im Gegensatz zu Kurzschwanz-Flugsauriern besaßen Langschwanz-Flugsaurier eine lange, abgewinkelte fünfte Zehe ohne Krallen.

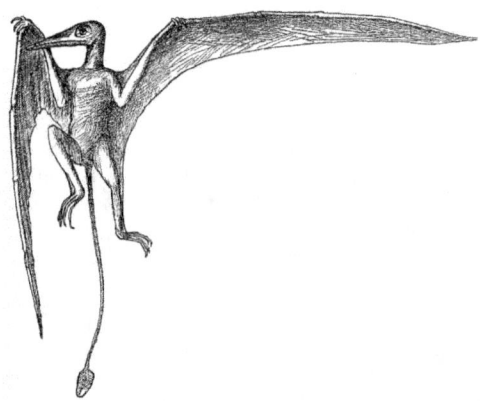

Rekonstruktion des Langschwanz-Flugsauriers Rhamphorhynchus
durch den Münchner Paläontologen
Karl Alfred von Zittel (1839–1904) von 1882.
Bei den Flugsauriern wurde die Flughaut
zwischen dem Arm und dem stark verlängerten vierten Finger
(Flugfinger) ausgebreitet.
Bild: (via Wikimedia Commons),
Lizenz: gemeinfrei (Public domain)

Die Knochen der zu Flügeln umgestalteten vorderen Gliedmaßen sind sehr kräftig entwickelt. Zu jedem der Flugarme
gehörten vier Glieder der Flugfinger sowie der Unterarm
und der Mittelhand-Knochen. Oft waren die Langknochen
von *Pteranodon* aus der Oberkreide in den USA nur so dünn
wie eine heutige Postkarte. Die breite Brustbein-Platte mit
nach vorne gerichtetem Kielfortsatz und der Schultergürtel
der Flugsaurier boten den kräftigen Flugmuskeln ausrei-
chend Ansatzflächen.
Die Armflughaut der Flugsaurier setzte sich – laut den Experten Helmut Tischlinger und Eberhard Frey – aus mindestens sechs unterschiedlichen Gewebeschichten zusammen: 1. zuoberst die Oberhaut, 2. vermutlich das luftge-
füllte, schaumartige „Schwammgewebe", 3. eine Lage mit
strahlenförmigen und dicht gepackten Fasern, 4. eine durch
Bindegewebe-Stränge gegliederte Muskellage, 5. eine Blut-
gefäßschicht und 6. ein Abschlussgewebe der Flügelunter-
seite.
Als das bisher am besten erhaltene Exemplar eines Flugsauriers mit Flughaut gilt ein *Diopecephalus kochi* aus dem
Oberjura zwischen Solnhofen und Eichstätt im Naturhistorischen Museum Wien. Bei diesem „Wiener *Pterodactylus*"
scheint die Flughaut des Flügels am Oberschenkel befestigt
gewesen zu sein und sich bis an die Flanke des oberen Un-
terschenkels erstreckt zu haben. Ungeachtet dessen war die
Flügelform schmal und spitz. Keine Hinweise liegen für
eine ausgebreitete Flughaut zwischen den Hinterbeinen
oder zwischen Beinen und Schwanz vor. In der Armbeuge
zwischen der Handwurzel und dem Schulterbereich war
eine kleine Vorflughaut ausgespannt. Dies entspricht der
Vorstellung, die der österreichische Paläontologe Othenio
Abel (1875–1946) bereits 1919 entwickelt hatte. Jene ver-

Diopecephalus kochi (früher: Pterodactylus kochi)
aus dem Oberjura zwischen Solnhofen und Eichstätt
im Naturhistorischen Museum Wien.
Foto: A,Ocram (via Wikimedia Commons),
Lizenz: gemeinfrei (Public domain)

mutliche Ausdehnung der Flügel von *Diopecephalus kochi* muss aber nicht für alle Flugsaurier gültig sein. Der amerikanische Paläontologe S. Christopher Bennett erkannte 1987 bei *Pteranodon*, dass die Flughaut dieses großen Kurzschwanz-Flugsauriers aus der Oberkreide in den USA am Schwanz befestigt war.

Bei den Flugsauriern sind die Hinterbeine weniger kräftig entwickelt als die Vorder-Gliedmaßen. Die Füße an den Hinterbeinen waren oft schmal und lang. Alle Zehen trugen Krallen, die aber nicht so kräftig und stark gekrümmt waren wie die Krallen an den Fingern der Vordergliedmaßen. Bei den Langschwanz-Flugsauriern sind die ersten fünf bis sechs der maximal vierzig Schwanzwirbel gegenseitig beweglich. Die folgenden Wirbel sind zunehmend länger, schlanker und durch verlängerte Knochen-Fortsätze versteift. Der Schwanz endete mit einem rautenförmigen Segel. Die starken Muskeln, die während des Fluges für die Schlagbewegungen der Flügel benötigt wurden, saßen am Brustbein und führten zu den Oberarmknochen. In Ruhelage konnten Flugsaurier ihre Flügel zusammenfalten. Welche Farbe ihr Pelz hatte, weiß man nicht.

Dem Münchner Paläontologen Ferdinand Broili (1874–1946) gelang 1927 der Nachweis einer Behaarung von *Rhamphorhynchus*, 1938 von *Pterodactylus* und 1939 von *Dorygnathus*. Bei einigen Solnhofener Flugsauriern war die Hautoberfläche dicht mit feinen, nadelstichartigen Grübchen übersät, die von Haarwurzeln stammen. Häufig sind sogar Abdrücke von Haaren oder von Haarbüscheln zu sehen.

1970 entdeckte der Moskauer Zoologe Aleksandr Grigorevich Sharov (1922–1973) in See-Ablagerungen des Oberjura im Karatau-Gebirge in Kasachstan das Skelett eines Flugsauriers mit Körper- und Flughaut. Der Körper dieses

Österreichischer Paläontologe Othenio Abel (1875–1946).
Foto: Aufnahme eines unbekannten Fotografen
(via Wikimedia Commons),
Lizenz: gemeinfrei (Public domain)

Tieres war mit einem dichten Haarpelz aus bis zu sechs Millimeter langen Haaren bedeckt. Sharov gab dem Flugsaurier den Namen *Sordes pilosus* („Haariger Teufel"). *Sordes* hatte einen acht Zentimeter langen Schädel und eine Flügelspannweite von 63 Zentimetern.

Heute tragen nur die Säugetiere Haare. Dagegen besitzen Reptilien, zu denen man die Flugsaurier rechnet, eine verhornte, mit Schuppen bedeckte Haut. Säugetiere gelten als Warmblüter, die ihre Körpertemperatur unabhängig von der Lufttemperatur auf einer konstanten Höhe halten. Auch Vögel, die inzwischen als überlebende Dinosaurier gelten, sind Warmblüter. Ihr energieverzehrender Flug erfordert zwingend Warmblütigkeit. Vermutlich waren auch die Flugsaurier warmblütig.

Die meisten Knochen des Skeletts eines Flugsauriers waren hohl wie bei Vögeln und ihre Wandstärke oft papierdünn. Selbst beim imposanten Flugsaurier *Pteranodon* in den USA aus der Unterkreide mit einer Flügelspannweite bis zu neun Metern waren die Langknochen nur so dünn wie eine heutige Postkarte. Flugsaurier dürften leichter gewesen sein als Vögel gleicher Größe.

Die Hinterbeine der Flugsaurier befanden sich in seitlichen Gelenkpfannen des Beckens. Sie konnten vermutlich nicht zweibeinig gehen oder laufen, sich aber aufrichten und mit einem kräftigen Sprung unter Flügelschlagen in die Luft erheben. Möglicherweise hingen sie mit ihren kräftigen Fingerkrallen an einem erhöhten Punkt fest und flogen von dort aus ab. Ein Aufhängen an den Füßen dürfte für Langschwanz-Flugsaurier unmöglich, für Kurzschwanz-Flugsaurier dagegen möglich gewesen sein.

Langschwanz-Flugsaurier hatten an jedem Hinterbein einen fünfzehigen Fuß, Kurzschwanz-Flugsaurier einen vierzehi-

Münchner Paläontologe Ferdinand Broili (1874–1946).
Foto: Aufnahme eines unbekannten Fotografen

gen. Auch die vorderen Gliedmaßen waren wegen ihrer speziellen Anpassungen an den Flug kaum zur Fortbewegung auf dem Boden geeignet. Auf festem Untergrund bewegten sich Flugsaurier vermutlich unbeholfen fort. 2008 waren mindestens 45 Fundorte mit Fährten von Flugsauriern vom Oberjura bis zur Oberkreide bekannt. Flugsaurier-Fährten entdeckte man bis dahin in Nordamerika (Arizona, Colorado, Oklahoma, Utah, Wyoming in den USA), Europa (Spanien, Frankreich, Polen), Asien (Korea), Südamerika (Argentinien) und womöglich in Nordafrika (Marokko). Die Fährten wurden elf Arten und vier Gattungen zugeschrieben. Am häufigsten stieß man auf die Fährten-Gattung *Pteraichnus*, bei der man nicht immer weiß, ob sie von Langschwanz-Flugsauriern oder Kurzschwanz-Flugsauriern erzeugt worden ist.

2013 berichteten Jahn J. Hornung und Mike Reich in „Ichnos" über den ersten Flugsaurier-Fußabdruck in Deutschland, der zugleich der zweite Nachweis der Fährtengattung *Purbeckopus* ist. Die Spur stammt von einem sehr großen Kurzschwanz-Flugsaurier mit einer geschätzten Flügelspannweite von ungefähr sechs Metern und wurde in der Stufe Berriasium der Unterkreide vor 145 bis 139 Millionen Jahren unweit von Bückeburg in Niedersachsen hinterlassen. Von dem Fußabdruck liegt nur ein irgendwann um 1935 angefertigter positiver Gipsabdruck vor. Die Flugsaurier-Spuren von *Purbeckopus* in England und Deutschland kommen in unterschiedlichen Umgebungen vor. Die englische Fundstelle lag nahe einer brackigen Lagune, während die deutsche Fundstelle zum Delta-System am Rande eines großen Süßwassersees gehörte.

Im Herbst 2019 wurde im Steinbruch Störmer (Steinbruch Wallücke) bei Hille (Kreis Minden-Lübbecke) im Wiehen-

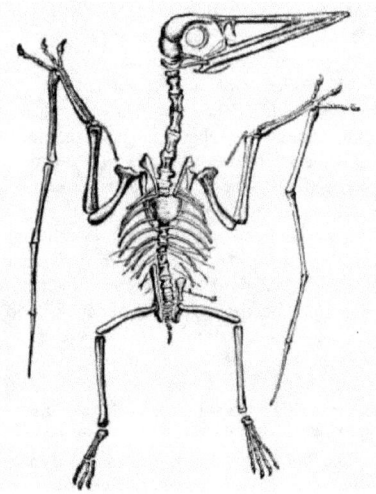

Kurzschwanz-Flugsaurier Pterodactylus
mit vierzehigen Füßen.
Bild: Necrophorus / Funk Monk (via Wikimedia Commons),
Lizenz: gemeinfrei (Public domain)

gebirge in Westfalen-Lippe eine Sandsteinplatte mit dem Hand- und Fußabdruck eines Flugsauriers aus dem Oberjura gefunden. 2020 entdeckte man im Steinbruch Wallücke weitere Flugsaurier-Spuren der 1957 von dem amerikanischen Geologen und Paläontologen William Lee Stokes (1915–1994) beschriebenen Fährten-Gattung *Pteraichnus*. Die Handabdrücke sind zwischen 2,5 und 6,5 Zentimeter und die vier- oder fünfzehigen Fußabdrücke zwischen zwei und zehn Zentimeter lang.

Manche Funde von Flugsauriern verraten, wovon sich diese Tiere einst ernährt haben. Im Magenbereich eines *Eudimorphodon* aus der Obertrias von Oberitalien lagen harte, glänzende Schuppen kleiner Schmelzschuppen-Fische. Ein *Rhamphorhynchus* aus dem Oberjura in Bayern hatte ein kleines, halb verdautes Knochenfischchen und kleine, längliche, unbekannte Gebilde als Ganzes verschluckt. *Pterodactylus* aus dem Oberjura von Bayern und Württemberg stocherte vielleicht im Watt nach Würmern. *Anurognathus* und *Batrachognathus* aus dem Oberjura mit jeweils hohem, kurzen Schädel und breiter Mundspalte sowie kurzen, stiftförmigen Zähnen könnten mit ihrem Maul Fluginsekten erbeutet haben. *Ctenochasma und Gnathosaurus* aus Süddeutschland sowie *Huanhepterus* aus China – alle drei aus dem Oberjura - – filterten mit ihrem aus zahlreichen, langen und schlanken Zähnen bestehendem Reusengebiss Larven von Weichtieren und Krebsen aus dem Wasser. *Dsungaripterus* aus der Unterkreide von China verzehrte entweder hartschuppige Fische oder Muscheln, Schnecken und Krebse. Der kleine, zahnlose *Tapejara* mit spitzem, kurzen Schnabel aus der Unterkreide von Brasilien war vielleicht ein Früchtefresser. Im Bereich des Kehlsackes unterhalb des Unterkiefers von *Pteranodon* aus der Oberkreide von Kansas (USA) lagen

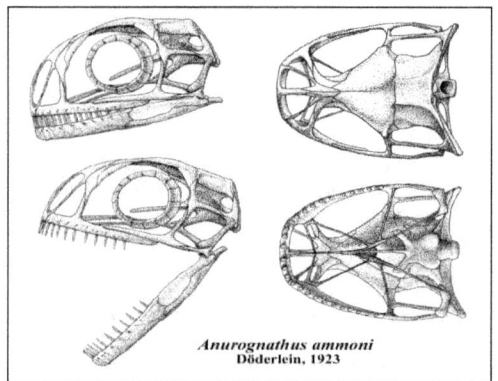

Anurognathus ammoni
Döderlein, 1923

Flugsaurier Anurognathus mit hohem, kurzen Schädel.
Bild: Jaime A. Headden / CC BY 3.0 (via Wikimedia Commons),
lizensiert unter Creative Commons-Lizenz by-3.0,
https://creativecommons.org/licenses/by/3.0/legalcode

Gräten zweier Fischchen und Krebse. Der riesige *Quetzal-coatlus northropi* mit einer Flügelspannweite bis zu zwölf Metern aus der Oberkreide von Texas (USA) soll kein Aas, sondern Weichtiere und Krebse gefressen haben. Fisch-nahrung scheidet in seinem Fall aus, weil der Fundort in Texas von der damaligen Meeresküste ungefähr 400 Kilo-meter entfernt war.

Flugsaurier legten vermutlich wenige Eier, die in der Son-nenwärme oder von ihnen selbst ausgebrütet wurden. Weil die frisch ausgeschlüpften Jungtiere noch nicht flügge wa-ren und nicht selbst auf Nahrungssuche gehen konnten, dürften die Elterntiere wohl Brutpflege betrieben haben. Nester befanden sich wahrscheinlich an geschützter Stelle. Fleischfressende Land- und Meeresreptilien waren ihre ge-fährlichsten Feinde.

An einer Fundstelle in der Wüste Gobi im Nordwesten des heutigen China wurden zahlreiche Eier des Flugsauriers *Hamipterus tianshanensis* aus der Unterkreidezeit vor mehr als hundert Millionen Jahren entdeckt. Daüber berichtete „National Geographic" am 28. Dezember 2017. Erwachse-ne Flugsaurier der Gattung *Hamipterus* hatten eine Flügel-spannweite bis zu drei Metern und verzehrten vermutlich Fische. Wahrscheinlich vergruben weibliche Flugsaurier ihre Gelege am Ufer eines Sees. Möglicherweise wurden Nester bei einem Sturm überflutet. Schnell fließendes Was-ser spülte die Eier in den See, wo sie im Matsch begraben wurden. Allein in einem einzigen Sandblock befanden sich 215 Eier. Weitere waren vielleicht im Inneren des Blocks versteckt. Mindestens 16 Eier enthielten winzige Skelette von Flugsaurier-Embryonen. Das Ausgrabungs-Team spe-kuliert, an der Fundstelle sei eventuell ein viel benutzter Nistplatz wiederholt überflutet worden.

Flugsaurier Anurognathus ammoni jagt Kalligramma haeckeli.
Bild: Dmitry Bogdanov / CC BY 3.0 (via Wikimedia Commons),
lizensiert unter Creative Commons-Lizenz by-3.0,
https://creativecommons.org/licenses/by/3.0/legalcode

Lebensweise und Verhalten der Flugsaurier waren vermutlich vogelartig. 1927 stellte die damals noch in Frankfurt am Main arbeitende Paläontologin Tilly Edinger (1897–1987) fest, dass die Flugsaurier im Oberjura bereits ein Gehirn besaßen, das wesentlich vogelähnlicher war als jenes des Urvogels *Archaeopteryx*. Flugsaurier hatten offenbar einen wenig entwickelten Geruchssinn, aber sehr gute Sehleistungen, worauf auch ihre großen Augen hindeuten. Falls nach dem Verwesen der Weichteile eines toten Flugsauriers dessen Gehirnkapsel mit Bodenschlamm gefüllt wurde, blieb die Gestalt des Gehirns in Form eines Steinkerns erhalten. Ein solcher auf natürliche Weise entstandener Gehirnkapsel-Ausguss zeigt alle Einzelheiten der ursprünglichen Gehirnform und -oberfläche.
1974 wiesen die Zoologin, Paläontologin und Fledermaus-Expertin Cherrie Bramwell sowie der Luftfahrt-Ingenieur George Whitfield darauf hin, dass es neben aquatischen Flugsauriern auch terrestrisch lebende gegeben haben dürfte. Aber bisher hat man von ihnen keine Fossilien entdeckt. Unklar ist, ob Flugsaurier ihre Eier von der Sonne ausbrüten ließen oder ob sie diese selbst wärmten. Man weiß auch nicht, ob die aus Eiern geschlüpften Nestlinge sofort oder erst später voll flugfähig waren. Nach dem Verlassen der Eier könnte für Nestlinge eine gewisse elterliche Fürsorge erforderlich gewesen sein.
Flugsaurier hatten Auftritte in Büchern, Filmen, Fernsehserien und Videospielen. Die Wirklichkeit blieb dabei oft auf der Strecke.
Sir Arthur Conan Doyle (1855–1930), der „geistige Vater" des Meisterdetektivs Sherlock Holmes, schilderte 1912 in seinem Buch „The Lost World", wie vier englische Forscher auf einem schwer zugänglichen Hochplateau lebende Ur-

Paläontologin Tilly Edinger (1897–1987).
Foto: Aufnahme einer unbekannten Fotografin / CC0 1.0
(via Wikimedia Commons),
https://creativecommons.org/publicdomain/zero/1.0/legalcode

zeit-Tiere entdeckten. Darunter waren imposante Flugsaurier aus der Jurazeit. Einen davon fing die Expedition und brachte ihn in einer großen Kiste nach London. Bei der Präsentation des Flugsauriers entwich dieser durch ein offenes Fenster. Diese abenteuerliche Geschichte wurde phantasievoll verfilmt.

Im Horrorfilm „Pterodactyl" von 2005 sah man *Pterodactylus,* der in Wirklichkeit nur eine Flügelspannweite von maximal einem Meter hatte, in stark übertriebener Größe und mit dem Aussehen der riesigen Gattung *Pteranodon* aus den USA. *Pteranodon* erreichte eine Flügelspannweite bis zu neun Metern.

Literatur

ABEL, Othenio: Neue Rekonstruktion der Flugsauriergattungen *Pterodactylus* und *Rhamphorhynchus.* In: Die Naturwissenschaften 7 (37): S. 661–665, Berlin 1919.

ANDRÉS, Brian / LANGSTON Jr., Wann: Morphology and taxonomy of *Quetzalcoatlus* Lawson 1975 (Pterodactyloidea: Azhdarchoidea). In: Journal of Vertebrate Paleontology 41: 8. Dezember 2021.

ARAMBOURG, Camille: *Titanopteryx philadelphiae* nov. gen., nov. sp. Ptérosaurien géant. In: Notes Mém. Moyen-Orient 7: S. 229–234, 1959.

BENNETT, S. Christopher: New evidence on the tail of Pterosaur *Pteranodon* (Archosauria, Pterosauria). In: Short Papers of the Fourth Symposium on Mesozoic Terrestrial Ecosystems (Herausgeber: Ed. P. M. Currie / E. H. Köster):
S. 18–23, 1987.

BROWN, Matthew A. / PADIAN, Kevin: The Late Cretaceous pterosaur *Quetzalcoatlus* Lawson 1975 (Pterodactyloidea: Azhdarchoidea). In: Society of Vertebrate Pale-

Abbildung aus dem Buch „The Lost World" (1912)
von Sir Arthur Conan Doyle (1855–1930).
Bild: (via Wikimedia Commons),
Lizenz: gemeinfrei (Public domain)

ontology Memoir 19. Journal of Vertebrate Paleontology 41 (2): 2021.

BUFFETAUT, Eric / GRIGORESCU), Dan / CSIKI, Zoltan: Giant azhdarchid pterosaurs from the terminal Cretaceous of Transylvania (western Romania). In: Geological Society, Special Publications 217: S. 91–104, 2003.

COX, Barry / DIXON, Dougal / GARDINER, Brian / SAVAGE, R. J. G.: *Quetzalcoatlus*. In: Die große Enzyklopädie der prähistorischen Tierwelt. Dinosaurier und andere Tiere der Vorzeit. S. 105, München 1989.

DINODATA.DE: *Azhdarcho*. https://dinodata.de/animals/pterosaurs/pages_a/azhdarcho.php

FREY, Eberhard / MARTILL, David M.: A reappraisal of *Arambourgiania* (Pterosauria, pterodactyloidea): one of the world's largest flying animals. In: Neues Jahrbuch für Geologie und Paläontologie – Abhandlungen. 199 (2): S. 221–247, 1996.

GRESHKO, Michael: Hunderte von Flugsaurier-Eiern bei Rekord-Ausgrabung entdeckt. Die gut erhaltenen Eier geben Aufschluss, wie die fliegenden Reptilien sich fortpflanzten – und wie sich ihre Jungtiere verhalten haben könnten. In: National Geographic, 28. Dezember 2017.

HARRELL Jr., T. Lynn J. / GIBSON, Michael A. / LANGSTON Jr., Wann: A cervical vertebra of *Arambourgiania philadelphiae* (Pterosauria, Azhdarchidae) from the Late Campanian micaceous facies of the Coon Creek Formation in McNairy County, Tennessee, USA. In: Bulletin Alabama Museum of Natural History 33: S. 94–103, 2016.

HAUBOLD, Hartmut / DABER, Rudolf: Pterosauria KAUP, 1834, Flugsaurier. In: Fachlexikon ABC. Fossilien, Minerale und geologische Begriffe. S. 333–334, Frankfurt am Main 1989.

HONE, David W. E. / BUFFETAUT, Eric: (Herausgeber): Flugsaurier: pterosaur papers in honour of Peter Wellnhofer. In: Zitteliana. An international Journal of Palaeontology and Geobiology Series B/Reihe B. Abhandlungen der Bayerischen Staatssammlung für Paläontologie und Geologie 28. München 2008.

LOCKLEY, Martin / HARRIS, Jerald D. / MITCHELL, Laura: A global overview of pterosaur ichnology: tracksite distribution in space und time. In: HONE, David W. E. / BUFFETAUT, Eric (Herausgeber): Flugsaurier: pterosaur papers in honour of Peter Wellnhofer. Zitteliana B28: S. 185–198, München 2008.

LAWSON, Douglas A.: Pterosaur from the Latest Cretaceous of West Texas: Discovery of the largest flying creature. In: Reports. Science. 187 (4180): S. 947–948, 1975.

MARTILL, David M. / FREY, Eberhard / SADAQAH, Rashdie M. / KHOURY, Hani N.: Discovery of the holotype of the giant pterosaur *Titanopteryx philadelphiae* Arambourg, 1959, and the status of *Arambourgiania* and *Quetzalcoatlus*. In: Neues Jahrbuch für Geologie und Paläontologie – Abhandlungen 207: S. 57–76, 1998.

NESSOV, Lev A.: Upper Cretaceous pterosaurs and birds from Central Asia. In: Paleontologicheskii Zhurnal (1): S 47–57, 1984.

PADIAN, Kevin: A taxonomic note on two pterodactyloid families. In: Journal of Vertebrate Paleontology 6 (3): S. 289, 1986.

PADIAN, Kevin / CUNNINGHAM, James R. / LANGSTON Jr., Wann / CONWAY, John: Functional morphology of *Quetzalcoatlus* Lawson 1975 (Pterodactyloidea: Azhdarchoidea). In: Journal of Vertebrate Paleontology 41, 2021.

PROBST, Ernst: Der größte Flugsaurier. In: Rekorde der Urzeit. S. 137–138, München 1992.

PTEROSAURSITE. Informationen zu Flugsauriern. http://pterosaurier.de/psp-info.htm

SHAROV, Aleksandr Grigorovich: New flying reptiles from the Mesozoic deposits of Kazakhstan and Kirgizia. In: Trudy of the Paleontological Institute of the Academy of Sciences, S. S. S. R. 130: S. 104–113, Moscow. (In Russisch).

SPIEGEL.DE WISSENSCHAFT: Wie konnte der größte Flugsaurier der Erde fliegen? 13. Dezember 2021. https://www.spiegel.de/wissenschaft/natur/flugsaurier-sprang-der-quetzalcoatlus-drei-meter-hoch-um-loszufliegen-a-e5870e1e-5693-4553-8b95-1e3d302d98c8

STOKES, William Lee: Pterodactyl tracks from the Morrison Formation. In: Journal of Paleontology 31: S. 952–954, 1957.

TISCHLINGER, Helmut / FREY, Eberhard: Aus dem Ei direkt in die Lüfte? In: ARRATIA, Gloria / SCHULTZE, Hans-Peter / TISCHLINGER, Helmut / VIOHL, Günter (Herausgeber): Solnhofen. Ein Fenster in die Jurazeit 2, S. 479, München 2015.

TISCHLINGER, Helmut / FREY, Eberhard: Basale Pterosauria (früher „Rhamphorhynchoidea"). In: ARRATIA, Gloria / SCHULTZE, Hans-Peter / TISCHLINGER, Helmut / VIOHL, Günter (Herausgeber): Solnhofen. Ein Fenster in die Jurazeit 2, S. 461–462, München 2015.

TISCHLINGER, Helmut /FREY, Eberhard: Flugsaurier (Pterosauria). In: ARRATIA, Gloria / SCHULTZE, Hans-Peter / TISCHLINGER, Helmut / VIOHL, Günter (Herausgeber): Solnhofen. Ein Fenster in die Jurazeit 2, S. 459–480, München 2015.

TISCHLINGER, Helmut /FREY, Eberhard: Knochenkäm-

me und Scheitelhauben. In: ARRATIA, Gloria / SCHULT-
ZE, Hans-Peter / TISCHLINGER, Helmut / VIOHL,
Günter (Herausgeber): Solnhofen. Ein Fenster in die Jura-
zeit 2, S. 477, München 2015.
UNWIN, David: M.: The Pterosaurs – From deep times.
New York 2006.
WELLNHOFER, Peter: Flugsaurier. Wittenberg Luther-
stadt 1980.
WELLNHOFER, Peter: Das Skelett der Flugsaurier. In:
Solnhofener Plattenkalk: Urvögel und Flugsaurier. Heraus-
gegeben von Dr. Theo Kress, Freunde des Museums beim
Solenhofer Aktien-Verein e.V. S. 51–53, Maxberg 1983.
WELLNHOFER, Peter: Mit Haut und Haaren. Waren die
Flugsaurier Warmblüter? In: Solnhofener Plattenkalk:
Urvögel und Flugsaurier. Herausgegeben von Dr. Theo
Kress, Freunde des Museums beim Solenhofer Aktien-
Verein e.V. S. 54, Maxberg 1983.
WELLNHOFER, Peter: Wie lebten die Flugsaurier? In:
Solnhofener Plattenkalk: Urvögel und Flugsaurier. Heraus-
gegeben von Dr. Theo Kress, Freunde des Museums beim
Solenhofer Aktien-Verein e.V. S. 56–57, Maxberg 1983.
WELLNHOFER, Peter: Ernährungsweise. In: Die große
Enzyklopädie der Flugsaurier. Illustrierte Naturgeschichte
der fliegenden Saurier. 100 Arten auf über 400 Fotos und
Illustrationen. S. 159–161, München 1993.
WILD, Rupert: Über den Ursprung der Flugsaurier. In:
Festschrift anläßlich des 60. Geburtstages von Prof. Dr.
Erwin Rutte. Weltenburger Akademie Gruppe Geschichte,
S. 231–238, Kelheim/Weltenburg 1983.
WIKIPEDIA (Online-Lexikon): *Arambourgiania*.
https://en.wikipedia.org/wiki/Arambourgiania
WIKIPEDIA (Online-Lexikon): Azhdarchidae.

https://de.wikipedia.org/wiki/Azhdarchidae
WIKIPEDIA (Online-Lexikon): *Azhdarcho*.
https://en.wikipedia.org/wiki/Azhdarcho
WIKIPEDIA (Online-Lexikon): Flugsaurier.
https://de.wikipedia.org/wiki/Flugsaurier
WIKIPEDIA (Online-Lexikon): *Hatzegopteryx*.
https://de.wikipedia.org/wiki/Hatzegopteryx
WIKIPEDIA (Online-Lexikon): *Quetzalcoatlus*.
https://de.wikipedia.org/wiki/Quetzalcoatlus
WIKIPEDIA (Online-Lexikon): Aleksandr Grigorevich
Sharov.
https://en.wikipedia.org/wiki/
Aleksandr_Grigorevich_Sharov
WIKIPEDIA (Online-Lexikon): Kevin Padian.
https://de.wikipedia.org/wiki/Kevin_Padian
WIKIPEDIA (Online-Lexikon): The Lost World.
https://de.wikipedia.org/wiki/Die_vergessene_Welt
WITTON, Mark P. / NAISH, Darren: Azhdarchid pterosaurs: water-trawling pelican mimics or „terrestrial stalkers"?. In: Acta Palaeontologica Polonica 60 (3): S. 651–
660. 2015.

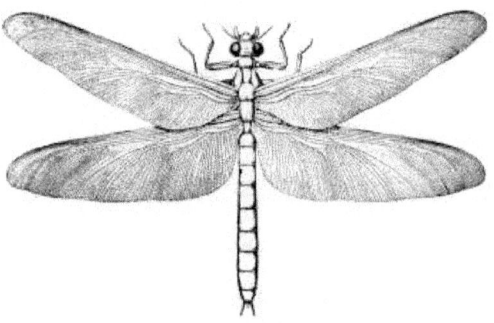

Fluginsekt Meganeura aus dem Karbon (Steinkohlenzeit)
vor etwa 300 Millionen Jahren.
Bild: Dodoni / CC BY 3.0 (via Wikimedia Commons),
lizensiert unter Creative Commons-Lizenz by-3.0,
https://creativecommons.org/licenses/by/3.0/legalcode

Flugsaurier in der Triaszeit

Der Luftraum über der Erde wurde zu verschiedenen Zeiten von Tieren erobert. Ab dem Karbon (Steinkohlenzeit) vor etwa 300 Millionen Jahren beherrschten Insekten mit Flügeln den Gleitflug. Im Perm vor rund 250 Millionen Jahren unternahmen Eidechsen mit Flughäuten nach dem Abspringen von hohen Bäumen kurze Luftreisen. In der Trias vor ungefähr 220 Millionen Jahren begann der Aufstieg der Flugsaurier, nachdem deren vordere Gliedmaßen zu Flügeln umgestaltet wurden. Im Jura vor ca. 150 Millionen Jahren unternahmen Urvögel wie *Archaeopteryx* („Alte Feder"), die heute als befiederte Raubdinosaurier gelten, längere Flüge. Im Paläozän vor etwa 60 Millionen Jahren segelten Pelzflatterer mit seitlich ausgespannten Flughäuten von Baum zu Baum. Ab dem Eozän vor ungefähr 50 Millionen Jahren gab es auch Fledermäuse. Als älteste Fledermäuse gelten *Onychonycteris* und *Icaronycteris* aus dem frühen Eozän. Sie wurden in Ablagerungen der Green-River-Formation in Wyoming (USA) gefunden. Geologisch etwas jünger sind Fledermaus-Gattungen aus dem mittleren Eozän – wie *Archaeonycteris, Palaeochiropteryx, Hassianycteris* und *Tachypteron franzeni* – aus der Grube Messel bei Darmstadt (Hessen).

In der Triaszeit traten außer den Flugsauriern auch die ersten Schildkröten, Krokodile und Dinosaurier auf. Bevor man die ersten sicheren Fossilien von Flugsauriern nachwies, hat man bereits dürftige und wenig aussagekräftige oder fehlgedeutete Reste entdeckt.

In den Rhaet-Bonebed von Baden, Württemberg und England kamen Knochenreste zum Vorschein, die man Flug-

Weigeltisaurus, eine Eidechse mit Flughaut aus dem Perm vor rund 250 Millionen Jahren.

Lebensbild von Urvögeln der Gattung Archaeopteryx,
geschaffen von dem dänischen Künstler, Amateur-Ornithologen
und Paläontologen Gerhard Heilmann (1859–1946),
veröffentlicht in seinem Werk „The Origin of Birds" (1926)

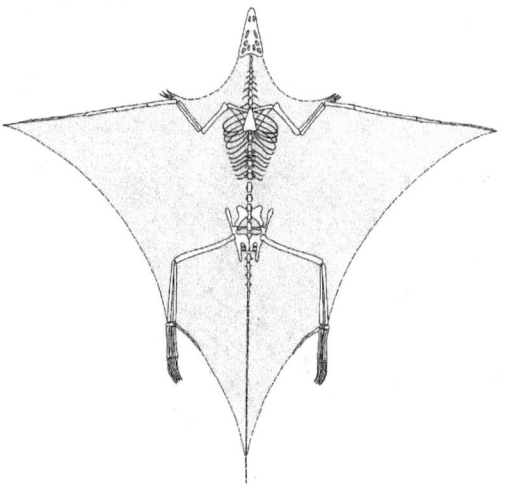

Rekonstruktion des Sauriers Tribelesodon („Dreispitz-Zahn")
aus der Lombardei (Oberitalien),
den der ungarischer Geologe Franz Baron Nopcsa (1877–1933)
irrtümlich für einen Flugsaurier hielt.
Bild: Franz Nopcsa von Felso-Szilvás
(via Wikimedia Commons),
Lizenz: gemeinfrei (Public domain)

sauriern zuschrieb. Diese Funde reichten aber nicht für eine genauere Vorstellung von Trias-Flugsauriern aus. Ein Bonebed ("Knochenlager") ist eine Anreicherung von fossilen Knochenteilen, Zähnen, Schuppen und Koprolithen ("Kotsteine"). Als charakteristisch für den Übergang vom Keuper (Obertrias) zum Lias (Unterjura) gilt das Rhät-Lias-Bonebed in der Gegend von Tübingen. Das Rhät (auch Rhaetium oder Rät) ist eine international verwendete geologische Stufe der Obertrias vor 208,5 bis 201 Millionen Jahren.

Als langschnäuziger und langhalsiger Flugsaurier wurde ein 1869 von dem amerikanischen Wirbeltier-Paläontologen Edward Drinker Cope (1840–1897) als *Rhabdopelix longispinis* beschriebenes Tier aus der Trias von Pennsylvania verkannt. Doch wiederholt deutete man *Rhabdopelix* ("Stabbecken") als fliegende Eidechse wie das Gleitreptil *Icarosaurus*. Die berühmten amerikanischen Paläontologen Edward Drinker Cope und Othniel Charles Marsh (1831–1899) lieferten sich von 1865 bis 1897 einen erbitterten Wettstreit ("Knochenschlacht" genannt) um möglichst viele Dinosaurier-Funde.

Lange Zeit galt ein Reptilien-Skelett aus der Mitteltrias vor etwa 240 Millionen Jahren von Besano in der Lombardei (Oberitalien) als Flugsaurier. Dieser kleine Saurier wurde 1886 von dem Mailänder Professor für Geologie, Francesco Bassani (1853–1916), als Flugsaurier fehlgedeutet. Bassani bezeichnete das Fossil wegen seiner dreispitzigen Zähne als *Tribelesodon* ("Dreispitz-Zahn"). Ein im September 1929 am Südende des Luganer Sees am Monte San Giorgio entdecktes, fast vollständiges Skelett eines kleinen Sauriers mit langgestreckten Halswirbeln entlarvte *Tribelesodon longobardicus*. Der Zürcher Paläontologe und Anatom Bernhard

Ungarischer Geologe, Paläontologe und Albanologe
Franz Baron Nopcsa (1877–1933)
in albanischer Tracht 1915.
Foto: Albanien 222 (via Wikimedia Commons),
Lizenz: gemeinfrei (Public domain)

Peyer (1885–1963) erkannte, dass *Tribelesodon* ein Giraffenhals-Saurier war. Jenes Tier hatte der Wirbeltier-Paläontologe Hermann von Meyer (1801–1869) aus Frankfurt am
Main als Schwanzwirbel eines Dinosauriers fehlgedeutet,
den er *Tanystropheus* („Der Langsträngige") nannte. Die langen Knochen, die Bassani und der ungarische Geologe und
Paläontologe Franz Baron Nopcsa (1877–1933) für lange
Flugfinger-Glieder eines Flugsauriers gehalten hatten, waren
Halswirbel.
Bis 1973 galten englische Fossilien von *Dorygnatus* („Lanzen-Kiefer") aus dem Unterjura (Lias), die Mary Anning
(1799–1847) bereits 1829 an der Küste von Dorset bei
Lyme Regis gefunden hatte, als die ältesten Flugsaurier der
Erde. Damit war es vorbei, als der Geologe und Paläontologe Rocco Zambelli (1916–2009) aus Bergamo die Entdeckung eines Langschwanz-Flugsauriers aus der Obertrias
vor etwa 220 Millionen Jahren meldete, der 1973 bei Cene
unweit von Bergamo in der Lombardei gefunden worden
war. Zambelli bezeichnete diesen Flugsaurier als *Eudimorphodon ranzii*. Jener Flugsaurier hatte eine Flügelspannweite
von etwa einem Meter und trug Zähne mit einer Spitze
sowie drei und fünf Spitzen.
1978 beschrieb der Stuttgarter Wirbeltier-Paläontologe Rupert Wild fünf Skelette, die in den Kalken von Cene bei
Bergamo gefunden worden waren. Wild schlug hierfür den
wissenschaftlichen Namen *Peteinosaurus* („Gefiederte Echse") vor. *Peteinosaurus* erreichte eine Flügelspannweite von
etwa 66 Zentimetern, verfügte über einspitzige Zähne und
ernährte sich vermutlich von Insekten.
1984 informierte Rupert Wild über einen weiteren bis dahin
unbekannten Flugsaurier aus Oberitalien. Der erste Fund
war 1978 bei Endenna, nur zehn Kilometer von Cene bei

Rhät-Lias-Bonebed im Steinbruch Hägnach
(Firma Nagel) bei Tübingen.
Foto: Johannes Baier / CC BY 3.0 (via Wikimedia Commons),
lizensiert unter Creative Commons-Lizenz by-3.0,
https://creativecommons.org/licenses/by/3.0/legalcode

1980 erwähnte der Münchner Paläontologe Peter Wellnhofer in
seinem Buch „Flugsaurier" Flugfinger-Reste aus dem Rhät-Bonebed
von Malsch bei Wiesloch in Baden, zwei kleine, kurze Finger- oder
Zehenglieder aus dem Rhät-Bonebed von Bebenhausen in Württem-
berg und Reste von zwei Flugphalangen aus dem Rhät von Birken-
gehren bei Esslingen in Württemberg. Diese Funde werden Flug-
sauriern unsicherer systematischer Stellung zugeschrieben.

Bergamo entfernt, ans Tageslicht gekommen. Die zweite Entdeckung gelang 1982 im Preone-Tal in den Venetischen Alpen. Wild gab diesem Flugsaurier den wissenschaftlichen Namen *Preondactylus* („Preone-Finger"). 1984 glückte ein weiterer Fund dieser Gattung. *Preondactylus* hatte eine Flügelspannweite von lediglich 45 Zentimetern, relativ kurze Flügel und lange Beine. Er existierte bereits vor mehr als 220 Millionen Jahren in der Obertrias und somit etwas früher als *Eudimorphodon* und *Peteinosaurus*.

Im 20. Jahrhundert wurden drei neue Gattungen von frühen Langschwanz-Flugsauriern aus der Obertrias entdeckt: *Eudimorphodon* 1973, *Peteinosaurus* 1978 und *Preondactylus* 1983. Dagegen beschrieb man im 21. Jahrhundert etliche bis dahin unbekannter Gattungen von Langschwanz-Flugsauriern aus der Obertrias: *Austriadactylus* 2002, *Caviramus* 2006, *Raeticodactylus* 2008 (vielleicht ein Synonym von *Caviramus*), *Carniadactylus* 2009, *Arcticodactylus* 2015, *Austriadraco* 2015, *Bergamodactylus* 2015, *Caelestiventus* 2018, *Seazzadactylus* 2019, *Pachagnathus* 2022 und *Yelaphomte* 2022. In Deutschland hat man bisher noch keine fossilen Reste von Flugsauriern aus der Obertrias nachgewiesen.

Literatur
BAIER, Johannes: Das Rhätolias-Grenzbonebed bei Tübingen. In: Aufschluss 73 (3): S. 150–158, 2022.
PROBST, Ernst: Als Eidechsen das Segeln lernten. In: Deutschland in der Urzeit. Von der Entstehung des Lebens bis zum Ende der Eiszeit. S. 97–99, München 1986.
PROBST, Ernst: Raubdinosaurier in Bayern. Von *Archaeopteryx* bis zu *Sciurumimus*. München 2019.
WELLNHOFER, Peter: Die Flugsaurier der Triaszeit. In: Die große Enzyklopädie der Flugsaurier. Illustrierte Natur-

geschichte der fliegenden Saurier. 100 Arten auf über 400 Fotos und Illustrationen. S. 58–67, München 1993.

WIKIPEDIA (Online-Lexikon): Mary Anning.
https://de.wikipedia.org/wiki/Mary_Anning

WIKIPEDIA (Online-Lexikon): Francesco Bassani.
https://en.wikipedia.org/wiki/Francesco_Bassani

WIKIPEDIA (Online-Lexikon): Bonebed.
https://de.wikipedia.org/wiki/Bone_bed

WIKIPEDIA (Online-Lexikon): Fledermäuse.
https://de.wikipedia.org/wiki/Flederm%C3%A4use

WIKIPEDIA (Online-Lexikon): *Icarosaurus*.
https://en.wikipedia.org/wiki/Icarosaurus

WIKIPEDIA (Online-Lexikon): Bernhard Peyer.
https://de.wikipedia.org/wiki/Bernhard_Peyer

WIKIPEDIA (Online-Lexikon): *Rhabdopelix*.
https://en.wikipedia.org/wiki/Rhabdopelix

WIKIPEDIA (Online-Lexikon): *Tanystropheus*.
https://de.wikipedia.org/wiki/Tanystropheus

WINDOLF, Raymund: Cope, Edward Drinker (1840–1897). Aus: Dinosaurier-Lexikon. S. 55, Korb 1989.

WINDOLF, Raymund: Marsh, Othniel Charles (1831–1899). Aus: Dinosaurier-Lexikon. S. 90–91, Korb 1989.

Trias-Flugsaurier in Deutschland

Bisher hat man in Deutschland keine aussagekräftigen Funde von frühen Langschwanz-Flugsauriern aus der Obertrias (237 bis 201 Millionen Jahre) entdeckt. Das ist seltsam, weil hier etliche Skelette von frühen Dinosauriern aus den Stufen Norium (228 bis 208 Millionen Jahre) und Rhaetium (208 bis 201 Millionen Jahre) der Obertrias geborgen wurden.

Die Typlokalität für das Norium (Nor) liegt in den Norischen Alpen (Österreich) und war namensgebend für die Stufe. Der österreichische Geologe und Paläontologe Edmund von Mojsisovics (1839–1907) schlug 1869 die Stufe und den Namen vor. Das Rhaetium ist nach den Rätischen Alpen (alte Schreibweise: Rhätische Alpen) in der Ostschweiz sowie dem anschließenden Grenzgebiet Italiens und Österreichs benannt. Es wurde 1859 von dem deutschen Geologen Carl Wilhelm von Gümbel (1823–1898) vorgeschlagen, der von „rhaetischer Formation" sprach.

An den berühmten Dinosaurier-Fundstellen Trossingen (Württemberg), Großer Gleichberg nahe Bedheim unweit von Hildburghausen (Thüringen) und Halberstadt (Sachsen-Anhalt) kam kein einziger Flugsaurier-Rest aus der Obertrias zum Vorschein. An diesen Fundorten barg man komplette Skelette des Dinosauriers *Plateosaurus*, der scherzhaft „Deutscher Lindwurm" oder „Schwäbischer Lindwurm" genannt wird.

In den Rhaet-Bonebed von Baden, Württemberg und England kamen Knochenreste zum Vorschein, die man Flugsauriern zuschrieb. Diese Funde reichten aber nicht für eine genauere Vorstellung von Trias-Flugsauriern aus. Ein Bonebed („Knochenlager") ist eine Anreicherung von fossilen Knochenteilen, Zähnen, Schuppen und Koprolithen („Kotsteine"). Als charakteristisch für den Übergang vom Keuper (Obertrias) zum Lias (Unterjura) gilt das Rhät-Lias-Bonebed in der Gegend von Tübingen. Das Rhät (auch Rhaetium oder Rät) ist eine international verwendete geologische Stufe der Obertrias.

1859 erwähnten der Esslinger Unternehmer, Politiker, Geologe und Mineraloge Carl Deffner (1817–1877) sowie der Stuttgarter Naturforscher und Geologe Oscar Fraas (1824–1897) in „Neues Jahrbuch für Mineralogie" Nachweise von Flugsauriern aus Bonebeds. Dabei handelt es sich um den Abdruck eines Flugfinger-Knochens vom Galgenberg bei Malsch unweit Wiesloch in Baden, ähnliche Reste von Birkengehren bei Esslingen in Württemberg sowie mit Vorbehalt von anderen Fundorten. Diese Fossilien wurden irrtümlich einer Art namens *Pterodactylus primus* zugeschrieben, deren Größe Arten aus dem Oberjura entsprochen haben sollte.

Mehr oder minder gut erhaltene Skelette von frühen Flugsauriern aus der Obertrias wurden in Italien *(Peteinosaurus, Preondactylus, Bergamodactylus)*, Österreich *(Austriadactylus, Austriadraco)* und der Schweiz *(Caviramus, Raeticodactylus)* entdeckt. Bei der Untersuchung und Beschreibung dieser Fossilien taten sich teilweise deutsche Paläontologen hervor. Der Stuttgarter Wirbeltier-Paläontologe Rupert Wild beschrieb und benannte 1978 *Peteinosaurus* und 1983 *Peteinosaurus* aus Italien. Die deutschen Paläontologen Nadia Fröbisch und Jörg Fröbisch beschrieben und benannten 2006 *Caviramus* aus der Schweiz (Graubünden).

Literatur

BIOLOGIE-SEITE: *Peteinosaurus*.
https://www.biologie-seite.de/Biologie/Peteinosaurus
BIOLOGIE-SEITE: *Preondactylus*.
https://www.biologie-seite.de/Biologie/Preondactylus
DEFFNER, Carl / FRAAS, Oscar: Die Juraversenkung bei Langenbrücken. In: Neues Jahrbuch für Mineralogie, Geognosie, Geologie und Petrefakten-Kunde, S. 1–38, Stuttgart 1859.
DINOSAURWIKI: *Caviramus*.
https://dinosaurier.fandom.com/de/wiki/Caviramus
PROBST, Ernst / WINDOLF, Raymund: Dinosaurier in Deutschland. München 1993.
WIKIPEDIA (Online-Lexikon): Carl Ludwig Deffner.
https://de.wikipedia.org/wiki/Carl_Ludwig_Deffner
WIKIPEDIA (Online-Lexikon): Oscar Fraas.
https://de.wikipedia.org/wiki/Oscar_Fraas
WIKIPEDIA (Online-Lexikon): Carl Wilhelm von Gümbel.
https://de.wikipedia.org/wiki/
Carl_Wilhelm_von_G%C3%BCmbel
WIKIPEDIA (Online-Lexikon): Edmund Mojsisovics von Mojsvár.
https://de.wikipedia.org/wiki/
Edmund_Mojsisovics_von_Mojsv%C3%A1r
WIKIPEDIA (Online-Lexikon): Norium.
https://de.wikipedia.org/wiki/Norium
WIKIPEDIA (Online-Lexikon): Rhaetium.
https://de.wikipedia.org/wiki/Rhaetium

*Langschwanz-Flugsaurier Eudimorphodon ranzii
im Naturkundemuseum von Bergamo (Oberitalien).
Foto: Luigi Chiesa / CC BY 3.0 (via Wikimedia Commons),
lizensiert unter Creative Commons-Lizenz by 3.0,
https://creativecommons.org/licenses/by/3.0/legalcode*

Wahrer Zweiformen-Zahn

Der Langschwanz-Flugsaurier *Eudimorphodon ranzii*

1973 glückte dem am Naturkundemuseum in Bergamo arbeitenden Mario Pandolfi am Westhang des Monte Bò beim Dorf Cene im Seriana-Tal (Provinz Bergamo) in der Lombardei (Oberitalien) ein Sensationsfund. Auf einer dünnen Kalksteinplatte aus dem Schutt eines Bergrutsches im ehemaligen Steinbruch von Cene bei Bergamo entdeckte er ein fast vollständiges, sehr gut erhaltenes Flugsaurier-Skelett. Die Kalksteinplatte gehört zu den Zorzino-Kalken aus der Stufe Norium der Triaszeit mit einem geologischen Alter von etwa 220 Millionen Jahren. Es handelte sich damals um den ältesten Flugsaurier der Erde!

Noch im selben Jahr beschrieb der italienische Geologe und Paläontologe Rocco Zambelli (1916–2009), damals Kustos am Naturkundemuseum von Bergamo, den Fund von 1973 und nannte ihn *Eudimorphodon ranzii* („Wahrer Zweiformen-Zahn"). Den Gattungsnamen *Eudimorphodon* wählte Zambelli in Anlehnung an den geologisch nächst jüngeren Flugsaurier *Dimorphodon* aus dem Unterjura in England. Mit dem Artnamen *ranzii* ehrte er den italienischen Zoologen Silvio Ranzi (1902–1996).

Dimorphodon wurde 1859 durch den englischen Mediziner, Zoologen, Anatom, Physiologen und Paläontologen Richard Owen (1804–1892) beschrieben. *Dimorphodon* bedeutet „Zweiformen-Zahn" (griechisch: di = zwei, morphe = Form, odon = Zahn). Auf jeweils vier bis fünf größere Zähne im Vorderteil von Ober- und Unterkiefer folgen viele kleine Zähne. Bei den klassischen Reptilien sind unterschiedliche Zahntypen eine Ausnahme.

Italienischer Geologe und Paläontologe
Rocco Zambelli (1916–2009) aus Bergamo (Oberitalien),
der Erstbeschreiber des Langschwanz-Flugsauriers
Eudimorphodon ranzii.
Foto: Aufnahme eines unbekannten Fotografen

Dimorphodon war ungefähr einen Meter lang, erreichte eine Flügelspannweite von 1,20 Metern und wog – laut Dinodata.de – etwa zwei Kilogramm. Wie alle frühen Flugsaurier trug er einen langen Schwanz und gehörte zu den Langschwanz-Flugsauriern. Sein Kopf war mit einer Länge von 20 Zentimetern relativ groß, hoch und ähnelt dem eines Papageitauchers. Kiefer und Zähne deuten darauf hin, dass *Dimorphodon* – wie die meisten Flugsaurier, – ein Fischfresser war, der aber auch Insekten, Echsen, Würmer und andere Kleinlebewesen verzehrt haben könnte. *Dimorphodon* lebte ungefähr vor 201 bis 174 Millionen Jahren.

Wie *Dimorphodon* gehört auch *Eudimorphodon* zu den Langschwanz-Flugsauriern (Rhamphorhynchoidea). *Eudimorphodon* repräsentiert eine eigene Familie namens Eudimorphodontidae.

Eudimorphodon hatte eine Schädellänge von 8,6 Zentimetern und eine Flügelspannweite von rund einem Meter. Ungefähr die Hälfte seiner Gesamtlänge von 70 Zentimetern entfiel auf den knöchernen Schwanz. Dessen Wirbel wurden durch verknöcherte Sehnen zu einem starren Stab verbunden. Der Schwanz diente als Gegengewicht zur Kopflastigkeit. Während des Fluges konnte er nicht gekrümmt werden. Am Ende des Schwanzes befand sich ein senkrechter, rautenförmiger Hautlappen, der vermutlich wie ein Ruder funktionierte. *Eudimorphodon* gilt als aktives Flugtier, das wie ein befiederter Vogel mit seinen Hautflügeln schlagen konnte. Am zu einer breiten Platte umgebauten Brustbein setzten kräftige Flugmuskeln an. *Eudimorphodon* flog vermutlich in niedriger Höhe über dem Tethys-Meer und fing nahe an der Wasseroberfläche schwimmende Fische. Der Kopf von *Eudimorphodon* war groß, wegen der beiden Schläfenöffnungen aber leicht. Im nur sechs Zentimeter

Lebensbild des Langschwanz-Flugsauriers
Dimorphodon macronyx („Zweiformen-Zahn"),
geschaffen von dem russischen Paläoartisten Dmitry Bogdanov.
Bild: Dmitry Bogdanov / CC BY 3.0 (via Wikimedia Commons),
lizensiert unter Creative Commons-Lizenz by-3.0,
https://creativecommons.org/licenses/by/3.0/legalcode

*Englischer Mediziner, Zoologe, Anatom, Physiologe, Paläontologe
und Erstbeschreiber des Flugsauriers Dimorphodon,
Richard Owen (1804–1892),
neben dem Skelett des Moas Dinornis novaezealandiae.
Owen war Erstbeschreiber der Flugsaurier-Gattungen
Dimorphodon 1859 und Coloborhynchus 1874.
Foto: (via Wikimedia Commons),
Lizenz: gemeinfrei (Public domain)*

Jungtier von Eudimorphodon ranzii.
Foto: Angelo Mazzol / CC BY-SA 4.0
(via Wikimedia Commons),
lizensiert unter Creative Commons-Lizenz by-sa-4.0,
https://creativecommons.org/licenses/by-sa/4.0/legalcode

langen Kiefer von *Eudimorphodon* standen große, lange und
einspitzige Zähne vorne im Maul sowie kleine, kurze,
breite, drei- und fünfspitzige Zähne weiter hinten.
Das Gebiss von *Eudimorphodon* ist typisch für einen
Fischfresser. In der Magengegend eines *Eudimorphodon*
befanden sich dicke und harte Schmelzschuppen eines
kleinen Knochenfisches. Die starke Abnutzung der Zähne
wird auf die Fischnahrung zurückgeführt. In der Jugend hat
Eudimorphodon vermutlich Insekten verzehrt.
Rocco Zambelli, der Erstbeschreiber von *Eudimorphodon*
ranzii führte ein bewegtes Leben. Anfangs war er Priester
und im Zweiten Weltkrieg Kaplan der Partisanen im Valle
Seriana. Danach engagierte er sich in der Katholischen
Aktion. Neben seinem Beruf als Geistlicher interessierte er
sich schon immer für Naturgeschichte. Zunächst war er ab
1960 Techniker und 1976 bis 1981, dem Jahr seiner Pen-
sionierung, Kurator für Geologie und Paläontologie am
Naturhistorischen Museum E. Caffi in Bergamo. Zambelli
untersuchte die unterirdischen Quellen des Lago di Endine,
war ein Pionier der Höhlenforschung in der Gegend von
Bergamo, betätigte sich als Spezialist für Wirbeltier-Fossi-
lien der Obertrias aus der Umgebung von Bergamo und
erforschte das Mikroklima des Valle del Freddo.
1989 entdeckte William Amaral am McKnight Bjerg im
Osten von Grönland eine reichhaltige Fossilfundstelle.
Dort erfolgten 1991 und 1992 Ausgrabungen. Zum Fundgut gehörte ein kleines Flugsaurier-Skelett. 2001 rechneten
Farish A. Jenkins, Neil Shubin, Stephen Gatesy und Kevin
Padian dieses Skelett einer neuen Art namens *Eudimorpho-*
don cromptonellus zu. Mit dem Artnamen *cromptonellus* ehrten
sie Professor Alfred Walter Crompton. Das lateinische Wort
ellus spielte auf die geringe Größe des Flugsauriers an. Die

Vermutung, es handle sich um die Gattung *Eudimorphodon* beruhte vor allem auf der Ähnlichkeit der Zahnform, insbesondere auf dem charakteristischen Aufbau mit drei, vier oder fünf Punkten auf der Krone.

2003 wies Alexander Wilhelm Armin Kellner darauf hin, auch andere Flugsaurier besäßen solche Zähne. 2014 stellte Fabio Marco Dalla Vecchia fest, dass *Eudimorphodon cromptonellus* kein einziges Merkmal mit *Eudimorphodon ranzii* aus Oberitalien gemeinsam hatte, das bei anderen Flugsauriern nicht ebenfalls vorhanden war, aber keine unterscheidbaren fangartigen Zähne und gestreiften Zahnschmelz aufwies. 2015 schlug Kellner den Namen *Arcticodactylus* für den Fund aus den 1990er Jahren vor. Der Gattungsname *Arcticodactylus* leitet sich von der Arktis ab und dem griechischen Wort daktylos (Finger).

Literatur
DINODATA.DE: *Eudimorphodon ranzii.*
https://dinodata.de/animals/pterosaurs/pages_e/eudimorphodon.php?q=eudimorphodon
JENKINS, Farish A. / SHUBIN, Neil H. / GATESY, Stephen M. / PADIAN, Kevin: A diminutive pterosaur (Pterosauria: Eudimorphodontidae) from the Greenlandic Triassic. In: Bulletin Museum of Comparative Zoology 156 (1): S. 151–170, 2001.
PREHISTORIC WILDLIFE: *Eudimorphodon.*
http://www.prehistoric-wildlife.com/species/e/eudimorphodon.html
WELLNHOFER, Peter: *Eudimorphodon ranzii* Zambelli 1973. In: Flugsaurier. S. 65–66. Wittenberg Lutherstadt 1980.
WELLNHOFER, Peter: Die ältesten Flugsaurier: *Eudimor-*

phodon. In: Die große Enzyklopädie der Flugsaurier. Illustrierte Naturgeschichte der fliegenden Saurier. 100 Arten auf über 400 Fotos und Illustrationen. S. 59–61, München 1993.

WIKIPEDIA (Online-Lexikon): *Eudimorphodon.*
https://de.wikipedia.org/wiki/Eudimorphodon
WIKIPEDIA (Online-Lexikon): Rocco Zambelli.
https://de.wikipedia.org/wiki/Rocco_Zambelli
ZAMBELLI, Rocco: *Eudimorphodon ranzii* gen. nov., sp. nov., uno pterosauro Triassico. In: Rendiconti Scienze di Instituto Lombardo 107: S. 27–32, Milano 1973.

Langschwanz-Flugsaurier Peteinosaurus zambellii
(„Geflügelte Echse") im Naturhistorischen Museum in Bergamo.
Foto: Ghedoghedeo / CC BY-SA 3.0 (via Wikimedia Commons),
lizensiert unter Creative Commons-Lizenz by-sa-3.0,
https://creativecommons.org/licenses/by-sa/3.0/legalcode

Geflügelte Echse

Der Langschwanz-Flugsaurier *Peteinosaurus zambellii*

Nach der Entdeckung von *Eudimorphodon ranzii* erfolgte in den Zorzino-Kalken aus der Obertrias beim Dorf Cene nahe Bergamo in der Lombardei (Oberitalien) eine intensive Suche nach weiteren Flugsauriern. Die Nachforschungen waren bald von Erfolg gekrönt: Man stieß auf insgesamt fünf Skelettreste von Flugsauriern.

Der Stuttgarter Wirbeltier-Paläontologe Rupert Wild untersuchte die Neufunde aus der Gegend von Cene und identifizierte neben *Eudimorphodon* eine kleinere Flugsaurier-Art, die er 1978 als *Peteinosaurus zambellii* („Geflügelte Echse") bezeichnete. Der Gattungsname *Peteinosaurus* besteht aus den griechischen Wörtern peteinos (geflügelt) und sauros (Echse). Mit dem Artnamen *zambellii* ehrte Wild den Erstbeschreiber von *Eudimorphodon ranzii*, den Geologen und Paläontologen Rocco Zambelli (1916–2009).

Laut Dinodata.de werden drei Fossilfunde von subadulten Flugsauriern ohne Schädel aus der Nähe von Cene mehr oder minder sicher der Art *Peteinosaurus zambellii* zugeschrieben. Der Begriff subadult bedeutet, dass ein Tier schon Geschlechtsmerkmale ausgebildet hat, aber noch nicht voll ausgereift ist.

Der fragmentarisch erhaltene Holotyp (MCSNB 2886), nach dem die Typus-Art *Peteinosaurus zambellii* beschrieben wurde, besteht aus Schädel- und sonstigen Skelett-Teilen, die anatomisch nicht miteinander verbunden sind. Der zweite Fund (MCSNB 3359) besitzt kaum Anhaltspunkte für eine eindeutige Identifizierung und könnte auch von einer anderen Flugsaurier-Art stammen. Beim dritten Fund

Stuttgarter Wirbeltier-Paläontologe Rupert Wild,
der Erstbeschreiber des Langschwanz-Flugsauriers
Peteinosaurus zambellii.
Wild ist Erstbeschreiber der Flugsaurier-Gattungen
Peteinosaurus 1978 und Preondactylus 1983
sowie Co-Autor bei Austriadactylus 2002
Foto: Staatliches Museum für Naturkunde, Stuttgart

(MCSNB 3496) handelt es sich um ein fragmentarisches Skelett. Die Fossilfunde von *Peteinosaurus* werden im Naturhistorischen Museum in Bergamo aufbewahrt. In der Literatur ist teilweise auch lediglich von zwei Funden der Art *Peteinosaurus zambellii* die Rede.

Peteinosaurus wird als direkter Vorfahre des Flugsauriers *Dimorphodon* aus dem Unterjura diskutiert. Beide rechnet man zur Familie Dimorphodontidae.

Viele Merkmale des schätzungsweise bloß 100 Gramm schweren Flugsauriers *Peteinosaurus* wirken ursprünglicher als jene von *Eudimorphodon*. Wesentlich ist, dass *Peteinosaurus* nur einspitzige Zähne trug, die abgeflacht sind sowie vorne und hinten scharfe Schneidekanten haben. Im Unterkiefer hatte er etwa 40 Zähne, davon mindestens zwei große Fangzähne vorne. Unbekannt sind der Oberkiefer und der Rest des Schädels. Der Wirbeltier-Paläontologe Rupert Wild vermutet, *Peteinosaurus* habe sich von Insekten oder von Fischen ernährt.

Peteinosaurus hatte einen sehr leichten Knochenbau. Er besaß eine Flügelspannweite von ungefähr 60 Zentimetern. Seine Flügel waren relativ kurz und nur doppelt so lang wie die Hinterbeine. Bei anderen Flugsauriern übertraf die Flügelspannweite mindestens dreimal die Länge der Hinterbeine. Das erste Fingerglied des Flügels war kürzer als der Unterarm.

Die Anzahl der Halswirbel von *Peteinosaurus* ist unbekannt. Vor dem Kreuzbein hatte *Peteinosaurus* 15 Rumpfwirbel, von denen 13 Rippen trugen. Die drei Kreuzbeinwirbel waren nicht miteinander verwachsen. Der etwa 20 Zentimeter lange Schwanz wurde von 30 bis 40 Wirbeln gestützt. Vermutlich war der Schwanz bei schnellen Flugmanövern hilfreich.

Bis zur Entdeckung der etwa 220 Millionen Jahre alten
Flugsaurier-Fossilien von *Eudimorphodon* und *Peteinosaurus*
aus der Obertrias von Cene bei Bergamo in Oberitalien
galten die ungefähr 180 Millionen Jahre alten Flugsaurier-
Funde aus dem Unterjura in Süddeutschland und England
als die ältesten Flugsaurier der Erdgeschichte. In Deutschland hat man bis heute keine aussagekräftigen Reste von
Flugsauriern aus der Obertrias geborgen. Vielleicht wird
man solche aber noch eines Tages finden.

Literatur
DINODATA.DE: *Peteinosaurus zambellii.*
https://dinodata.de/animals/pterosaurs/pages_p/
peteinosaurus.php?q=peteinosaurus
WELLNHOFER, Peter: *Peteinosaurus zambellii* Wild 1978.
In: Flugsaurier. S. 67, Wittenberg Lutherstadt 1980.
WELLNHOFER, Peter: *Peteinosaurus.* In: Die große Enzyklopädie der Flugsaurier. Illustrierte Naturgeschichte der
fliegenden Saurier. 100 Arten auf über 400 Fotos und Illustrationen. S. 62, München 1993.
WIKIPEDIA (Online-Lexikon): *Peteinosaurus.*
https://de.wikipedia.org/wiki/Peteinosaurus
WIKIPEDIA (Online-Lexikon): *Dimorphodon.*
https://de.wikipedia.org/wiki/Dimorphodon
WILD, Rupert: Die Flugsaurier (Reptilia, Pterosauria) aus
der Oberen Trias von Cene bei Bergamo, Italien. In: Bolle-
tino Societá Paleontologica Italiana 17 (2): S. 176–256,
Modena 1978.

Der Preone-Finger

Der Langschwanz-Flugsaurier *Preondactylus buffarinii*

Außer *Eudimorphodon* und *Peteinosaurus* wurde im 20. Jahrhundert in Oberitalien eine dritte Gattung der Langschwanz-Flugsaurier namens *Preondactylus* aus der Obertrias nachgewiesen. Einer der Funde dieser Gattung hat ein geologisches Alter von mehr als 220 Millionen Jahren und gilt als der älteste bisher bekannte Flugsaurier der Erdgeschichte.

Die Entdeckungsgeschichte von *Preondactylus* begann damit, dass ein Fossiliensammler 1978 in den Zorzino-Kalken von Endenna, etwa zehn Kilometer von Cene entfernt, drei zusammenhängende Flugfinger-Glieder eines Flugsauriers fand. Das Tier, von dem diese Knochen stammen, hatte eine Flügelspannweite von schätzungsweise 1,50 Metern. 1982 stieß ein anderer Fossiliensammler in einem bitumösen Kalkstein der Obertrias im Preone-Tal bei Udine (Oberitalien) auf ein Flugsaurier-Skelett. Bei der Bergung unterlief dem Entdecker Nando Buffarini ein furchtbares Missgeschick. Die Gesteinsplatte mit dem wissenschaftlich wertvollen Fossil zerbrach in mehrere Stücke.

Die schwarzen Knochen des Flugsauriers waren in eine nur wenige Millimeter dicke Mergelschicht eingebettet. Der Entdecker und seine Frau fügten die Bruchstücke der Gesteinsplatte wieder zusammen und begingen den Fehler, sie mit Wasser zu waschen. Dabei wurde die Mergelschicht mitsamt Skelettknochen fortgespült und ging verloren. Zurück blieb bloß der Negativabdruck des Skeletts auf der Gesteinsoberfläche. Erst ein Abguss dieses Negativ-Reliefs mit Silikon-Kautschuk ließ das Flugsaurier-Skeletts wieder

Langschwanz-Flugsaurier Preondactylus buffarinii
(„Preone-Finger") aus Oberitalien.
Foto: Ghedoghedo / CC BY-SA 4.0
(via Wikimedia Commons),
lizensiert unter Creative Commons-Lizenz by-sa-4.0,
https://creativecommons.org/licenses/by-sa/4.0/legalcode

plastisch hervortreten. Der Abguss wurde durch den Stuttgarter Wirbeltier-Paläontologen Rupert Wild untersucht. Er stellte fest, dass es sich bei dem Fund um den Vertreter einer weiteren Familie von Flugsauriern handelte, die man bis dahin nur aus dem Jura kannte: nämlich die Familie der Rhamphorhynchidae. Der Saurier-Experte Wild gab 1983 der neuen Flugsaurier-Gattung aus der Obertrias den wissenschaftlichen Namen *Preondactylus buffarinii*. *Preondactylus* heißt „Preone-Finger". Mit dem Artnamen *buffarinii* wurde der Entdecker Nando Buffarini geehrt.

Wild erkannte verwandtschaftliche Beziehungen vom Obertrias-Flugsaurier *Preondactylus* zum Lias-Flugsaurier *Dorygnathus* („Speer-Kiefer"). Die Proportionen der Skelett-Abschnitte sind bei beiden Gattungen sehr ähnlich. Das Gebiss von *Preondactylus* besteht – wie bei *Dorygnathus* – aus einspitzigen Zähnen.

1984 stieß man im Preone-Tal auf einen weiteren Flugsaurier-Rest. Auch dieser Fund stammt aus dem Kalkstein der Obertrias wie *Preondactylus*, aber aus einer etwa 150 bis 200 Meter tiefer gelegenen Schicht. Deshalb ist dieser Fossilfund der älteste bekannte Flugsaurier der Erdgeschichte.

Der Flugsaurier-Fund aus dem Preone-Tal von 1984 besteht aus zusammengepressten Skelettknochen. Vermutlich handelt es sich um den Speiballen eines Raubfisches. Ein Flugsaurier, vermutlich ein *Preondactylus*, war in der Obertrias vor mehr als 220 Millionen Jahren von einem Raubfisch gefressen worden, der die unverdaulichen Skelettreste wieder ausgewürgt hatte. Jener Speiballen sank auf den Meeresboden, wurde mit Schlamm bedeckt und zum Fossil.

Die Flugsaurier *Eudimorphodon, Pateinosaurus* und *Preondactylus* aus der Obertrias von Oberitalien vor ungefähr 220 Millionen Jahren oder noch ein wenig früher gehören verschiedenen Stammeslinien an. Deshalb vermutet man den Ursprung der Flugsaurier bereits in der Untertrias (251,9 bis 247,2 Millionen Jahre) oder sogar im Perm (298,9 bis 251,9 Millionen Jahre).

Literatur

DINODATA.DE: *Preondactylus buffarinii*.
https://dinodata.de/animals/pterosaurs/pages_p/
preondactylus.php

PADIAN, Kevin: Note of a new specimen of pterosaur (Reptilia: Pterosauria) from the Norian (Upper Triassic of Endenna, Italy. In: Rèvista Museo Civico Szienze Naturale „E. Caffi" 3: S. 119–127, Bergamo 1980.

PREHISTORIC WILDLIFE: *Preondactylus*.
http://www.prehistoric-wildlife.com/species/p/
preondactylus.html

WELLNHOFER, Peter: Die ältesten Flugsdaurier: *Eudimorphodon*. In: Die große Enzyklopädie der Flugsaurier. Illustrierte Naturgeschichte der fliegenden Saurier. 100 Arten auf über 400 Fotos und Illustrationen. S. 59–61, München 1993.

WELLNHOFER, Peter: *Peteinosaurus*. In: Die große Enzyklopädie der Flugsaurier. Illustrierte Naturgeschichte der fliegenden Saurier. 100 Arten auf über 400 Fotos und Illustrationen. S. 62, München 1993.

WELLNHOFER, Peter: *Preondactylus*. In: Die große Enzyklopädie der Flugsaurier. Illustrierte Naturgeschichte der fliegenden Saurier. 100 Arten auf über 400 Fotos und Illustrationen. S. 62–66, München 1993.

WELLNHOFER, Peter: Übersicht über die Flugsaurier der Trias. In: Die große Enzyklopädie der Flugsaurier. Illustrierte Naturgeschichte der fliegenden Saurier. 100 Arten

auf über 400 Fotos und Illustrationen. S. 67, München 1993.
WIKIPEDIA (Online-Lexikon): *Preondactylus*.
https://de.wikipedia.org/wiki/Preondactylus
WILD, Rupert: A new pterosaur (Reptilia, Pterosauria) from the Upper Triassic (Norian) of Friuli, Italy. In: Gortania, Atti Museo Friulioano di Storia Naturale 5: S. 45–62, Udine 1984.
WILD, Rupert: Flugsaurier aus der Obertrias von Italien. In: Naturwissenschaften 71: S. 1–11, Berlin, Heidelberg, New York 1984.

*Langschwanz-Flugsaurier Austriadactylus cristatus
(„Kammtragender Österreich-Finger") von Nobu Tamura.
Bild: Nobu Tamura.
http://spinops.blogspot.com / http://paleoexhibit.blogspot.com*

*Nobu Tamura ist einer der
bekanntesten Paläoartisten.
Er hat unzählige Lebensbilder
von Urzeit-Tieren geschaffen.
Foto: United States Department
of Energy at Lawrence Berkeley
National Laboratory (via
Wikimedia Commons), Lizenz:
gemeinfrei (Public domain)*

Der Österreich-Finger

Der Langschwanz-Flugsaurier *Austriadactylus cristatus*

2002 machten die Paläontologen Fabio Marco Dalla Vecchia (Monfalcone, Italien), Rupert Wild (Stuttgart), Hagen Hopf (Göttingen) und Joachim Reitner (Göttingen) im „Journal of Vertebrate Paleontology" den frühesten Flugsaurier aus Österreich bekannt. Das Urzeit-Tier stammt aus der Obertrias vor 216 bis 208,5 Millionen Jahren, ist Tiroler und heißt *Austriadactylus cristatus* („Kammtragender Österreich-Finger").

Die Entdeckung dieses Langschwanz-Flugsauriers gelang 1969 dem Göttinger Paläontologen und Geobiologen Joachim Reitner auf der Halde eines aufgelassenen Bergwerkes bei Seefeld in Tirol im ehemaligen Bergbaurevier „Ankerschlag". Dort hat man bis 1964 Gesteine der Seefeld-Formation zur Gewinnung von Tiroler Steinöl (Ichthyol) abgebaut. Das Fossil besteht aus dem etwa elf Zentimeter langen Schädel, dem Unterkiefer, einigen Wirbeln, Teilen der Extremitäten, dem Beckengürtel und dem vorderen Teil des Schwanzes. 1990 schenkte der Entdecker seine Fossiliensammlung dem Staatlichen Museum für Naturkunde in Stuttgart.

Der von dem Forscher-Quartett Dalla Vecchia, Wild, Hopf und Reitner vergebene Gattungsname *Austriadactylus* erinnert an das Fundland Österreich (Austria) und enthält das aus dem altgriechischen Begriff dáktylos (Finger) gebildete lateinische Wort dactylos. Der Artname *cristatus* (Kammtragend) bezieht sich auf den auffälligen Knochenkamm am Schädel. Der Holotypus, anhand dessen *Austriadactylus cristatus* beschrieben wurde, wird im Staatlichen Museum für

Italienischer Paläontologe Fabio Marco Dalla Vecchia,
einer der Erstbeschreiber von Austriadactylus cristatus
(„Kammtragender Österreich-Finger").
Foto: Dr. Fabio Marco Dalla Vecchia,
Pasian di Prato (Udine), Italien

Naturkunde in Stuttgart aufbewahrt und hat die Inventar-Nummer SMNS 56242.

Mit einer geschätzten Flügelspannweite von etwa 1,20 Metern und einem mutmaßlichen Lebendgewicht von ungefähr 300 Gramm war *Austriadactylus cristatus* im Vergleich zu anderen Langschwanz-Flugsauriern der Triaszeit relativ groß. Als sein auffälligstes Merkmal gilt ein dünner, maximal zwei Zentimeter hoher Knochenkamm am Schädel von der Schnauzenspitze bis zwischen die Augenhöhlen. Neben *Raeticodactylus* („Finger aus Raetia") aus der Obertrias der Schweiz ist *Austriadactylus* einer der geologisch ältesten bekannten Flugsaurier mit einem Knochenkamm am Schädel. Ein weiteres Merkmal von *Austriadactylus* ist die unterschiedliche Form seiner Zähne. Zu seinem Gebiss gehören große, spitzkonische und schlanke Zähne, sehr große, bis zu einem Zentimeter lange, klingenförmige abgeflachte Zähne mit einer fein gesägten Schneidekante, merklich kürzere, abgeflachte Zähne mit annähernd dreieckigem Grundriss und bis zu zwölf winzigen Nebenspitzen entlang der Schneidkanten, kleine blattförmige Zähnchen mit jeweils vier bis sechs Nebenspitzen an jeder der beiden Schneidkanten. Der Schwanz war lang und flexibel.

2009 beschrieb der italienische Paläontologe Dalla Vecchia anhand eines Teilskelettes mit 7,2 Zentimeter langem Schädel aus der Dolomia di Fornia-Formation in der Region Friuli Venezia Giulia (Oberitalien) ein zweites Exemplar von *Austriadactylus cristatus*. Auf dieses Fossil stieß Elio Martinis in jener Fundregion, aus der auch der 1984 von Rupert Wild beschriebene *Preondactylus buffarinii* stammte. Das 2009 beschriebene und im Museo Geologico della Carnia in Ampezzo aufbewahrte Flugsaurier-Fossil mit der Inventar-Nummer SC 332466 bescherte einige neue Er-

Abbildungen auf Seite 95:

Fossil und Interpretationsskizze von Austriadactylus cristatus
(SC 332466) aus Tirol, Maßstabsbalken zwei Zentimeter.
Aus: Fabio Marco Dalla Vecchia: The first Italian specimen
of the pterosaur Austriadactylus cristatus (Diapsida, Pterosauria)
from the Norian (Upper Triassic) of the Carnic Prealps.
In: Rivista Italiana di Paleontologia e Stratigrafia 115 (3):
S. 291–304, 2009.

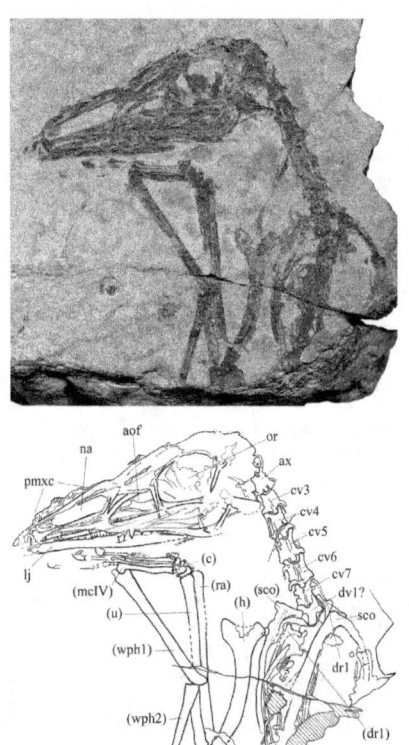

kenntnisse über die Anatomie des Skelettes. Eine Knochen-
leiste am Oberarm-Knochen, die als Muskelansatz diente,
ist abgerundet dreieckig und gleicht eher den Langschwanz-
Flugsauriern *Preondactylus* („Preone-Finger") und *Peteino-*
saurus („Geflügelte Echse") aus der Obertrias und *Dimor-*
phodon („Zweiformen-Zahn") aus dem Unterjura als der
annähernd quadratischen von *Eudimorphodon* („Wahrer
Zweiformen-Zahn"). Das erste Fingerglied des Flügels ist
kürzer als das zweite. Dies ist auch bei *Preondactylus*, *Peteino-*
saurus und *Dimorphodon* der Fall.
Man vermutet, dass sich der Flugsaurier *Austriadactylus*
cristatus von Insekten ernährte. In den Ablagerungen der
Seefeld-Formation blieben Meerestiere (Fische), angeschwemmte Kadaver von Landtieren wie der kaum halb-
meterlange, langhalsige *Langobardisaurus pandolfii* und Pflanzen angrenzender inselartiger Landmassen sowie Flugsaurier erhalten. Zur damaligen Pflanzenwelt gehörten Na-
delgewächse, Palmfarne und Bärlapp-Pflanzen, was auf ein
heißes Klima hindeutet.
2014 fassten Brian Andrés (Tampa/USA) James M. Clark
(Washington/USA) und Xiu Xing (Peking) die aus der
Obertrias bekannten Langschwanz-Flugsaurier in der Klade
der Eopterosauria („Geflügelte Echsen des Morgengrau-
ens") zusammen. *Austriadactylus* wurde zusammen mit *Pre-*
ondactylus in die Klade der Preondactyla innerhalb der Eopterosauria gestellt.

Literatur
ANDRÉS, Brian / CLARK, James M. / XU, Xing: The
Earliest Pterodactyloid and the Origin of the Group. In:
Current Biology 24: S. 1011–1016, 2014.
DALLA VECCHIA, Fabio Marco: The First Italian Speci-

men of *Austriadactylus cristatus* (Diapsida, Pterosauria) from the Norian (Upper Triassic) of the Carnic Prealps. In: Rivista Italiana di Paleontologia e Stratigrafia 115 (3): S. 291–304, 2009.

DALLA VECCHIA, Fabio Marco / WILD, Rupert / HOPF, Hagen / REITNER, Joachim: A Crested Rhamphorhynchoid Pterosaur from the Late Triassic of Austria. In: Journal of Vertebrate Paleontology 22 (1): S. 196–199, 2002.

DALLA VECCHIA, Fabio Marco: Gli pterosauri triassici. In: Memorie del Museo Friulano di Storia Naturale 54: S. 319. Museo Friulano di Storia Naturale, Udine 2014 (Italienisch).

DINODATA.DE: *Austriadactylus cristatus*.
https://dinodata.de/animals/pterosaurs/pages_a/austriadactylus.php?q=austriadactylus

DINODATA.DE: FAMILIENLISTE / Eopterosauria.
https://dinodata.de/animals/family_pages/eopterosauria.php

PREHISTORIC WILDLIFE: *Austriadactylus*.
http://www.prehistoric-wildlife.com/species/a/austriadactylus.html

WIKIPEDIA (Online-Lexikon): *Austriadactylus*.
https://de.wikipedia.org/wiki/Austriadactylus

WIKIPEDIA (Online-Lexikon): *Langobardisaurus*.
https://de.wikipedia.org/wiki/Langobardisaurus

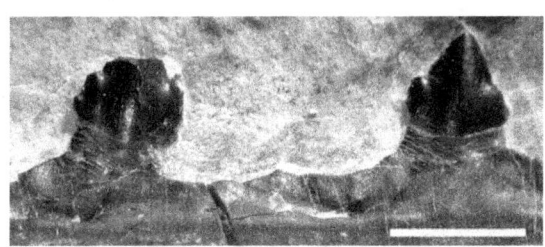

Bei dem Flugsaurier-Fund von 2001 von *Caviramus schesaplanensis* aus dem Schweizer Kanton Graubünden handelt es sich um drei nicht zusammenhängende Fragmente (Foto unten) eines insgesamt schätzungsweise 5,2 Zentimeter langen rechten Unterkiefer-Astes. Auf dem mit 2,4 Zentimetern längsten Bruchstück befinden sich zwei erhaltene Zähne (Foto oben). Ein Zahn hat drei Spitzen, der andere vier.

Fotos aus: FRÖBISCH, Nadia / FRÖBISCH, Jörg: *A new basal pterosaur genus from the upper Triassic of the Northern Calcareous Alps of Switzerland.* In: Palaeontology 49 (5): S. 1081–1090, 2006.

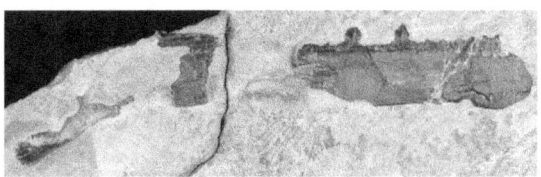

Hohler Kiefer

Der Langschwanz-Flugsaurier *Caviramus schesaplanensis*

2006 beschrieben die deutschen Paläontologen Nadia Fröbisch, geborene Stöcker, und Jörg Fröbisch anhand eines
Fundes aus den Nördlichen Kalkalpen im Schweizer Kanton Graubünden den bis dahin unbekannten Langschwanz-
Flugsaurier *Caviramus schesaplanensis*. Der Gattungsname
Caviramus („Hohler Kiefer") ist von den lateinischen Namen Cavum (Höhle oder Hohlraum) und Ramus („Zweig
des Unterkiefers") abgeleitet. Der Artname *schesaplanensis*
bezieht sich auf die Schesaplana, den mit 2964 Metern
höchsten Berg im Rätikon. An dessen Westhang wurde
2001 das Flugsaurier-Fossil von Nadia Fröbisch bei einer
geologisch-tektonischen Diplomkartierung um den Lüner-
see gefunden.
Zum Zeitpunkt der Erstbeschreibung von 2006 promovierte Nadia Fröbisch am Redpath Museum, McGill University,
in Montreal (Kanada). Heute ist sie Professorin am Museum für Naturkunde in Berlin und am Institut für Biologie
der Humboldt Universität zu Berlin mit einem Forschungs-
schwerpunkt auf der Evolution und Entwicklung von Wirbeltieren, insbesondere Amphibien. Jörg Fröbisch war 2006
als Doktorand am Department of Biology, University of
Toronto (Kanada), tätig. Inzwischen ist er Professor für Pa-
läobiologie und Evolution an der Humboldt-Universität zu
Berlin und am Museum für Naturkunde in Berlin tätig.
Der Fund, nach dem die neue Gattung und Art beschrieben
sowie benannt wurde, stammt aus der Kössen-Formation
(Kössener Schichten) der Obertrias vor etwa 205 Millionen
Jahren. Den Begriff Kössen-Formation hat 1852 der öster-

Österreichischer Geologe und Politiker
Eduard Suess (1831–1914).
Er prägte 1852 den Begriff Kössen-Formation.
Foto: Peter Geymaer /
Lithographie von Joseph Kriehuber (1800–1876)
(via Wikimedia Commons),
Lizenz: gemeinfrei (Public domaini)

reichische Geologe und Politiker Eduard Suess (1831–1914) geprägt. Er machte sich als Experte für den tektonischen Bau der Alpen einen Namen. Auf ihn sind zwei wesentliche paläogeographische Entdeckungen zurückzuführen: der ehemalige Superkontinent Gondwana und die Tethys.

Namensgebend für die Kössen-Formation und Typlokalität ist der 4455 Einwohner zählende Ort Kössen bei Kufstein in Tirol. Gesteine der Kössen-Formation treten auch in den Tegernseer Bergen, im Estergebirge (Krottenkopfgebirge), in den Ammergauer und Allgäuer Alpen in Bayern sowie in den Lechtaler Alpen bis vor Wien zu Tage. Die Kössen-Formation besteht aus einer Wechsellagerung dunkelgrauer Tonsteine, Mergel und toniger Kalksteine, die in der Obertrias (Rhaetium) auf dem Schelf des westlichen Tethys-Meeres abgelagert wurden.

Die Gesteine der Kössen-Formation enhalten viele Fossilien aus der Obertrias. Dazu gehören Muscheln, Armfüßer (Brachiopoden), Ammoniten, Stachelhäuter (Echinodermen, darunter Schlangensterne), Fische (Strahlenflosser, Haie), Meeresreptilien (Pflasterzahnsaurier, bis zu 20 Meter lange Fischsaurier bzw. Ichthyosaurier) und Landtiere (Flugsaurier *Raeticodactylus filisurensis*).

Die Fossilien der Kössen-Formation lagen vor mehr als 200 Millionen Jahren noch auf dem Meeresboden. Mit der Auffaltung der Alpen gelangten sie bis in 2800 Meter Höhe.

Bei dem Flugsaurier-Fossil aus der Kössen-Formation handelt es sich um drei nicht zusammenhängende Fragmente eines insgesamt schätzungsweise 5,2 Zentimeter langen rechten Unterkiefer-Astes. Auf dem mit 2,4 Zentimetern längsten Bruchstück befinden sich zwei erhaltene Zähne. Ein Zahn hat drei Spitzen, der andere vier. Die Gesamtzahl der Zähne wird auf mindestens zwölf und höchstens siebzehn geschätzt. Der Kiefer ist leicht und hohl, was im Gattungsnamen *Caviramus* zum Ausdruck kommt. Die Zähne von *Caviramus* ähneln jenen des 1973 von Rocco Zambelli aus der Lombardei (Italien) beschriebenen Langschwanz-Flugsauriers *Eudimorphodon* aus der Obertrias. Doch der Kiefer hat eine andere Form.

Die drei Unterkiefer-Fragmente und zwei Zähne von *Caviramns schesaplanensis* werden im Paläontologischen Institut und Museum der Universität Zurich aufbewahrt und haben die Inventar-Nummer PIMUZ A/III 1225.

Trotz der Ähnlichkeit mit *Eudimorphodon* klassifizierten die Autoren Nadia Fröbisch und Jörg Fröbisch *Caviramus* als Pterosauria incertae sedis. Der Fachbegriff incertae sedis kennzeichnet die unsichere systematische Stellung eines Taxons.

Literatur

DINODATA.DE: *Caviramus schesaplanensis.*
https://dinodata.de/animals/pterosaurs/pages_c/
caviramus.php
FRÖBISCH, Nadia / FRÖBISCH, Jörg: A new basal
pterosaur genus from the upper Triassic of the Northern
Calcareous Alps of Switzerland. In: Palaeontology 49 (5): S.
1081–1090, 2006.
GEOPAL: Kössen-Formation.
http://www.geopal.at/index.php/koessenformation.html
PREHISTORIC WILDLIFE: *Caviramus.*
http://www.prehistoric-wildlife.com/species/c/
caviramus.html
SANDER, P. Martin / VILLAR, Pablo Romero Pérez de
FURRER, Heinz / WIINTRICH, Tanja: Giant Late Triassic

ichthyosaurs from the Kössen Formation of the Swiss Alps and their paleobiological Implications. In: Journal of Vertebrate Paleontology.

SUESS, Eduard: Untersuchungen der Brachiopoden in den sogen. Kalkschichten von Kössen. Jahrbuch der Kaiserlich-Königlichen Geologischen Reichsanstalt 3: S. 180–181, 1852.

RONGE, Svenja: Riesige Meeres-Saurier in 2.800 Metern Höhe. In: idw – Informationsdienst Wissenschaft, 2022. https://idw-online.de/de/news792385

WIKIPEDIA (Online-Lexikon): *Caviramus*. https://en.wikipedia.org/wiki/Caviramus

WIKIPEDIA (Online-Lexikon): Nadia Fröbisch. https://en.wikipedia.org/wiki/Nadia_Fr%C3%B6bisch

*Skelett des Langschwanz-Flugsauriers Raeticodactylus filisurensis
aus der Obertrias von Graubünden.
Foto: Rico Stecher, Chur*

Bündner Flug-Finger

Der Langschwanz-Flugsaurier *Raeticodactylus filisurensis*

2008 wurde von dem Lehrer und professionell arbeitenden Amateur-Paläontologen Rico Stecher aus Chur ein im August 2005 entdecktes Teilskelett aus dem Schweizer Kanton Graubünden als *Raeticodactylus filisurensis* beschrieben. Auf dieses Fossil stieß er in etwa 2500 Meter Höhe unterhalb des Grates des Fil da Stidier, des etwa 1,1 Kilometer südwestlich gelegenen Berggipfels Tinzenhorn. Das Tinzenhorn (Corn da Tinizong) ist ein Berg der Bergüner Stöcke in der Kommune Filisur im Kanton Graubünden (Grisons). Das Flugtier stammt aus der untersten Kössen-Formation, im Grenzbereich der Stufen Norium/Rhaetium, aus Flachwasser-Ablagerungen der Obertrias vor ca. 210 Millionen Jahren.

Bevor Stecher zur Fundstelle weit oben in den Bergen kam, musste er einen bis zu drei Kilometer langen Fußmarsch bewältigen. Erst dann konnte er in Schutthalden nach Funden suchen, die sich unterhalb vielversprechender Schichten bilden. Am Tag der Entdeckung ging er eine Schutthalde weiter hinauf als sonst. Diese Mühe lohnte sich. Denn plötzlich erblickte er eine am Felsen angelehnte Platte mit auffälligen Knochen darauf. Als er die langen Knochen sah, war sein erster Gedanke, es müsse sich um Reste eines Flugsauriers handeln. Diese Idee verwarf er jedoch sofort wieder, da für ihn Flugsaurier-Fossilien eher an *Pteranodon*-Funde der USA erinnerten

Das von Stecher geborgene Fossil besteht aus einem fast vollständigen Schädel, zwei Halswirbeln, sechs Wirbeln, vier Schwanzwirbeln, drei Rippen, dem Arm und den Hän-

Entdecker und Erstbeschreiber von Raeticodactylus filisurensis aus der Obertrias von Graubünden: Rico Stecher aus Chur.
Foto: Rico Stecher, Chur, Privatarchiv

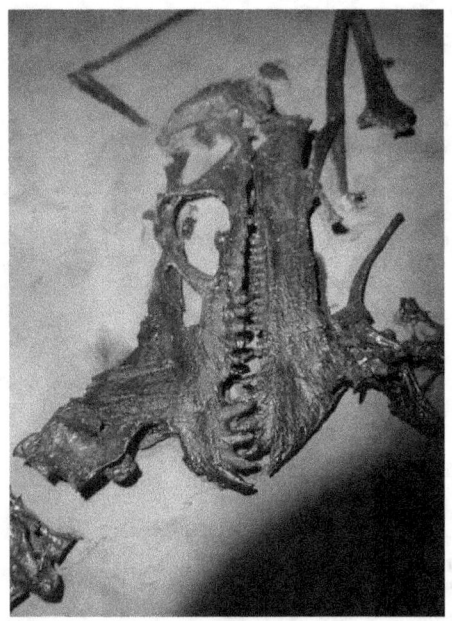

Schädel des Langschwanz-Flugsauriers Raeticodactylus filisurensis
aus der Obertrias von Graubünden.
Foto: Rico Stecher, Chur

den einschließlich der Flugfinger und einem Hinterbein mit Fuß. Der etwa 9,5 Zentimeter lange Schädel trug auf der Schnauzenpartie einen hohen, dünnen und kaum beschädigten Knochenkamm.

Beim sorgfältigen Präparieren seines Flugsaurier-Fundes bemerkte Stecher, wie leicht gebaut der Schädel ist. Er beschaffte sich Literatur über Flugsaurier, studierte sie und erkannte, dass sein Fund etwas Neues darstellte. 2008 beschrieb Stecher als Alleinautor in „Swiss Journal of Geosciences" seinen Fund und nannte ihn *Raeticodactylus filisurensis* („Bündner Flugfinger von Filisur"). Der Gattungsname *Raeticodactylus* erinnert an Raetia, den lateinischen Namen für Graubünden, und daran, dass Flugsaurier mit dem vierten Finger voran geflogen sind. Der vierte Finger der Flugsaurier hat sich um Laufe der Evolution so stark verlängert, dass er länger als Oberarm und Unterarm zusammen war.

Der Holotyp, anhand dessen *Raeticodactylus filisurensis* beschrieben wurde, wird im Bündner Naturmuseum in Chur aufbewahrt und hat die Inventar-Nummer BNM 14524. Dieser Flugsaurier hat eine Flügelspannweite von 1,35 Metern und ein Lebendgewicht von schätzungsweise einem bis maximal anderthalb Kilogramm. Stecher stellte fest, dass die Anpassungen jenes Flugsauriers auf eine Lebensweise als hochspezialisierter Fischfresser hindeuteten. *Raeticodactylus* fischte im Flug mit seinem Schnabel Beutetiere aus dem Meer. Einspitzige Zähne haben eine fangähnliche Funktion. Viele kleine Zähne mit drei, vier und fünf Spitzen eigneten sich sehr gut zum „Zerschneiden" der Fische. Der Oberschenkel von *Raeticodactylus filisurensis* ist ungewöhnlich, weil der Gelenkkopf rechtwinklig zum Knochenschaft steht. In einer Studie des argentinischen Paläontologen Martin Ezcurra und vielen Co-Autoren von 2020 spielt dieser rechtwinklige Femurkopf eine wichtige Rolle. Er zeigt die nahe verwandtschaftliche Beziehung der flugunfähigen Lagerpetiden (Reptilien, die mit den Dinosauriern nahe verwandt sind) zu den Flugsauriern. Die Extremitätenknochen sind fast doppelt so lang wie diejenigen des größten Exemplares des Langschwanz-Flugsauriers *Eudimorphodon ranzii* (MCSNB 2888) aus der Lombardei (Oberitalien). Der von Stecher entdeckte *Raeticodactylus filisurensis* ist ein ausgewachsenes Tier.

Eine Studie des italienischen Paläontologen Fabio Marco Dalla Vecchia von 2009 kam zu dem Schluss, dass der 2008 publizierte Langschwanz-Flugsaurier *Raeticodactylus* vermutlich zur Gattung *Caviramus* und möglicherweise auch zur Art *schesaplanensis* gehört. Vorausgesetzt, dass die Unterschiede (wie Größe und Vorhandensein eines Knochenkamms bei *Raeticodactylus*) nicht auf das Geschlecht oder Alter zurückzuführen sind. Nachfolgende Studien haben die Synonymie von *Caviramus* und *Raeticodactylus* unterstützt. Aber immer wieder wird *Raeticodactylus filisurensis* noch als eigene Gattung und Art für Untersuchungen genutzt, weil er viel vollständiger ist und die Synonymie nicht abschließend bewiesen werden kann.

Rico Stecher ist ehrenamtlicher Mitarbeiter des Bündner Naturmuseums in Chur. Er erforscht und dokumentiert die Natur Graubündens, arbeitet bei Ausstellungen und Publikationen mit und hält Vorträge. Als Lehrer an der Neuen Tagesschule Chur unterrichtet er in naturwissenschaftlichen und gestalterischen Fächern mit Herzblut und Empathie.

Der Langschwanz-Flugsaurier *Raeticodactylus filisurensis* ist nicht die einzige bedeutende Entdeckung von Stecher. 2006 stieß er am Tinzenhorn auf Fußspuren von Dino-

sauriern aus der Triaszeit, die er zusammen mit anderen Autoren 2007, 2013 und 2019 beschrieb.
Am 19. Oktober 2019 ehrte die Schweizerische Paläontologische Gesellschaft bei ihrer 98. Jahresversammlung in Bern Rico Stecher mit dem Amanz-Gressly-Preis 2019. Damit zollte man ihm Anerkennung für sein jahrelanges Engagement und die bedeutenden Be-Funde für die Wissenschaft. Die Schweizerische Paläontologische Gesellschaft verleiht seit 2004 eine Amanz-Gressly-Auszeichnung für besondere Verdienste in der Paläontologie. Der Schweizer Geologe und Paläontologe Amanz Gressly (1814–1865) gilt als einer der Begründer der modernen Stratigraphie und Paläoökologie. Er führte auch den Begriff Fazies ein.

Literatur

DINODATA.DE: *Raeticodactylus filisurensis.*
https://dinodata.de/animals/pterosaurs/pages_r/raeticodactylus.php?q=raeticodactylus
EZCURRA, Martín D. / NESBITT, Sterling J. / BRONZATI, Mario / DALLA VECCHIA, Fabio Marco / AGNOLIN. Federico L. / BENSON, Roger B. J. / EGLI, Federico Brissón / CABREIRA, Sergio F. / EVERS, Serjoscha W. / GENTIL, Adriel R. / IRMIS, Randall B. / MARTINELLI, Agustín G. / NOVAS, Fernando E. / DA SILVA, Lúcio Roberto / SMITH, Nathan D. / STOCKER, Michelle R. / TURNER, Alan H. / LANGER, Max C.: Enigmatic dinosaur precursors bridge the gap to the origin of Pterosauria. In: Nature 588: S. 1–5, 2020.
MEYER, Christian A. / STECHER, Rico: The house of the rising sauropods – Evidence from the Late Triassic of the Eastern Swiss Alps. In: 5th Swiss Geoscience Meeting, Geneva. Abstract Volume. S. 206–207, 2007.

MEYER, Christian A. / MARTY, Daniel / THÜRING,
Basil / STECHER, Rico / THÜRING, Silvan: Dinosau-
rierspuren aus der Trias der Bergüner Stöcke (Parc Ela,
Kanton Graubünden, SE-Schweiz). In: Mitteilungen der
Naturforschenden Gesellschaft beider Basel 14: S. 135–
198, 2013.
MEYER, Christian A. / KLEIN, Hendrik / WIZEVICH
Michael C. / STECHER, Rico: Triassic Sauropodomorph
tracks with Gondwanan affinities from the Central Austro-
alpine Nappes of Switzerland. In: Conference paper Swiss
geoscience Meeting, November 2019.
SCHWEIZERISCHE GEOLOGISCHE GESELL-
SCHAFT (SGG): Rico Stecher. Leidenschaftlicher Fossiliensammler und -finder in den Bündner Bergen.
https://geolsoc.ch/de/awards/amanz_gressly/rico_stecher
STECHER, Rico: A new Triassic pterosaur from Switzerland (Central Austroalpine, Grisons), *Raeticodactylus filisurensis* gen. et sp. nov. Swiss Journal of Geosciensis 101(1):
S. 185–201, 2008.
WIKIPEDIA (Online-Lexikon): Amanz Gressly.
https://de.wikipedia.org/wiki/Amanz_Gressly
WIKIPEDIA (Online-Lexikon): *Raeticodactylus*.
https://en.wikipedia.org/wiki/Raeticodactylus

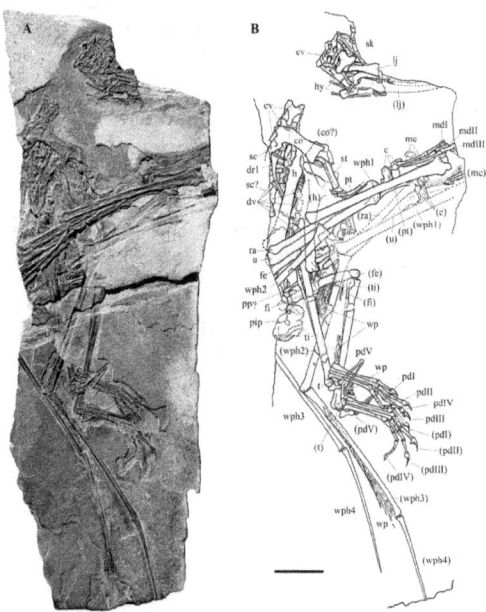

Holotypus, anhand dessen der italienische Paläontologe
Fabio Marco Dalla Vecchia die neue Art
Carniadactylus rosenfeldi beschrieb.
Foto und Zeichnung: F. M. Dalla Vecchia / CC BY-SA 3.0
(via Wikimedia Commons),
lizensiert unter Creative Commons-Lizenz by-sa-3.0,
https://creativecommons.org/licenses/by-sa/3.0/legalcode

Finger aus Carnia

Der Langschwanz-Flugsaurier *Carniadactylus rosenfeldi*

Weltweit erregte der Geologe und Paläontologe Rocco Zambelli aus Bergamo großes Aufsehen, als er 1973 den Langschwanz-Flugsaurier *Eudimorphodon ranzii* beschrieb und benannte. Denn dieses bei Cene unweit von Bergamo in der Lombardei (Oberitalien) entdeckte Tier aus der Obertrias war damals mit einem geologischen Alter von etwa 220 Millionen Jahren der früheste Flugsaurier der Erde!

22 Jahre später machte 1995 der italienische Paläontologe Fabio Marco Dalla Vecchia eine zweite Art der Gattung *Eudimorphodon* aus Italien bekannt, der er den wissenschaftlichen Namen *Eudimorphodon rosenfeldi* gab. Damit ehrte er den Entdecker Dr. Corrado Rosenfeld aus Udine. Dieser hatte 1986 bei Udine in der Provinz Friuli Venezia Giulia (Lombardei) in der Dolomia di Forni-Formation der Obertrias ein Flugsaurier-Teilskelett gefunden.

Der Holotyp, anhand dessen *Eudimorphodon rosenfeldi* beschrieben wurde, ist ein Teilskelett mit Bruchstücken des Schädels und Unterkiefers, aber ohne Schwanz. Der Fund liegt im Museo Friulano di Storia Naturale in Udine und hat die Inventar-Nummer MFSN 1797.

Bald stellte sich heraus, dass *Eudimorphodon rosenfeldi* keine weitere Art der Gattung *Eudimorphodon* ist. Deshalb ordnete Dalla Vecchia 2009 das Fossil mit der Inventar-Nummer MFSN 1797 der neuen Gattung *Carniadactylus* („Finger aus Carnia") zu. Die Typus-Art bezeichnete er als *Carniadactylus rosenfeldi*. Der Gattungsname *Carniadactylus* besteht aus dem Namen der Region Carnia, in welcher das Fossil geborgen wurde, und dem lateinischen Wort dactylus (Finger).

Ein anderes Flugsaurier-Fossil aus der Gegend bei Cene in der Provinz Bergamo in der Lombardei (Oberitalien) mit der Inventar-Nummer MPUM 6009 ist der Paratypus. So bezeichnet man jedes Exemplar, das der Autor bzw. die Autorin einer Art neben dem Holotypus bei der Artaufstellung als zu dieser gehörig erwähnt und aufgezählt hat. Es muss weder abgebildet, noch ausdrücklich beschrieben werden.

Der Paratypus von *Carniadactylus rosenfeldi* ist ein fast vollständiges Skelett, das aber weitgehend nur noch als Abdruck vorhanden ist. Dieser Paratypus ist um ein Drittel kleiner als der Holotyp mit einer Flügelspannweite von etwa 70 Zentimetern und einem Lebendgewicht von schätzungsweise 200 Gramm.

2015 beschrieb der brasilianische Paläontologe Alexander Wilhelm Armin Kellner den Paratypus von *Carniadactylus rosenfeldi* mit der Inventar-Nummer MPUM 6009 als neue Gattung und Art namens *Bergamodactylus wildi* („Finger aus Bergamo"). Der Artname *wildi* erinert an den Stuttgarter Wirbeltier-Paläontologen Rupert Wild.

Carniadactylus existierte – laut „Dinodata.de" – in Europa in der Obertrias vor etwa 214 bis 204 Millionen Jahren. Er ähnelte seinem nahe Verwandten *Eudimorphodon*, obwohl er merklich kleiner gewesen ist. Der Größenunterschied beruhte vermutlich darauf, dass die beiden Arten andere ökologische Nischen besetzten und unterschiedliche Nahrungsquellen nutzten.

Die Zähne von *Carniadactylus* sind ähnlich aufgebaut wie jene vom fischfressenden *Eudimorphodon*, aber sehr wenig abgenutzt. *Carniadactylus* ernährte sich wahrscheinlich von kleinen Beutetieren mit weichem Körper wie Würmern oder Insektenlarven.

2020 ordnete der englische Paläontologe Matthew G. Baron in einer Studie über frühe Flugsaurier-Beziehungen die Gattungen *Carniadactylus*, *Caviramus* und *Raeticodactylus* den Austriadraconidae zu, die wiederum zu einer Familie namens Caviramidae gehören.

Literatur

BARON, Matthew G.: Testing pterosaur ingroup relationships through broader sampling of avemetatarsalian taxa and characters and a range of phylogenetic analysis techniques. In: PeerJ. 8, 2020.

DALLA VECCHIA, Fabio Marco: A new pterosaur (Reptilia, Pterosauria) from the Norian (Late Triassic) of Friuli (Northeastern Italy), Preliminary note. In: Gortania 16: S. 59–66, 1995.

DALLA VECCHIA, Fabio Marco: Anatomy and systematics of the pterosaur *Carniadactylus* Gen. n. *rosenfeldi* (Dalla Vecchia, 1995). In: Rivista Italiana di Paleontologia e Stratigrafia 115: S. 159–188, 2009.

DINODATA.DE: *Carniadactylus rosenfeldi*. https://dinodata.de/animals/pterosaurs/pages_c/carniadactylus.php

KELLNER, Alexander Wilhelm Armin: Comments on Triassic pterosaurs with discussion about ontogeny and description of new taxa. In: Anais da Academia Brasileira de Ciências. 87 (2): S. 669–689, 2015.

WIKIPEDIA (Online-Lexikon): *Carniadactylus*. http//en.wikipedia.org/wiki/Carniadactylus

Holotypus, anhand dessen der brasilianische Paläontologe
Alexander Wilhelm Armin Kellner die neue Art
Bergamodactylus wildi („Finger von Bergamo") beschrieb.
Foto: Alexander Wilhelm Armin Kellner / CC BY 4.0
(via Wikimedia Commons),
lizensiert unter Creative Commons-Lizenz by-4.0,
https://creativecommons.org/licenses/by/4.0/legalcode

Finger von Bergamo

Der Langschwanz-Flugsaurier *Bergamodactylus wildi*

Der Stuttgarter Wirbeltier-Paläontologe Rupert Wild beschrieb 1978 das Skelett eines kleinen Langschwanz-Flugsauriers aus der Lombardei in Oberitalien. Dieses Fossil wurde bei Cene unweit von Bergamo in der Provinz Bergamo gefunden. Es stammt aus der Zorzino-Formation der Obertrias vor 217 bis 204 Millionen Jahren.

Von dem Flugsaurier mit einer Flügelspannweite von etwa 45 Zentimetern und einem geschätzten Lebendgewicht von 150 Gramm blieben der komplette Schädel mit Unterkiefer, die Hals- und Rückenwirbel, der Schultergürtel, das Brustbein, zwei Flügel und Teile des Hinterbeins erhalten. Einige Teile versteinerten in stark framentierter Form.

Der kleine Flugsaurier wird im Museo di Paleontologia dell' Universitàdi in Mailand aufbewahrt und hat die Inventar-Nummer MPUM 6009. Wegen seines Aufbewahrungsortes wird dieses Fossil auch „Mailänder Exemplar" genannt.

Der Saurier-Experte Rupert Wild hielt 1978 das Fossil aus der Gegend bei Cene wegen seiner geringen Größe für ein jugendliches Exemplar des 1973 von dem Paläontologen Rocco Zambelli (1916–2009) aus Bergamo beschriebenen Langschwanz-Flugsauriers *Eudimorphodon ranzii*. Wie erwähnt, erfolgte die Beschreibung dieses Fossils 1978.

2009 zog der italienische Paläontologe Fabio Marco Dalla Vecchia bei einer Neubetrachtung des Fossils aus der Gegend bei Cene den Schluss, dieser Flugsaurier sei ein noch nicht voll ausgereifes Tier. Unter anderem waren Teile des Schultergürtels jenes Flugtieres bereits verschmolzen. Dalla Vecchia ordnete den Flugsaurier der 2009 von ihm be-

Paläontologe Alexander Wilhelm Armin Kellner,
Erstbeschreiber von Bergamodactylus wildi („Finger von Bergamo").
Kellner wurde 2023 in der „List of pterosaur genera" von
„Wikipedia" 14mal als Erstbeschreiber einer Flugsaurier-Gattung
und 13mal als Co-Autor erwähnt.
Foto: Ministério da Ciência, Tecnologia, Inovações e Comunicações /
CC BY 2.0 (via Wikimedia Commons),
lizensiert unter Creative Commons-Lizenz by-2.0,
https://creativecommons.org/licenses/by/2.0/legalcode

schriebenen Gattung *Carniadactylus* zu. Vorher war jener
Flugsaurier als *Eudimorphodon rosenfeldi* bezeichnet worden.
2015 stellte der brasilianische Paläontologe Alexander Wilhelm Armin Kellner fest, das von Dalla Vecchia beschriebene Exemplar von *Carniadactylus* (Inventar-Nummer:
MFSN 1797) und das von Wild publizierte Exemplar von
Eudimorphodon (Inventar-Nummer: MPUM 6009) wiesen zu
große Unterschiede auf. um sie als eine Gattung zu betrachten. Es seien ausreichende Unterschiede vorhanden,
die für zwei verschiedene Arten sprächen.
Kellner bezeichnete 2015 den Fund mit der Inventar-Nummer MPUM 6009 als *Bergamodactylus wildi* („Finger von
Bergamo"). Der Gattungsname *Bergamodactylus* besteht aus
dem Hinweis auf das Fundgebiet bei Bergamo und dem
Wort *dactylus* (Finger). Mit dem Artnamen *wildi* wird der
deutsche Wirbeltier-Paläontologe Rupert Wild geehrt.
Bergamodactylus gilt als der primitivste bekannte Flugsaurier
nach der Analyse von David Peters 2007. Der kleine Flugsaurier hatte eine ähnliche Größe wie das bis zu 12,5 Zentimeter lange Gleit-Reptil *Longisquama* („Lang-Schupper")
aus der Obertrias von Kirgnisien. *Longisquama* trug lange,
paarige Anhänge auf dem Rücken, die wie Schmetterlingsflügel entfaltet werden und eine Gleitflügel-Fläche bilden
konnten. Anders als bei *Longisquama* war der Schädel des
„Mailänder Exemplars" proportional größer und sein Unterkiefer graziler. Untypisch für Flugsaurier, aber ähnlich wie
bei *Longisquama*, waren die Halswirbel relativ kurz, aber
viel robuster. MPUM 6009 war ein besserer Flieger als
Longisquama und hatte Flügelproportionen, die eher denen
anderer Flugsaurier ähnelten. Aufgrund der relativen
Gliedmaßen-Längen gilt es als zweifelhaft, dass dieses Tier
ein Vierbeiner gewesen ist. Viele der evolutionären Verän-

derungen von *Longisquama* zu MPUM 6009 (wie größerer
Schädel, kürzerer Körper) könnten das Ergebnis einer natürlichen Selektion bei einem Flieger und nicht bei einem
Springer mit bestimmten Merkmalen (lange Beine, kurzer
Hals) sein. Die Beckenöffnung und die hinteren Kreuz-
beine des „Mailänder Exemplars" weisen darauf hin, dass
ein relativ größeres Ei entbunden worden sein könnte.
Laut Dinodata.de hatte *Bergamodactylus* eine räuberische
Lebensweise. Es wird aber nicht erwähnt, wovon er sich
ernährte. Wegen seiner geringen Größe könnte er Insekten
gejagt und gefressen haben.

Literatur

DINODATA.DE: *Bergamodactylus wildi.*
https://dinodata.de/animals/pterosaurs/pages_b/
bergamodactylus.php
DINODATA.DE: *Eudimorphodon ranzii.*
https://dinodata.de/animals/pterosaurs/pages_e/
eudimorphodon.php?q=eudimorphodon%20ranzii
KELLNER, Alexander Wilhelm Armin: *Bergamodactylus
wildi.* In: Comments on Triassic pterosaurs with discussion
about ontogeny and description of new taxa. In: Anais da
Academia Brasileira de Ciências 87 (2): S. 677–683, 2015.
PETERS, David: The origin and radiation of the Pterosauria. In: HONE, David W. E. / BUFFETAUT, Eric
(Herausgeber). Flugsaurier. The Wellnhofer pterosaur
meeting. S. 27, München 2007.
PREHISTORIC WILDLIFE.COM: *Eudimorphodon.*
http://www.prehistoric-wildlife.com/species/e/
eudimorphodon.html
REPTILE EVOLUTION.COM: *Bergamodactylus.*
https://reptileevolution.com/MPUM6009.htm

STRAUSS, Bob: Facts and Figures of *Eudimorphodon*.
THOUGHTCO.COM: *Eudimorphodon*.
https://www.thoughtco.com/eudimorphodon-1091585
WIKIPEDIA (Online-Lexikon): *Eudimorphodon*.
https://de.wikipedia.org/wiki/Eudimorphodon
WILD, Rupert: Die Flugsaurier (Reptilia, Pterosauria) aus
der Oberen Trias von Cene bei Bergamo, Italien. In: Bollet-
tino Società paleontologica italiana 17 (2): S. 176–256,
1978.

Lebensbild von Bergamodactylus wildi von Nobu Tamura.

Amerikanischer Wirbeltier-Paläontologe Farish A. Jenkins,
einer der Erstbeschreiber von Arcticodactylus cromptonellus,
Foto: Thomson Safaris (WP:NFCC#3)
(via Wikimedia Commons)

Arktischer Finger

Der Langschwanz-Flugsaurier *Arcticodactylus cromptonellus*

1989 entdeckte der amerikanische Wissenschaftler William Amaral aus Cambridge (USA) an der Südflanke von McKnight Bjerg im Jamerson Land im Osten von Grönland eine umfangreiche Fossilien-Fundstelle. 1991 und 1992 erfolgten dort Grabungen, bei denen man Fossilien aus der Obertrias barg. Zum Fundgut gehört das unvollständige Skelett eines sehr kleinen Langschwanz-Flugsauriers mit einer Flügelspannweite von lediglich 24 Zentimetern und einem Lebendgewicht von nur etwa 50 Gramm. Der Fund stammt aus der Fleming Fjord Formation der Stufe Norium oder Rhaetium der Obertrias und ist 227 bis 201 Millionen Jahre alt. Das Fossil befindet sich im Geological Museum der Universität Kopenhagen in Dänemark und hat die Inventar-Nummer MGUH VP 3303.

2001 beschrieben Farish A. Jenkins, Neil Shubin, Stephen Gatery und Kevin Padian anhand des kleinen Fossils eine bis dahin unbekannte Art der bereits 1973 von dem Paläontologen Rocco Zambelli in Bergamo beschriebenen Gattung *Eudimorphodon* aus der Lombardei (Oberitalien). Der Gattungname *Eudimorphodon* erinnert an den nächstjüngeren Langschwanz-Flugsaurier *Dimorphodon* („Zweiformen-Zahn" aus dem Unterjura (Lias) von England. Mit dem Artnamen *cromptonellus* wird der 1927 geborene südafrikanische Wirbeltier-Paläontologe und Zoologe Alfred Crompton geehrt. Letzterer war von 1954 bis 1956 Kurator für Wirbeltier-Paläontologie im Nationalen Museum von Bloemfontein, von 1956 bis 1964 Direktor des South African Museum in Kapstadt und Lecturer an der Universität

Kapstadt, von 1964 bis 1970 Professor für Geologie und Biologie an der Yale University, von 1970 bis 1976 Direktor des Peabody Museum of Natural History, von 1970 bis 1982 Direktor des Museum of Comparative Zoology in Harvard, von 1970 bis 1985 Professor an der Harvard University, von 1985 bis zu seiner Emeritierung 2005 Fisher Professor of Natural History. Das lateinische Wort ellus weist auf die geringe Größe des kleinen Exemplars hin. Das Forscher-Quartett Jenkins, Shubin, Gatesy und Padian gab dem Fossil wegen der Ähnlichkeit der Zahnform mit drei, vier oder fünf Spitzen auf der Krone den Gattungsnamen *Eudimorphodon*. Doch 2003 wies der brasilianische Paläontologe Alexander Wilhelm Armin Kellner darauf hin, dass auch andere frühe Flugsaurier solche Zähne haben. 2004 stellte der italienische Paläontologe Fabio Marco Dalla Vecchia fest, *Eudimorphodon cromptonellus* habe kein einziges Merkmal mit *Eudimorphodon ranzii* gemeinsam, das bei anderen Flugsauriern nicht vorhanden sei. 2013 schlug Kellner bei einer Neubetrachtung für *Eudimorphodon cromptonellus* den Gattungsnamen *Articodactylus* („Arktischer Finger") vor. Jener leitet sich von dem Wort Arktis und dem griechischen Begriff dáktylos (Finger) ab.

Literatur
DINODATA.DE: *Arcticodactylus cromptonellus*.
https://dinodata.de/animals/pterosaurs/pages_a/arcticodactylus.php
DINOSAUR WIKI: *Articodactylus*.
https://dinosaurier.fandom.com/de/wiki/Arcticodactylus
KELLNER, Alexander Wilhelm Armin: *Arcticodactylus* gen. nov. In: Comments on Triassic pterosaurs with discussion about ontogeny and description of new taxa. In: Anais

da Academia Brasileira de Ciências 87(2): S. 669–689, 2015.
PREHISTORIC WILDLIFE: *Arcticodactylus*.
http://www.prehistoric-wildlife.com/species/a/arcticodactylus.html
WIKIPEDIA (Online-Lexikon): Alfred W. Crompton.
https://de.wikipedia.org/wiki/Alfred_W._Crompton

Lebensbild von Austriadraco dallavecchiai von Nobu Tamura.
Bild: Nobu Tamura
http://spinops.blogspot.com / http://paleoexhibit.blogspot.com

Österreichischer Drache

Der Langschwanz-Flugsaurier *Austriadraco dallavecchiai*

An einem 1600 Meter hoch gelegenen Bergpfad nahe der Reither Joch-Alm im Karwendel-Gebirge bei Seefeld in Tirol entdeckte der Münchner Geologe Bernd Lammerer im Juni 1994 das teilweise erhaltene Skelett mit Schädel eines seltenen Langschwanz-Flugsauriers aus der Obertrias. Das Fossil stammt aus der Seefeld-Formation (auch Bitumenmergel oder Fischschiefer genannt) der Stufe Norium und ist 217 bis 204 Millionen Jahre alt. Die Skelettreste befanden sich auf einer 60 Zentimeter langen, 20 Zentimeter breiten, acht Zentimeter dicken, in fünf Teile zerbrochenen Platte.

Zum Fund gehören zwei Stirnknochen, das linke Jochbein, der Unterkiefer, einige Zähne, die Hals-, Rücken- und Schwanzwirbel, der Schultergürtel, beide Oberarmknochen, das erste Glied eines Flügels, das Becken sowie ein Schien- und ein Wadenbein. Der Entdecker Bernd Lammerer schenkte den Flugsaurier großzügigerweise der Bayerischen Staatssammlung für Paläontologie und historische Geologie in München. Dort wird der Fund mit der Inventar-Nummer BSP 1994 I 51 aufbewahrt.

2003 identifizierte der Münchner Paläontologe Peter Wellnhofer die unvollständigen Reste des Flugsauriers aus Tirol als ein Exemplar der 1973 von Rocco Zambelli aus der Lombardei (Oberitalien) beschriebenen Art *Eudimorphodon ranzii*. Wellnhofer hielt den Tiroler Flugsaurier für ein Jungtier, weil seine Knochen um bis zu ein Viertel kürzer waren als die des Exemplars aus der Lombardei. Die verschmolzenen Stirnbeine verkannte Wellnhofer als Brustbein.

Ebenfalls 2003 bezweifelte der italienische Paläontologe Fabio Marco Dalla Vecchia die Zuordnung des Fossils aus Tirol zu *Eudimorphodon ranzii*. Stattdessen schlug er eine andere Art von *Eudimorphodon* vor. 2009 zog Dalla Vecchia den Schluss, der Fund aus Tirol sei weder ein Jungtier, noch eng mit *Eudimorphodon* verwandt.

2015 gab der brasilianische Paläontologe Alexander Wilhelm Armin Kellner dem Tiroler Fossil in einer Nachbetrachtung den Gattungsnamen *Austriadraco dallavecchiai* („Österreichischer Drache"). Der Gattungsname *Austriadraco* ist eine Kombination aus den lateinischen Wörtern Austria (Österreich) und *draco* (Drache). Mit dem Artnamen *dallavecchiai* ehrte er den Paläontologen Fabio Marco Della Vecchia. Laut Kellner gehört *Austriadraco* zu der 2015 von ihm aufgestellten Familie Austriadraconidae.

Austriadraco dallavecchiai hatte eine Flügelspannweite von etwa 70 Zentimetern und ein Lebendgewicht von schätzungsweise 300 Gramm. Er gilt als kleine Art der Langschwanz-Flugsaurier. Der Oberarmbein-Knochen ist etwa vier Zentimeter und das Schienbein 5,7 Zentimeter lang. Laut „Dinodata.de" hatte *Austriadraco* eine räuberische Lebensweise.

2015 erfolgten drei Erstbeschreibungen von seltenen Langschwanz-Flugsauriern aus der Obertrias. Nämlich (in alphabetischer Reihenfolge): *Arcticodactylus* aus Grönland, *Austriadraco* aus Österreich (Tirol) und *Bergamodactylus* aus Italien (Lombardei).

Literatur
DALLA VECCHIA, Fabio Marco (2003): A review of the Triassic pterosaur record. In: Rivista del Museo Civico di Scienze Naturali, „E. Caffi" 22: S. 13–29, 2003.

DINODATA.DE: *Austriadraco dallavecchiai.*
https://dinodata.de/animals/pterosaurs/pages_a/
austriadraco.php

DINOSAUR WIKI: *Austriadraco.*
https://dinosaurier.fandom.com/de/wiki/Austriadraco

KELLNER, Alexander Wilhelm Armin: *Austriadraco dalla-vecchiai sp. nov.* Comments on Triassic pterosaurs with discussion about ontogeny and description of new taxa. In: Anais da Academia Brasileira de Ciências 87 (2): S. 674–677, 2015.

PREHISTORIC WILDLIFE: *Austriadraco.*
http://www.prehistoric-wildlife.com/species/a/
austriadraco.html

WELLNHOFER, Peter: A Late Triassic pterosaur from the Northern Calcareous Alps (Tyrol, Austria). In: Geological Society, London, Special Publications 217 (1): S. 5–22, 2003.

WIKIPEDIA (Online-Lexikon): *Austriadraco.*
https://en.wikipedia.org/wiki/Austriadraco

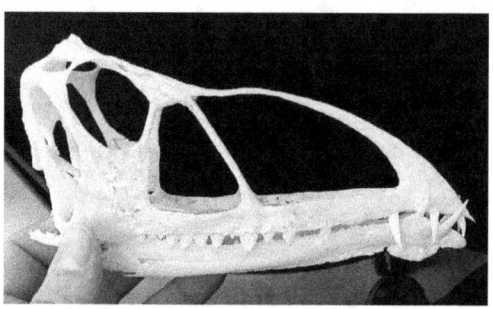

Rekonstruktion des Schädels von Caelestiventus hanseni,
des ersten Flugsaurier-Fundes aus der Obertrias in den USA.
Foto: Matt Wedel / https://svpow.com/about / CC BY 4.0
(via Wikimedia Commons),
lizensiert unter Creative Commons-Lizenz by-4.0,
https://creativecommons.org/licenses/by/4.0/legalcode

Himmlischer Wind

Der Langschwanz-Flugsaurier *Caelestiventus hanseni*

Zu wenigen Ausnahmen unter den frühen Flugsauriern aus der Obertrias vor 217 bis 201 Millionen Jahren gehört *Caelestiventus hanseni* aus Utah in den USA. Er zählt zu den seltenen Pterosaurier-Arten aus der Obertrias, die nicht in Meeresablagerungen der Alpen in Europa nachgewiesen wurden. Außerdem gilt er als der erste in den USA entdeckte Flugsaurier aus der Obertrias und als der einzige bekannte wüstenbewohnende Flugsaurier aus der Obertrias. Erst ungefähr 65 Millionen Jahre später sind aus dem Oberjura vor rund 150 Millionen Jahren andere Flugsaurier als Wüstenbewohner bekannt.

*Caelestiventu*s wurde im Saints & Sinners Quarry in fossilen Dünen des Nugget Sandstone im Nordosten von Utah entdeckt. Auf diesen Steinbruch waren 2007 die Paläontologen Dan Chure und George Engelmann aufmerksam geworden. 2015 erschienen erste Berichte über den Fund eines neuen und großen Flugsauriers aus der Obertrias. Der Fund aus dem Saints & Sinners Quarry wird im Museum for Paleontology der Brigham Young University in Provo (Utah) aufbewahrt und hat die Inventar-Nummer BYUJ 20707.

2018 beschrieben Brooks B. Britt, Fabio Marco Dalla Vecchia, Daniel J. Chure, George F. Engelmann, Michael F. Whiting und Rodney D. Scheetz in „Nature Ecology & Evolution" die neue Gattung und Art von *Caelestiventus hanseni*. Der Gattungname *Caelestiventus* bedeutet „Himmlischer Wind". Mit dem Artnamen *hanseni* wird der Geologe Robert Hansen vom Bureau of Land Management (BLM)

Lebensbild von Caelestiventus hanseni von Nobu Tamura.
Bild: Nobu Tamura / http://spinops.blogspot.com /
http://paleoexhibit.blogspot.com / CC BY-SA 4.0
(via Wikimedia Commons),
lizensiert unter Creative Commons-Lizenz by-sa-4.0,
https://creativecommons.org/licenses/by-sa/4.0/legalcode

geehrt, der den Zugang zur Ausgrabungsstelle erleichtert
hatte. Anders als die meisten Flugsaurier der Obertrias war der
Neufund aus Utah mit einer Flügelspannweite von etwa
1,50 Metern und einem Lebendgewicht von ungefähr einem
Kilogramm ziemlich groß und vielleicht sogar der größte
Pterosaurier aus diesem Abschnitt der Erdgeschichte. Zum
Zeitpunkt seines Todes hatte das Tier noch nicht die volle
Geschlechtsreife. Seine Schädellänge betrug 18,8 Zentime-
ter.

In den Kiefern von *Caelestiventus* befanden sich insgesamt
112 Zähne. Der imposante Flugsaurier hatte eine räuberische Lebensweise. Vielleicht besaß er wie heutige Pelika-
ne eine Art Kehlsack, in dem er Nahrung sammeln und vor-
verdauen konnte. Mit dem Kehlsack könnte er kleine Echsen oder andere kleine Wirbeltiere an einer allmählich ver-
siegenden Wasserstelle in der Wüste gekeschert haben.
Vermutlich unternahm er nur dann Flüge, wenn er Nahrung
suchte Ansonsten ging er mit seinen vier Füßen auf dem
Erdboden.

Der Fund von *Coelestiventus* in Nordamerika zeigt, dass die
ersten Flugsaurier aus der Obertrias auf der Erde bereits
weit verbreitet und ökologisch vielfältig waren. Sie sind aus
Europa, Nordamerika und Südamerika nachgewiesen und
behaupteten sich sogar in rauen Wüstengebieten. Eine phy-
logenetische Analyse bewies, dass *Caelestiventus* aus der
Obertrias eng mit dem Langschwanz-Flugsaurier *Dimorphodon* („Zweiformen-Zahn") aus dem Unterjura von England verwandt gewesen ist.

Literatur

BRITT, Brooks B. / DALLA VECCHIA, Fabio Marco / CHURE, Daniel J. / ENGELMANN, George F. / WHITING, Michael F. / SCHEETZ, Rodney D.: *Caelestiventus hanseni* gen. et sp. nov. extends the desert-dwelling pterosaur record back 65 million years. In: Nature Ecology & Evolution. 2 (9): S. 1386–1392, 2018.

BRITT, Brooks B. / CHURE, Daniel J. / ENGELMANN, George F. / SHUMWAY, Jesse Dean: Rise of the erg – Paleontology and paleoenvironments of the Triassic-Jurassic transition in Northeastern Utah. In: Geology of the Intermountain West 3: S. 1–32, 2016.

BRITT, Brooks B. / CHURE, Daniel J. / ENGELMANN. George F. / DALLA VECCHIA, Fabio Marco / SCHEETZ, Rodney D. / MEEK, S. / THELIN. C. / CHAMBERS, M.: A new, large, non-pterodactyloid pterosaur from a Late Triassic interdunal desert environment within the eolian Nugget Sandstone of northeastern Utah, USA, indicates early pterosaurs were ecologically diverse and geographically widespread. In: Journal of Vertebrate Paleontology, Program with Abstracts. S. 97, 2015.

BRITT, Brooks B. / DALLA VECCHIA, Fabio Marco / CHURE, Daniel J. / ENGELMANN, George F. / CHAMBERS, M. A. / THELIN, C. / SCHEETZ, Rodney D.: New Triassic pterosaur from interdunal desert deposits of the Nugget Sandstone NE Utah, USA. In: Flugsaurier 2015, 5th International Symposium on Pterosaurs, Portsmouth, England, Program with Abstracts. S. 17–18, 2015.

DALLA VECCHIA, Fabio Marco: Gli pterosauri triassici. In: Memorie del Museo Friulano di Storia Naturale 54. Udine: Museo Friulano di Storia Natural. 2014.

DALLA VECCHIA, Fabio Marco: Triassic pterosaurs. In:
NESBITT, Sterling J. / DESOJO, Julia B. / IRMIS, Randall
B. (Herausgeber): Anatomy, Phylogeny and Palaeobiology
of Early Archosaurs and their Kin. In: Geological Society,
London, Special Publications 379: S. 119–155, 2013.
DINODATA.DE: *Caelestiventus hanseni*.
https://dinodata.de/animals/pterosaurs/pages_c/
caelestiventus.php
DINOSAURIER-INTERESSE.DE: *Caelestiventus*: Wüsten-
Flugsaurier mit Kehlsack entdeckt.
https://www.dinosaurier-interesse.de/web/Nachrichten/
Texte/2018/di-n452.html
KELLNER, Alexander Wilhelm Armin: Comments on
Triassic pterosaurs with discussion about ontogeny and
description of new taxa. In: Anais da Academia Brasileira
de Ciências 87 (2): S. 669–689, 2015.
PREHISTORIC WILDLIFE: *Caelestiventus*.
http://www.prehistoric-wildlife.com/species/c/
caelestiventus.html
WIKIPEDIA (Online-Lexikon): *Caelestiventus*.
https://en.wikipedia.org/wiki/Caelestiventus

Holotypus (Inventar-Nummer: MFSN 21545)
von Seazzadactylus venieri aus der Obertrias von Oberitalien.
Foto: Fabio Marco Dalla Vecchia /
https://peerj.com/articles/7363/ CC BY 4.0
(via Wikimedia Commons),
lizensiert unter Creative Commons-Lizenz by by-4.0,
https://creativecommons.org/licenses/by/4.0/legalcode

Der Seazza-Finger

Der Langschwanz-Flugsaurier *Seazzadactylus venieri*

1997 entdeckte der Amateur-Paläontologe Umberto Venieri
aus Domanins im Bett des Wildbaches Seazza in den Karni-
schen Voralpen, Region Friuli Venezia Giulia (Oberitalien),
eine lose Steinplatte mit Skelettresten eines Flugsauriers aus
der Obertrias. Der seltene Fund gelang an einer Stelle, nach
welcher der Bach Seazza in den Fluss Tagliamento mündet.
Die Steinplatte, auf der sich das Fossil befindet, stammt aus
der Dolomia di Forni-Formation aus dem mittleren bis oberen Norium. Die erwähnte Formation ist – laut „Dinodata.
de" – 217 bis 204 Millionen Jahre alt.
Vermutlich handelt es sich bei dem Fund von 1997 um
einen noch nicht ganz ausgewachsenen Flugsaurier. Der
größte Teil des in einzelne Bestandteile zerfallenen Skeletts
ist auf der Steinplatte erhalten. Es fehlen kleine Teile der
Schnauze, der Region vor den Augen, ein Großteil der Ge-
hirnhälfte und der Schläfenregion, die Flügelspitzen, Teile
der Wirbelsäule und der Füße sowie der Schwanz. Vor der
Einbettung hatte sich der Kadaver vermutlich auf dem
Meeresboden ohne nennenswerte Wasserströmungen aufge-
löst, was die Knochenausbreitung verhinderte.
Nach der Rekonstruktion zu schließen, hatte der etwa sechs
Zentimeter lange Schädel ein ungefähr dreieckiges Profil,
wie viele frühe Flugsaurier. Der Ober- und Unterkiefer sowie die dazugehörigen Zähne sind fast vollständig erhalten.
Im vorderen Teil der beiden Oberkiefer-Hälften befinden
sich vier Paare von zurückgebogenen, kegelförmigen Zähnen. Weiter hinten haben die Oberkiefer-Hälften jeweils 14
Paar blattförmiger Zähne. Alle Oberkiefer-Zähne, mög-

Italienischer Paläontologe Fabio Marco Dalla Vecchia,
Erstbeschreiber von Seazzadactylus venieri.
Der Artname venieri erinnert an den Entdecker Umberto Venieri.
Dalla Vecchia ist Erstbeschreiber der Flugsaurier
Carniadactylus rosenfeldi 1995, „Cearadactylus" ligabuei 1993
und Seazzadactylus venieri 2019 sowie Co-Autor bei der
Erstbeschreibung der Flugsaurier Austriadactylus cristatus 2002,
Calestiventus hanseni 2018 und Mimodactylus libanensis 2019.
Foto: Dr. Fabio Marco Dalla Vecchia,
Pasian di Prato (Udine), Italien

licherweise mit Ausnahme des ersten Zahnes, sind mehr-
höckerig Sie tragen zwischen drei und sieben einzelne Hö-
cker.
In den beiden Unterkiefer-Hälften sind die ersten zwei
Zahnpaare kegelförmig. Möglicherweise haben sie sich mit
den oberen Zähnen verschränkt, wenn die Kiefer geschlos-
sen wurden. Nach dem zweiten Zahn gibt es eine kurze
Lücke. Nun folgen 19 Paare von mehrzackigen Zähnen,
ähnlich denen im Oberkiefer. Insgesamt hatte das Gebiss
78 Zähne.
Von der Wirbelsäule sind einige Hals-, Rumpf- und Hüft-
wirbel, aber keine Schwanzwirbel erhalten. Vermutlich
besaß dieser *Seazzadactylus* – wie andere frühe Flugsaurier –
einen langen Schwanz. Flügel und Schultern sind weitgehend überliefert. Nur ein Teil des letzten Flugfinger-Gliedes
fehlt. Hüften und Hinterbeine blieben weniger gut erhalten.
Der Entdecker Umberto Venieri brachte das Flugsaurier-
Fossil zum Museo Friuliano di Storia Naturale in Udine.
Dort wird jener Fund mit der Inventar-Nummer MFSN
21545 aufbewahrt.
2019 zog der Paläontologe Fabio Marco Dalla Vecchia nach
weiterer Präparation und Untersuchung des Flugsauriers aus
dem Wildbach Seazza den Schluss, es müsse sich um eine
völlig neue Gattung und Art handeln. Der Fund sei weder
mit *Eudimorphodon*, noch mit *Carniadactylus* identisch. Dalla
Vecchia gab dem Fossil den wissenschaftlichen Namen
Seazzadactylus venieri („Seazza-Finger"). Der Gattungsname
Seazzadactylus besteht aus dem Namen des Fundortes, des
Wildbaches Seazza, und dem vom altgriechischen Begriff
dàktylos (Finger) abgeleiteten lateinischen Wort dactylus.
Mit dem Artnamen *venieri* wird der Entdecker Umberto
Venieri gewürdigt.

Laut „Dinodata.de" hatte der Flugsaurier *Seazzadactylus* eine Flügelspannweite von etwa 70 Zentimetern, ein geschätztes Lebendgewicht von ungefähr 200 Gramm und eine räuberische Lebensweise. „Mineralienatlas.de" bezeichnet ihn als Fischfresser.

Fabio Marco Dalla Vecchia, der Erstbeschreiber von *Seazzadactylus venieri*, erforscht Dinosaurier, Flugsaurier und andere Gruppen von Reptilien aus dem Erdmittelalter (hauptsächlich Trias). Er ist Autor von mehr als 100 wissenschaftlichen Publikationen. Als Alleinautor oder als Co-Autor hat er unter anderem die folgenden Arten aufgestellt:

Dinosaurier: *Histriasaurus boscarollii 1998, Tethyshadros insularis 2009, Sauroniops pachytholus 2013, Canardia garonnensis 2013, Titanosaurimanus nana 2000 (Ichniuotaxon/Dinosaurier-Fossil-Spur)*. – Flugsaurier: *„Cearadactylus" ligabuei 1993, Austriadactylus cristatus 2002, Carniadactylus rosenfeldi 1995, Caelestiventus hanseni 2018, Seazzadactylus venieri 2019, Mimodactylus libanensis 2019*. – Meeressaurier: *Bobosaurus forojuliensis 2006, Raibliania caligarisi 2020*. – Gepanzerte Archosaurier: *Heteropelta boboi 2021* – Panzerkrebs: *Rosenfeldia triasica*. – Spinne: *Friularacne rigoii 2013*.

Literatur

CURRICULUM VITAE: Fabio Marco Dalla Vecchia. https://icp-cat.academia.edu/FabioMarcoDallaVecchia/CurriculumVitae

DALLA VECCHIA, Fabio Marco: The tetrapod fossil record from the Norian-Rhaetian of Friuli (northeastern Italy). In: HARRIS J. et al. (Herausgeber), The Triassic-Jurassic Terrestrial Transition. New Mexico Museum of Natural History and Science Bulletin 37: S. 432–444, 2006.

DALLA VECCHIA, Fabio Marco: Gli pterosauri triassici. In: Memorie del Museo Friuliano di Storia Naturale 54: S.

319, Museo Friulano di Storia Naturale, Udine (Italienisch), 2014.

DALLA VECCHIA, Fabio Marco: *Seazzadactylus venieri* gen. et sp. nov., a new pterosaur (Diapsida: Pterosauria) from the Upper Triassic (Norian) of northeastern Italy. In: PeerJ Publishing 7, 2019.

DALLA VECCHIA, Fabio Marco: *Raibliania calligarisi* gen. n., sp. n., a new tanystropheid (Diapsida, Tanystropheidae) from the Upper Triassic (Carnian) of northeastern Italy. In: Rivista Italiana di Paleontologia e Stratigrafia 126 (1): S. 197–222, 2020.

DINODATA.DE: *Seazzadactylus venieri*.
https://dinodata.de/animals/pterosaurs/pages_s/seazzadactylus.php

DINOSAUR WIKI: *Seazzadactylus*.
https://dinosaurier.fandom.com/de/wiki/Seazzadactylus

KELLNER, Alexander Wilhelm Armin / CALDWELL, Michael W. / HODALGO, Borja / VECCHIA, Fabio Marco Dalla / NOHRA, Roy / SAYÃO, Juliana M. / CURRIE, Philip J.: First complete pterosaur from the Afro-Arabian continent: insight into pterodactyloid diversity. In: Scientific Reports. 9 (1): 2019.

MINERALIENATLAS – FOSSILIENATLAS: *Seazzadactylus*.
https://www.mineralienatlas.de/lexikon/index.php/FossilData?lang=de&fossil=Seazzadactylus%20venieri

WIKIPEDIA (Online-Lexikon): *Seazzadactylus*.
https://en.wikipedia.org/wiki/Seazzadactylus

Der Erd-Kiefer

Der Langschwanz-Flugsaurier *Pachagnathus benitoi*

2022 wurde die Liste der frühen Langschwanz-Flugsaurier aus der Obertrias um zwei weitere wissenschaftliche Namen bereichert: *Pachagnathus benitoi* und *Yelaphomte praderioi*. Ihre fossilen Reste kamen in der Quebrada del Barro-Formation im Marayes El Carrizal-Becken im Departement Caucette, Provinz San Juan, in Argentinien, zum Vorschein. Die Funde der beiden Flugsaurier glückten 2012 und 2014 bei Ausgrabungen eines Teams des Museo de Ciencias Naturales der Universidad Nacional de San Juan. Dabei barg man vier Fragmente von Flugsauriern, von denen zwei als jeweils neue Gattung und Art erkannt wurden.

Die Erstbeschreibung von *Pachagnathus benitoi* („Erd-Kiefer") erfolgte 2022 durch Ricardo N. Martinez, Brian Andrés, Cecilia Apaldetti und Ignacio A. Cerda anhand eines 6,2 Zentimeter langen und maximal 1,2 Zentimeter breiten, gebrochenen Teiles des vorderen Endes eines Unterkiefers, einschließlich einer Teilzahnkrone sowie mehrerer Zahnwurzeln und Alveolen. Der Gattungsname *Pachagnathus* besteht aus dem Wort Pacha (Erde) in der Sprache der Aymara-Indios in den Anden, bezogen auf die Fundgegend im Landesinneren und dem Begriff gnathos (Kiefer). Der Artname *benitoi* ehrt Benito Leyes, einen Einwohner der Stadt Balde de Leyes, der zuerst Fossilien in der Lokalität Balde de Leyes fand sowie den Paläontologen Ricardo Martinez und dessen Team zum Fundort führte.

Der Holotypus, anhand dessen die neue Gattung und Art beschrieben wurde, liegt im Museo do Ciencas Naturales in Madrid und hat die Inventar-Nummer PVSJ 1080.

*Pachagnath*us *benitoi* lebte irgendwann in der Obertrias vor etwa 227 bis 201 Millionen Jahren. Er und *Yelaphomte brade-rioi* sind die einzigen aus Südamerika bekannten Flugsaurier der Obertrias. *Pachagnathus* hatte – laut Dinodata.de – eine Flügelspannweite von etwa 1,50 Metern, ein Lebendge-wicht von schätzungsweise 500 Gramm und eine räuberi-sche Lebensweise. Im Gegensatz zu anderen Lang-schwanz-Flugsauriern aus der Obertrias lebte *Pachagnathus benitoi* nicht an der Küste, sondern im Landesinneren.

Literatur
DINODATA.DE: *Pachagnathus benitoi.*
https://dinodata.de/animals/pterosaurs/pages_p/
pachagnathus.php
DINOSAURIER INTERESSE.DE: *Yelaphomte* und
Pachagnathus: erste Nachweise spättriassischer Flugsaurier
auf der Südhalbkugel.
https://www.dinosaurier-interesse.de/web/Nachrichten/
Texte/2022/di22-03-14.html
MARTINEZ, Ricardo N. /ANDRÉS, Brian / APALDET-
TI, Cecilia / CERDA, Ignacio A.: The dawn of the flying
reptiles: first Triassic record in the southern hemisphere. In:
Papers in Paleontology 8 (2): 2022.
PALEOFILE.COM: *Pachagnathus.*
http://www.paleofile.com/Pterosaurs/Pachagnathus.asp
PTEROSAUR DATABASE: *Pachagnathus benitoi.*
https://dinoanimals.com/pterosaurdatabase/
pachagnathus-benitoi/
WIKIPEDIA (Online-Lexikon): *Pachagnathus.*
https://en.wikipedia.org/wiki/Pachagnathus

Bestie der Lüfte

Der Langschwanz-Flugsaurier *Yelaphomte praderioi*

2022 beschrieben Ricardo N. Martinez, Brian Andrés, Cecilia Apaldetti und Ignacio A. Cerda in „Papers in Paleontology" die neue Gattung und Art des Langschwanz-Flugsauriers *Yelaphomte praderioi* („Bestie der Lüfte") aus der Obertrias von Argentinien. Aus einer Kombination von Wörtern der Muttersprache Allentiac der Huarpe-Indios, die in der Provinz San Juan heimisch sind, bildete das Forscher-Quartett den Gattungsnamen *Yelaphomte*. Yelap heißt „Bestie" und Homtec „Luft". Der phantasievolle Name „Bestie der Lüfte" bezieht sich auf die weitgehend luftgefüllten pneumatischen Räume in der Schnauze dieses Flugsauriers und auf dessen Flugfähigkeit. Mit dem Artnamen *praderioi* wird Angel Praderio, ein Mitglied des Fossilien-Suchteams, das den bisher unbekannten Flugsaurier entdeckte, geehrt.

Der Holotypus, anhand dessen der neue Flugsaurier beschrieben worden ist, kam in der Quebrada del Barro-Formation im Marayes El Carrizal-Becken im Departement Caucette, Provinz San Juan, in Argentinien zum Vorschein. Der Fund des 217 bis 201 Millionen Jahre alten Flugsauriers aus der Obertrias glückte 2012 und 2014 bei Ausgrabungen eines Teams des Museo de Ciencias Naturales der Universidad Nacional de San Juan. Das Typus-Exemplar mit der Inventar-Nummer PVCJ 914 befindet sich im Museo do Ciencas Naturales in Madrid.

Yelaphomte war ein relativ kleiner Flugsaurier mit einer Flügelspannweite von etwa einem Meter und einem Lebendgewicht von schätzungsweise 300 Gramm. Von *Yelaphomte praderioi* sind Teile des Oberkiefers, der Zwischenkiefer und der Gaumenknochen erhalten. Auf der Schnauze befindet sich ein schmaler, hoher und dünner Knochenkamm. Der Kamm ist auf jeder Seite mit einer Reihe von weit auseinander liegenden Rillen verziert. Er ähnelt dem Knochenkamm der verwandten Gattungen *Austriadactylus* („Österreich-Finger") aus Österreich (Tirol) und *Raeticodactylus* („Bündner Flug-Finger") aus der Schweiz (Graubünden). Die Backenzähne von *Yelaphomte* sind schlecht erhalten. In den Zahnfächern befinden sich nur noch die Wurzeln in engem Abstand. Ungewöhnlicherweise sind die Zahnwurzeln etwa 60 Grad zum Kieferrand abgewinkelt, was darauf hindeutet, das die Backenzähne nach vorne liegend abgewinkelt waren. Vor den Backenzähnen befindet sich eine große zahnlose Lücke (Diastema), die sich bis zur Vorderseite des Oberkiefers erstreckt. Dies ist ein Merkmal, das *Yelaphomte* mit *Raeticodactylus* teilt. Aber bei *Yelaphomte* ist das Diastema deutlich größer.

Literatur

DINODATA.DE: *Yelaphomte praderioi.*
https://dinodata.de/animals/pterosaurs/pages_y/yelaphomte.php
DINOSAUR WIKI: *Yelaphomte.*
https://dinosaurier.fandom.com/de/wiki/Yelaphomte pachagnathus.php
MARTINEZ, Ricardo /ANDRÉS, Brian / APALDETTI, Cecilia / CERDA, Ignacio A.: The dawn of the flying reptiles: first Triassic record in the sothern hemisphere. In: Papers in Paleontology 8 (2): 2022.
WIKIPEDIA (Online-Lexikon): *Yelaphomte.*
https://en.wikipedia.org/wiki/Yelaphomte

Trias-Flugsaurier

Obertrias (etwa 237 bis 201 Millionen Jahre)
Arcticodactylus, Kellner 2015, Grönland
Austriadactylus, Dalla Vecchia, Wild, Hopf Reitner 2002, Österreich (Tirol)
Austriadraco, Kellner 2015, Österreich (Tirol)
Bergamodactylus, Kellner 2015, Italien (Lombardei)
Caelestiventus, Britt, Dalla Vecchia, Chure, Engelmann, Whiting, Scheetz 2018, USA (Utah)
Carniadactylus, Dalla Vecchia 2009, Italien (Lombardei)
Caviramus, N. B. Fröbisch, J. Fröbisch 2006, Schweiz (Graubünden)
Eudimorphodon, Zambelli 1973, Italien (Lombardei)
Pachagnathus, Martínez, Andrés, Apaldetti, Cerda 2022, Südamerika (Argentinien)
Peteinosaurus, Wild 1978 Italien (Lombardei)
Preondactylus, Wild 1983, Italien (Lombardei)
Raeticodactylus, Stecher 2008, Schweiz (Graubünden)
Seazzadactylus, Dalla Vecchia 2019, Italien (Friuli Venezia Giulia)
Yelaphomte, Martínez, Andrés, Apaldetti, Cerda 2022, Südamerika (Argentinien)

Literatur
DINODATA.DE von Uwe Jelting:
Pterosaurier Arten / Pterosaur species.
https://dinodata.de/animals/pterosaurs/index.php
PTEROSAUR DATABASE: Late Triassic.
https://dinoanimals.com/pterosaurdatabase/category/late-triassic/

WELLNHOFER, Peter: Übersicht über die Flugsaurier der Trias. In: Die große Enzyklopädie der Flugsaurier. Illustrierte Naturgeschichte der fliegenden Saurier. 100 Arten auf über 400 Fotos und Illustrationen. S. 67, München 1993.
WIKIBRIEF: Zeitleiste der Flugsaurierforschung. https://de.wikibrief.org/wiki/ Timeline_of_pterosaur_research
WIKIPEDIA (Online-Lexikon): List of pterosaur genera. https://en.wikipedia.org/wiki/List_of_pterosaur_genera

Schädel des Langschwanz-Flugsauriers Raeticodactylus filisurensis aus der Obertrias von Graubünden.
Foto: Rico Stecher, Chur

Englische Fossiliensammlerin Mary Anning (1799–1847)
mit ihrem Hund Tray, den sie an Fundstellen zurück ließ,
während sie Hilfe für den Abtransport der Fossilien holte.
Bild: Gemälde eines unbekannten Künstlers vor 1842,
Original im Natural History Museum, London
(via Wikimedia Commons), Lizenz: gemeinfrei (Public domain)

Flugsaurier in der Jurazeit

In der Jurazeit vor etwa 201 bis 145 Millionen Jahren waren
die Flugsaurier, die erstmals in der Obertrias vor rund 220
Millionen Jahren vorkamen – mit Ausnahme der Antarktis
– bereits weltweit verbreitet. Ihre Ausbreitung über die
ganze Erde und Herausbildung vieler Gattungen und Arten
setzte bereits im Unterjura (Lias) ein. Allmählich eroberten
Flugsaurier Europa, Afrika, Asien, Nordamerika, Mittel-
amerika und Südamerika.

Die geologisch ältesten Jura-Flugsaurier hat man in England entdeckt. Sie kamen unweit der kleinen Stadt Lyme
Regis an der Küste von Dorset im Blauen Lias zum Vorschein. Dort barg Mary Anning (1799–1847), die Tochter
eines Kunsttischlers und erste professionelle Fossiliensammlerin, in der ersten Hälfte des 19. Jahrhunderts Skelette von Meeresreptilien (Ichthyosaurier und Plesiosaurier) sowie 1828 einen Flugsaurier. Der Fund von 1828
wird in der Literatur oft als erster englischer Flugsaurier
bezeichnet. In Wirklichkeit sind die ersten Flugsaurier-
Reste bereits 1827 von dem Landarzt und Fossiliensammler
Gideon Mantell (1790–1852) aus Lewes (Sussex) beschrieben worden. Allerdings deutete er die im Tilgateforest entdeckten Flugsaurier-Reste fälschlicherweise als Vogelknochen. Der Oxforder Professor für Geologie, William Buckland (1784–1856), kaufte Mary Anning den 1828 gefundenen Flugsaurier ab und beschrieb ihn 1829 als *Pterodactylus macronyx*. Der Artname *macronyx* beruht auf den großen
Krallen an den kleinen Fingern der Hand.

Manche Darstellungen des Lebens von Mary Anning sind
erfunden. Im Alter von einem Jahr soll sie zusammen mit

Arzt und Fossiliensammler Gideon Mantell (1790–1852).
Bild: John James Masquerier (1778–1855),
(via Wikimedia Commons), Lizenz: gemeinfrei (Public domain)

Englischer Geologe William Buckland (1784–1856).
Bild: Samuel Cousins (1801–1887),
(via Wikimedia Commons), Lizenz: gemeinfrei (Public domain)

ihrem Kindermädchen vom Blitz getroffen worden sein. Das Kindermädchen starb angeblich, die kleine Mary dagegen konnte, nachdem man sie in warmes Wasser getaucht hatte, wiederbelebt werden. Vor dem Unfall soll Mary ein teilnahmsloses Kind gewesen, nachher jedoch lebhaft und intelligent geworden sowie prächtig gewachsen sein.

1858 erhielt Richard Owen (1804–1892), der Direktor des Londoner Naturkundemuseums, weitere Flugsaurier-Fossilien aus dem Lias von Lyme Regis. Darunter waren auch Skelettreste der gleichen Art wie der von 1828 sogar mit Schädeln. Owen erkannte, dass die Flugsaurier-Schädel aus dem Unterjura von Lyme Regis sich von denjenigen aus dem Oberjura von Solnhofen in Bayern unterschieden. Deshalb bezeichnete er 1859 die Flugsaurier aus Lyme Regis nicht mehr als *Pterodactylus*, sondern nach den zwei verschiedenen Formen von Zähnen im Gebiss jener Gattung als *Dimorphodon* („Zweiformen-Zahn"). *Dimorphodon macronyx*, wie die frühen Flugsaurier aus Lyme Regis fortan genannt wurden, hatte einen bis zu 21,5 Zentimeter langen, hohen Schädel, einen etwa einen Meter langen Körper und eine Flügelspannweite bis zu 1,40 Metern.

Der erste Fund eines Lias-Flugsauriers in Deutschland glückte 1830 beim ehemaligen Benediktinerkloster Banz über dem Maintal bei Staffelstein in Oberfranken (Bayern). Der Kanzleirat und Fossiliensammler Carl Theodori (1788–1857) bezeichnete diesen Fund als *Ornithocephalus banthensis*, der Münchner Zoologe Johann Andreas Wagner (1797–1861) dagegen 1860 als *Dorygnathus*. In den Schieferbrüchen von Holzmaden und Ohmden in Württemberg barg man zahlreiche Skelette von Flugsauriern zweier Gattungen. 1860 wurde *Dorygnathus* („Lanzen-Kiefer") und 1895 *Campylognathoides* („Krumm-Kiefer") beschrieben. *Dory-*

gnathus hatte eine Flügelspannweite von etwa einem Meter, *Campylognathoides* von ungefähr 1,75 Metern.

Nur von wenigen Fundstellen auf der Erde sind Flugsaurier aus dem Mitteljura (Dogger) vor etwa 174 bis 163,5 Millionen Jahren bekannt. Hierzu gehören *Rhamphorhynchus* („Schnabel-Schnauze") aus England (Stonesfield Slate) mit einer Flügelspannweite bis zu 1,20 Metern, *Angustinaripterus* („Flügel mit der schmalen Naris") aus Dashonpu (Sichuan, China) mit einer Flügelspannweite von etwa 1,60 Metern und der zunächst als Raubdinosaurier fehlgedeutete kleine *Herbstosaurus* von Neuquén (Patagonien) in Argentinien. Einerseits heißt es, im Mitteljura hätten die Flugsaurier eine Blütezeit erlebt, andererseits aber auch, die Erhaltungsbedingungen seien zu dieser Zeit sehr ungünstig gewesen. Flugsaurier existierten bereits im Oberjura in Nordamerika. 1957 entdeckte der amerikanische Paläontologe William Lee Stokes (1915–1994) in den Morrison-Schichten des Oberjura in Arizona eine unzweifelhafte Flugsaurier-Fährte. Die Körperlänge des Erzeugers wurde auf 75 Zentimeter geschätzt. Aus Nordamerika, Südamerika, Europa, Asien und vielleicht aus Nordafrika sind heute mindestens 45 Fundorte mit Flugsaurier-Fährten vom Oberjura bis zur Oberkreide bekannt. Von Nordamerika aus erreichten die Flugsaurier spätestens in der Unterkreide auch Südamerika. Ein wahres Paradies für Flugsaurier muss – nach den Funden zu schließen – im Oberjura (Malm) vor ungefähr 150 Millionen Jahren der Solnhofen-Archipel in Bayern gewesen sein. Unter einem Archipel versteht man eine Inselgruppe. Den Begriff Solnhofen-Archipel hat der Solnhofener Paläontologe Martin Röper in die Fachliteratur eingeführt. 1993 schrieb der Münchner Paläontologe Peter Wellnhofer in seinem Buch „Die große Enzyklopädie der Flugsaurier":

Lebensbild des Langschwanz-Flugsauriers
Rhamphorhynchus muensteri von Jaime A. Headden.
Bild: Jaime A. Headden / https://www.deviantart.com/qilong/art/
White-headed-Prowbeak-427007923 / CC BY 3.0
(via Wikimedia Commons),
lizensiert unter Creative Commons-Lizenz by-3.0,
https://creativecommons.org/licenses/by/3.0/legalcode

„Bis heute sind aus den Solnhofener Plattenkalken 17 ver-
schiedene Arten von Flugsauriern nachgewiesen worden.
Sie können acht unterschiedlichen Gattungen zugeordnet
werden." In der Folgezeit kamen weitere Gattungen dazu.
Im Solnhofen-Archipel existierten im Oberjura Lang-
schwanz-Flugsaurier wie *Rhamphorhynchus* („Schnabel-
Schnauze") und Kurzschwanz-Flugsaurier wie *Pterodactylus*
(„Flügel-Finger") nebeneinander. Zu den Langschwanz-
Flugsauriern im Solnhofen-Archipel gehörten 2023:
Rhamphorhynchus muensteri (nach Ansicht von S. Christopher
Bennett sind alle anderen erwähnten Arten der Gattung
Rhamphorhynchus aus den Solnhofener Plattenkalken Jung-
tiere von *Rhamphorhynchus muensteri), Rhamphorhynchus longi-
ceps, Rhamphorhynchus gemmingi, Rhamphorhynchus intermedius,
Rhamphorhynchus longicaudus, Scaphognathus crassirostris, Anuro-
gnathus ammoni* und *Bellubrunnus rothgaengeri.*
Zu den Kurzschwanz-Flugsauriern im Solnhofen-Archipel
zählten 2023: *Pterodactylus antiquus* (nach Ansicht von S.
Christopher Bennett sind alle anderen erwähnten Arten der
Gattung *Pterodactylus* aus den Solnhofener Plattenkalken
Jungtiere von *Pterodactylus antiquus), Diopecephalus kochi* (früher: *Pterodactylus kochi), Aerodactylus scolopaciceps* (früher: *Pterodactylus scolopaciceps), Cycnorhamphus suevicus* (früher: *Pterodactylus suevicus), Aurorazhdarcho micronyx* (früher: *Pterodactylus
micronyx), Ardeadactylus longicollum* (früher: *Pterodactylus longicollum), Gnathosaurus subulatus, Germanodactylus cristatus, Altmuehlopterus rhamphastinus,* (früher: *Pterodactylus rhamphastinus), Ctenochasma elegans* (früher: *Pterodactylus elegans)* und *Ba-
leaenognathus maeuseri.* Die Angaben über die im Solnhofen-
Archipel nachgewiesenen Gattungen und Arten von Flugsauriern differieren in der Literatur, weil die Gültigkeit
mancher Formen umstritten ist.

Die Flugsaurier aus dem Oberjura von Solnhofen, Eichstätt und anderen Fundorten in Bayern erreichten eine Flügelspannweite von 36 Zentimetern bis zu 2,50 Metern. Zeitgenossen von ihnen waren Urvögel wie *Archaeopteryx* („Alter Flügel"), die heute als befiederte, fliegende Raubdinosaurier gelten.

Literatur

LOCKLEY, Martin / HARRIS, Jerald D. / MITCHELL, Laura: A global overview of pterosaur ichnology: tracksite distribution in space and time. In: Zitteliana B28: S. 185–198, München 2008.

PROBST, Ernst: Die ältesten Flugsaurier Deutschlands. In: Rekorde der Urzeit. S. 137, München 1992.

PROBST, Ernst: Mary Anning. Englands frühe Saurierjägerin. In: Superfrauen 5 – Wissenschaft. S. 15–17, München 2009.

PROBST, Ernst: Andreas Wagner. In: Raubdinosaurier in Bayern. Von *Archaeopteryx* bis zu *Sciurumimus*. S. 165–169, München 2019.

STOKES, William Lee: Pterodactyl tracks from the Morrison Formation. In: Journal of Paleontology 31: S. 952–954, 1957.

WELLNHOFER, Peter: Die Flugsaurier des unteren Jura (Lias). In: Die große Enzyklopädie der Flugsaurier. Illustrierte Naturgeschichte der fliegenden Saurier. 100 Arten auf über 400 Fotos und Illustrationen. S. 68–69, München 1993.

WELLNHOFER, Peter: D*imorphodon*. In: Die große Enzyklopädie der Flugsaurier. Illustrierte Naturgeschichte der fliegenden Saurier. 100 Arten auf über 400 Fotos und Illustrationen. S. 69–72, München 1993.

WELLNHOFER, Peter: Übersicht über die Flugsaurier des Unteren Jura. In: Die große Enzyklopädie der Flugsaurier. Illustrierte Naturgeschichte der fliegenden Saurier. 100 Arten auf über 400 Fotos und Illustrationen. S. 79, München 1993.

WELLNHOFER, Peter: Die Flugsaurier des Mittleren Jura (Dogger). In: Die große Enzyklopädie der Flugsaurier. Illustrierte Naturgeschichte der fliegenden Saurier. 100 Arten auf über 400 Fotos und Illustrationen. S. 78, München 1993.

WELLNHOFER, Peter: Übersicht über die Flugsaurier des Oberen Jura. In: Die große Enzyklopädie der Flugsaurier. Illustrierte Naturgeschichte der fliegenden Saurier. 100 Arten auf über 400 Fotos und Illustrationen. S. 107, München 1993.

WIKIPEDIA (Online-Lexikon): *Angustinaripterus*. https://de.frwiki.wiki/wiki/Angustinaripterus

WIKIPEDIA (Online-Lexikon): William Buckland. https://de.wikipedia.org/wiki/William_Buckland

WIKIPEDIA (Online-Lexikon): *Herbstosaurus*. https://de.wikipedia.org/wiki/Herbstosaurus

WIKIPEDIA (Online-Lexikon): Gideon Mantell. https://de.wikipedia.org/wiki/Gideon_Mantell

WIKIPEDIA (Online-Lexikon): Lyme Regis. https://de.wikipedia.org/wiki/Lyme_Regis

WIKIPEDIA (Online-Lexikon): Unterjura. https://de.wikipedia.org/wiki/Unterjura

WIKIPEDIA (Online-Lexikon): Mitteljura. https://de.wikipedia.org/wiki/Mitteljura

WIKIPEDIA (Online-Lexikon): Oberjura. https://de.wikipedia.org/wiki/Oberjura

Tübinger Geologe, Paläontologe, Mineraloge und Kristallograph
Friedrich August Quenstedt (1809–1889)
im Ornat als Rektor der Eberhard Karls Universität Tübingen
(Gemälde von 1868).
Bild: Bertha Froriep (1833–1920) (via Wikimedia Commons),
Lizenz: gemeinfrei (Public domain)

Jura-Flugsaurier in Deutschland

Unterjura (etwa 201 bis 174 Millionen Jahre)
Bisher liegen aus dem Unterjura (Schwarzer Jura oder Lias)
vor etwa 201 bis 174 Millionen Jahren nur wenige Funde
von Langschwanz-Flugsauriern vor. Dabei handelt es sich
um die Gattungen *Dorygnathus* („Lanzen-Kiefer") und
Campylognathoides („Krumm-Kiefer").
Die in Deutschland gebräuchliche Gliederung nach vor-
herrschenden Gesteinsfarben in Schwarzen, Braunen und
Weißen Jura hat 1843 der Tübinger Geologe, Paläontologe,
Mineraloge und Kristallograph Friedrich August Quenstedt
(1809–1889) eingeführt. Der Begriff Lias ist von dem englischen Wort layers (Steinbrecher) abgeleitet und 1809 von
dem britischen Geometer und Geologen William Smith
(1769–1839) verwendet worden.
Das erste bekannte Fossil von *Dorygnathus* wurde bereits
1830 beim ehemaligen Benediktinerkloster Banz bei Staffelstein in Oberfranken (Bayern) entdeckt. Der herzogliche
Kanzleirat Carl von Theodori (1788–1857) bezeichnete
diesen Flugsaurier 1830 als *Ornithocephalus banthensis* und
1852 als *Rhamphorhynchus banthensis* („Schnabel-Schnauze").
1860 schlug der Münchner Zoologe Johann Andreas Wagner (1797–1861) für diesen Fund den heute noch gültigen
Artnamen *Dorygnathus banthensis* („Lanzen-Kiefer") vor.
Fundorte jener Art sind Banz, Mistelgau und Creez in
Bayern, Holzmaden in Württemberg sowie Flechtorf in
Niedersachsen.
1856 machte der Paläontologe Albert Oppel (1831–1865)
den ersten Fund eines Flugsauriers aus dem Unterjura von

Württemberg bekannt. Dabei handelte es sich um einen Unterkiefer vom Wittberg bei Metzingen, den er als *Pterodactylus banthensis* bezeichnete. 1858 beschrieb der Tübinger Geologe, Paläontologe, Mineraloge und Kristallograph Friedrich August Quenstedt einige verstreut eingebettete Flügelknochen vom Wittberg als *Pterodactylus liasicus*. 1928 benannte der norwegische Entomologe, Arachnologe und Hochschullehrer Embrik Strand (1876–1947) *Pterodactylus liasicus* um und gab ihm den Gattungsnamen *Campylognathoides*. Zu dieser Gattung gehören zwei Arten in Württemberg: der 1858 von Quenstedt beschriebene kleinere *Campylognathoides liasicus* und der 1895 von dem Stuttgarter Paläontologen und Geologen Felix Plieninger (1868–1954) beschriebene größere *Campylognathus zitteli* (heute: *Campylognathoides zitteli*).

Hervorragend erhaltene Langschwanz-Flugsaurier aus dem Unterjura sind in Schieferbrüchen von Holzmaden und Ohmden in Württemberg entdeckt worden. Diese Gegend ist seit 1979 als Grabungs-Schutzgebiet ausgewiesen. Im sehenswerten Urwelt-Museum Hauff in Holzmaden sind Prachtfunde von Fischsauriern (Ichthyosaurier), Plesiosauriern, Krokodilen und Flugsauriern zu bewundern.

Literatur
DINODATA.DE: *Campylognathoides liasicus*.
https://dinodata.de/animals/pterosaurs/pages_c/
campylognathoides.php?q=campylognathoides
DINODATE.DE: *Dorygnatus banthensis*.
https://dinodata.de/animals/pterosaurs/pages_d/
dorygnathus.php
OPPEL, Albert: Die Juraformation. In: Jahreshefte des Vereins für Vaterländische Naturkunde in Württemberg 12, 1856.

THEODORI, Carl von: Knochen von *Pterodactylus* aus der
Liasformation von Banz. In: Frorieps Notizen für Natur-
und Heilkunde 632, S. 101, 1830.

TISCHLINGER, Helmut / VIOHL, Günter: Albert Oppel.
In: ARRATIA FUENTES, Gloria / SCHULTZE, Hans-
Peter / TISCHLINGER, Helmut / VIOHL, Günter:
Solnhofen – Ein Fenster in die Jurazeit. Band 1: S. 53,
München 1975.

TISCHLINGER, Helmut / VIOHL, Günter: Friedrich Au-
gust Quenstedt. In: ARRATIA FUENTES, Gloria /
SCHULTZE, Hans-Peter / TISCHLINGER, Helmut /
VIOHL, Günter: Solnhofen – Ein Fenster in die Jurazeit.
Band 1: S. 52, München 1975.

URLICHS, Max / WILD, Rupert / ZIEGLER, Bernhard:
Fossilien aus Holzmaden. In: Stuttgarter Beiträge zur
Naturkunde C 11, Stuttgart 1979.

Mitteljura (etwa 174 bis 163,5 Millionen Jahre)
Nur von wenigen Stellen der Erde sind Flugsaurier-Reste
aus dem Mitteljura vor 174 bis 163,5 Millionen Jahren bekannt. Statt Mitteljura findet man in der Literatur auch die
Begriffe Brauner Jura oder Dogger. Der Name Dogger
wurde 1838 von dem Schweizer Geologen und Paläontologen Amanz Gressly (1814–1865) geprägt. Laut dem
„Geologischen Wörterbuch" von Hans Murawski hat Carl
Friedrich Naumann (1797–1873) diesen Begriff 1854
eingeführt. Er soll sich auf eine Gesteinsbezeichnung aus
Yorkshire (England) beziehen.
In Deutschland sind bisher überhaupt keine Flugsaurier aus
dem Mitteljura entdeckt worden. Funde von *Rhamphocephalus* in Europa (England), *Angustinaripterus* in Asien (China)
und *Herbstosaurus* in Südamerika (Argentinien) beweisen

Schweizer Geologe und Paläontologe Amanz Gressly (1814–1865).
Foto: Aufnahme eines unbekannten Fotografen
aus den 1860er Jahren,
Scan aus dem Buch „Amanz Gressly's Briefe" (1911),
(via Wikimedia Commons), Lizenz: gemeinfrei (Public domain)

aber, dass die Flugsaurier bereits im Mitteljura über die ganze Erde verbreitet waren.

1832 ordnete der Paläontologe Hermann von Meyer (1801–1869) aus Frankfurt am Main die ersten Flugsaurier-Reste aus 168 bis 165 Millionen Jahre alten Schichten des Stonesfield Slate in England fälschlicherweise einem Kurzschwanz-Flugsaurier namens *Pterodactylaus bucklandi* zu. Damit ehrte er den englischen Geologen und Paläontologen William Buckland (1784–1856). Danach entdeckte man weitere Skelettreste von Flugsauriern im Stonesfield Slate in Oxfordshire. Der englische Biologe und Anatom Thomas Henry Huxley (1825–1895) schrieb diese Funde irrtümlich verschiedenen Arten des Langschwanz-Flugsauriers *Rhamphorhynchus* zu. 1880 identifizierte der englische Paläontologe Harry Govier Seeley (1839–1909) die Flugsaurier im Stonesfield Slate als eigene Gattung namens *Rhamphocephalus* („Schnabelkopf)". In allen Fällen handelte es sich nicht um vollständige Skelette. Diese Fossilien waren nur Fragmente des Unterkiefers, des Schädels sowie Einzelknochen wie Wirbel, Rippen, Schultergürtel und Extremitätenknochen,. In der Literatur ist von drei *Rhamphocephalus*-Arten die Rede: *Rhamphocephalus bucklandi*, *Rhamphocephalus depressirostris* und *Rhamphocephalus prestwichi*.

Nach den Maßen der Fossilreste zu schließen, hatte *Rhamphocephalus* eine Flügelspannweite von 0,90 bis 1,20 Metern. Schädel und Bezahnung von *Rhamphocephalus* sind typisch für einen Langschwanz-Flugsaurier. Andererseits haben die Flugfinger-Glieder von *Rhamphocephalus* einen dreieckigen Querschnitt wie bei Kurzschwanz-Flugsauriern, die erstmals im Oberjura erschienen. *Rhamphocephalus* könnte vielleicht eine Übergangsform zwischen primitiven

Englischer Paläontologe Harry Govier Seeley (1839–1909).
Seeley war Erstbeschreiber der Flugsaurier-Gattungen
Ornithocheirus 1869, Cycnorhamphus 1870, Diopecephalus 1871,
und Ornithostoma 1871.
Foto: Eliott & Fry (via Wikimedia Commons),
Lizenz: gemeinfrei (Public domain)

Langschwanz-Flugsauriern und fortschrittlicheren Kurzschwanz-Flugsauriern sein.
Ein weiterer Flugsaurier aus dem Mitteljura gehört zum
Fundgut des riesigen Dinosaurier-Friedhofes nahe der
chinesischen Stadt Zigong bei Dashanpu in der Provinz
Sichuan. Das Sichuan-Becken in Zentralchina enthält kon-
tinentale Ablagerungen von der Obertrias bis zur Jura-
Kreide-Grenze. Diese Schichten sind bis zu 3000 Meter
mächtig. Sie bestehen vor allem aus rötlichen Fluss- und
See-Ablagerungen, die als das Rote Becken von Sichuan
bekannt sind. In der Unteren Shaximao-Formation aus dem
Mitteljura wurde 1981 der Schädel eines Flugsauriers geborgen. Auffälligstes Merkmal ist dessen sehr schmale Na-
senöffnung (Naris). Aus diesem Grund gaben die chinesischen Wissenschaftler Xinlu He, Daihuan Yang und Chunkang Su 1983 dem Fund den Gattungsnamen *Angustinaripterus* („Flügel mit der schmalen Naris"). Wegen seines langen Kopfes wurde der Artname *longicephalus* (langschädelig)
geprägt. Der Schädel ist – laut dem Münchner Paläontologen Peter Wellnhofer – 16,5 Zentimeter lang. Die
Flügelspannweite wurde auf etwa 1,60 Meter geschätzt. Im
Oberkiefer saßen 18 Zähne, im Unterkiefer 18 bis 20 Zähne. Die Form der Zähne deutet auf Fischfang hin. Ebenfalls 1983 ist der bis zu zehn Meter lange und drei Tonnen
schwere Elefantenfuß-Dinosaurier *Shunosaurus* vom selben
Fundort beschrieben worden. Shu ist ein alter Name für die
chinesische Provinz Sichuan.
Als kleiner Dinosaurier namens *Herbstosaurus pigmaeus* wurden 1975 von dem argentinischen Paläontologen Rodolfo
Magin Casamiquela (1932–2008) fragmentarisch erhaltene
Skelettreste eines Flugsauriers aus dem Mitteljura fehlgedeutet. Dieses Fossil ist 1969 von dem argentinischen Pa-

läobotaniker Rafael Herbst (1936–2017) in der Vaca-Muerta-Formation (Tithonium) der Provinz Neuquén in Nord-Patagonien entdeckt worden. Ursprünglich hat man den Fundort der Lotena-Formation aus dem Mitteljura zugeordnet. Ein zusammen mit dem Fund entdecktes Leitfossil, der Ammonit *Berriasiella*, beweist jedoch, dass das Fossil aus der jüngeren Vaca-Muerta-Formation stammt. Auf einem Sandstein-Stück befinden sich das Becken, Oberschenkelknochen und andere Reste. Der Fund wurde zunächst mit dem Zwergdinosaurier *Compsognathus longipes* aus dem Oberjura von Jachenhausen bei Riedenburg in Bayern in Verbindung gebracht. Doch der amerikanische Paläontologe John H. Ostrom (1928–2005) erkannte 1978 in einer Abhandlung über die Osteologie von *Compsognathus longipes*, dass *Herbstosaurus* ein Flugsaurier war. Die Osteologie ist die Lehre vom Bau und den Krankheiten der Knochen bzw. des Skelettsystems. Die Verwandtschaftsbeziehungen von *Herbstosurus* sind umstritten.

Das Becken und die Form des Oberschenkel-Knochens von *Herbstosaurus* sind ähnlich wie bei Langschwanz-Flugsauriern. Die Flügelspannweite von *Herbstosaurus* wird auf 1,50 Meter und das Lebendgewicht auf drei Kilogramm geschätzt.

Literatur
CASAMIQUELA, Rodolfo Magin: *Herbstosaurus pigmaeus* (Coeluria, Compsognathidae) n. gen. n. sp. del Jurasico medio del Neuquén (Patagonia spetentrional). Uno de los más pequenos dinosaurios conocidos. In: Acta primero Congreso Argentino Paleontologia et et Bioestratigrafia 2: S. 87–102, 1975.
DINODATA.DE: *Herbstosaurus pigmaeus.*

https://dinodata.de/animals/pterosaurs/pages_h/
herbstosaurus.php
HE, Xinlu / YANG, Daihuan / SU, Chunkang: A New
Pterosaur from the Middle Jurassic of Dashanpu, Zigong,
Sichuan. In: Journal of the Chengdu College of Geology
supplement 1: S. 27–33, 1983.
MURAWSKI, Hans: Geologisches Wörterbuch. Stuttgart
1983.
WELLNHOFER, Peter: Übersicht über die Flugsaurier des
Mittleren Jura. In: Die große Enzyklopädie der Flugsaurier.
Illustrierte Naturgeschichte der fliegenden Saurier. 100
Arten auf über 400 Fotos und Illustrationen. S. 81, Mün-
chen 1993.
WIKIPEDIA (Online-Lexikon): Mitteljura.
https://de.wikipedia.org/wiki/Mitteljura

Oberjura (etwa 163,5 bis 145 Millionen Jahre)
Aus dem Oberjura vor 163,5 bis 145 Millionen Jahren sind
zahlreiche Fossilien von Langschwanz-Flugsauriern aus
Deutschland, England, Portugal, Kasachstan, Kuba, Tansania und den USA bekannt. Reichlich ist auch die Zahl der
Funde von Kurzschwanz-Flugsauriern aus Deutschland,
Italien, Frankreich, England, Tansania, China und Argentinien. In der Literatur wird der Oberjura auch als Weißer
Jura, Weißjura oder Malm bezeichnet. Den Begriff Malm
hat 1856 der Münchner Paläontologe Albert Oppel (1831–
1865) vorgeschlagen. Er bezieht sich auf eine Gesteinsbezeichnung aus der Gegend von Oxford (England).
Besonders viele und prächtig erhaltene Flugsaurier hat man
seit 1784, dem Jahr, in dem der erste *Pterodactylus* beschrieben wurde, in Steinbrüchen mit Solnhofener Plattenkalken
entdeckt. Dort sind innerhalb von fast 240 Jahren schät-

Münchner Paläontologe Albert Oppel (1831–1865)
auf einem vermutlich 1862 entstandenen Foto.
Foto: (via Wikimdia Commons),
Lizenz: gemeinfrei (Public domain)

zungsweise 500 mehr oder weniger vollständig erhaltene Flugsaurier-Fossilien geborgen worden.

Solnhofener Plattenkalke kommen nicht nur in Solnhofen vor. Sie erstrecken sich in einem Gebiet von etwa 100 Kilometern Länge. Vor allem entlang des Tales der Altmühl, die bei Kelheim in die Donau mündet. Bekannte Fundorte sind Solnhofen, Langenaltheim, Eichstätt, Pfalzpaint, Gundolfing, Zandt, Painten, Kelheim und Brunn.

Zu Lebzeiten der in den Solnhofener Plattenkalken nachgewiesenen Flugsaurier aus dem Oberjura vor ungefähr 150 Millionen Jahren bedeckte ein flaches Meer das Gebiet von Bayern. Dabei handelte es sich um den nördlichen Ausläu--fer des Ur-Mittelmeeres Tethys.

Das tiefe, offene Meer befand sich damals viel weiter südlich im heutigen Alpenraum. Die Alpen entstanden erst später durch den Zusammenstoß der Kontinente Afrika und Europa. Im bis zu 100 Kilometer langen und 40 Kilometer breiten Solnhofen-Archipel hat man Urvögel und andere Raubdinosaurier sowie Flugsaurier entdeckt. Den Begriff Solnhofen-Archipel hat der Paläontologe Martin Röper, seit 2002 Leiter des Museums Solnhofen (früher Bürgermeister-Müller-Museum), in die Forschung eingeführt. Der Solnhofen-Archipel war eine subtropische Landschaft mit kleinen Inseln, blauen Lagunen, vor allem aus Kalkschwämmen und Korallen gebildeten Riffen sowie Vertiefungen (Wannen). In den Vertiefungen verdunstete das Wasser, reicherte sich Salz an und bildete sich feiner Kalkschlamm. Im stark übersalzenen Wasser existierten keine Bodenlebewesen, welche auf den Wannenboden geschwemmte Tierleichen zersetzen hätten können. Dies bewirkte, dass im Kalkstein ungewöhnlich gut erhaltene Fossilien eingebettet wurden.

Der Solnhofener Steinbruch Frauenberg in Mittelfranken.
Die Solnhofener Plattenkalke aus dem Oberjura gelten als die
bedeutendste Flugsaurier-Fundschicht der Erde.
Foto: J. Stiegler / CC BY-SA 3.0 (via Wikimedia Commons),
lizensiert unter Creative Commons-Lizenz by-sa-3.0
https://creativecommons.org/licenses/by-sa/3.0/legalcode

Die Solnhofener Plattenkalke gelten als die bedeutendste
Flugsaurier-Fundschicht der Erde. Ungewöhnlich gut ist die
Erhaltung der Fossilien. Außer vollständigen Skeletten
liegen auch Flugsaurier mit Weichteil-Überlieferung wie den
Abdrücken der Flughäute vor.
Im Buch „Deutschland in der Urzeit" (1986) von Ernst
Probst heißt es: „Die Koralleninseln und das Küstengebiet
in Süddeutschland wurden von insgesamt 18 verschiedenen
Flugsaurierarten zur Ruhe, Eiablage und zur Aufzucht der
Jungen aufgesucht. Ob sie sich auf Bäumen, Felsklippen
oder am Boten aufhielten, weiß man nicht".
Probst erwähnte 1986 folgende 18 Flugsaurier aus der
Oberjurazeit in Süddeutschland:
Langschwanz-Flugsaurier: *Rhamphorhynchus longicaudus,
Rhamphorhynchus intermedius, Rhamphorhynchus muensteri,
Rhamphorhynchus gemmingi, Rhamphorhynchus longiceps, Scapho-
gnathus crassirostris und Anurognathus ammoni.*
Kurzschwanz-Flugsaurier: *Pterodactylus elegans, Pterodactylus
micronyx, Pterodactylus kochi, Pterodactylus antiquus, Pterodactylus
longicollum, „Pterodactylus" grandis, Germanodactylus cristatus,
Germanodactylus rhamphastinus, Gallodactylus suevicus, Ctenochasma gracile und Gnathosaurus.*
1993 berichtete der Münchner Paläontologe Peter Wellnhofer in seinem Prachtwerk „Die große Enzyklopädie der
Flugsaurier", bis dahin seien in den Solnhofener Plattenkalken insgesamt 17 verschiedene Arten von Flugsauriern
nachgewiesen worden. Sie ließen sich acht unterschiedlichen Gattungen zuordnen.
2015 informierten Helmut Tischlinger und Eberhard Frey
im Prachtband „Solnhofen. Ein Fenster in die Jurazeit 2"
über zahlreiche Änderungen bei den aus den Solnhofener
Plattenkalken bekannten Flugsauriern. Teilweise war hier-

Lebensbild des Langschwanz-Flugsauriers
Rhamphorhynchus muensteri von Oleg Kuznetsov.
Bild: Oleg Kuznetsov / CC BY-SA 4.0 (via Wikimedia Commons),
lizensiert unter Creative Commons-Lizenz by-sa-4.0,
https://creativecommons.org/licenses/by-sa/4.0/legalcode

für der amerikanische Paläontologe S. Christopher Bennett verantwortlich. Er vertrat die Ansicht, in den Solnhofener Plattenkalken sei der Langschwanz-Flugsaurier *Rhamphorhynchus muensteri* die einige Art der Gattung *Rhamphorhynchus* und der Kurzschwanz-Flugsaurier *Pterodactylus antiquus* die einzige Art der Gattung *Pterodactylus* gewesen. Peter Wellnhofer war 1993 noch von fünf Arten von *Rhamphorhynchus* und von sechs Arten von *Pterodactylus* ausgegangen.

Die Ansichten von Bennett wurden nicht von allen Experten geteilt. Zu seinen Kritikern gehörte beispielsweise der amerikanische Amateur-Paläontologe, Paläo-Künstler und Autor Tracy Ford. Er beweifelte 2013 bei einem internationalen Symposium über Flugsaurier in Rio de Janeiro die Analysen von Bennett.

Nach 2015 kamen neu entdeckte und umbenannte altbekannte Flugsaurier aus den Solnhofener Plattenkalken hinzu. Deshalb schwanken in der Literatur die Angaben über die Zahl der aus den Solnhofener Plattenkalken bekannten Arten und Gattungen von Langschwanz-Flugsauriern und Kurzschwanz-Flugsauriern.

2023 gehörten zu den Langschwanz-Flugsauriern aus den Solnhofener Plattenkalken folgende Arten: *Rhamphorhynchus muensteri* (nach Ansicht von Bennett sind alle anderen erwähnten Arten von *Rhamphorhynchus* aus den Solnhofener Plattenkalken Jungtiere von *Rhamphorhynchus muensteri*), *Rhamphorhynchus gemmingi, Rhamphorhynchus intermedius, Rhamphorhynchus longicaudus, Scaphognathus crassirostris, Anurognathus ammoni* und *Bellubrunnus rothgaengeri*.

Zu den Kurzschwanz-Flugsauriern im Solnhofen-Archipel zählten 2023 *Pterodactylus antiquus* (nach Ansicht von Bennett sind alle anderen erwähnten Arten von *Pterodactylus* aus den Solnhofener Plattenkalken Jungtiere von *Pterodactylus antiquus)*, *Diopecephalus kochi* (früher: *Pterodactylus kochi)*, *Aerodactylus scolopaciceps* (früher: *Pterodactylus scolopaciceps)*, *Cycnorhamphus suevicus* (früher: *Pterodactylus suevicus)*, *Aurorazhdarcho micronyx* (früher: *Pterodactylus micronyx)*, *Ardeadactylus longicollum* (früher: *Pterodactylus longicollum)*, *Gnathosaurus subulatus, Germanodactylus cristatus, Altmuehlopterus rhamphastinus* (früher: *Pterodactylus rhamphastinus)*, *Ctenochasma elegans* (früher: *Pterodactylus elegans)* und *Balaenognathus maeuseri.*

Langschwanz-Flugsaurier und Kurzschwanz-Flugsaurier aus dem Oberjura gab es auch in Nusplingen (Schwäbische Alb) in Württemberg. Langschwanz-Flugsaurier aus Nusplingen sind *Rhamphorhynchus longicaudus, Rhamphorhynchus muensteri* und *Rhamphorhynchus longiceps.* Kurzschwanz-Flugsaurier aus Nusplingen sind *Ardeadactylus longicollum, Cycnorhamphus suevicus* und *Pterodactylus antiquus.*

2005 beschrieb der Mainzer Paläontologe Michael Fastnacht ein 2001 im Kalksteinbruch Langenberg im Harz (Niedersachsen) entdecktes, kopf- und flügelloses Teilskelett eines Flugsauriers. Dieses ähnelt der Gattung *Dsungaripterus* aus der Unterkreide von China.

Literatur

ARRATIA FUENTES, Gloria / SCHULTZE, Hans-Peter / TISCHLINGER, Helmut / VIOHL, Günter: Solnhofen – Ein Fenster in die Jurazeit. Band 2, München 1975.

FASTNACHT, Michael: The first dsungaripterid pterosaur from the Kimmeridgian of Germany and the biomechanics of pterosaur long bones. In: Acta Palaeontologica Polonica 50 (2): S. 273–288, 2005.

FORD, Tracy: Is *Pterodactylus* monophyletic or paraphyletic? In: Internationales Symposium on Pterosaurs, Rio de Janeiro. Short Communications, S. 68–70, Rio de Janeiro (Universidade Federla de Rio de Janeiro, Museu National 2013.

FRICKHINGER, Karl Albert: Die Fossilien von Solnhofen, Korb 1994.

PROBST, Ernst: Flugsaurier im Spatzenformat. In: Deutschland in der Urzeit. Von der Entstehung des Lebens bis zum Ende der Eiszeit, S. 168–170, München 1986.

TISCHLINGER, Helmut / FREY, Eberhard: Flugsaurier (Pterosauria). In: ARRATIA FUENTES, Gloria / SCHULTZE, Hans-Peter / TISCHLINGER, Helmut / VIOHL, Günter: Solnhofen – Ein Fenster in die Jurazeit. Band 2: S. 459–480,München 1975.

WELLNHOFER, Peter: Die Pterodactyloidea (Pterosauria) der Oberjura-Plattenkalke Süddeutschlands. In: Bayerische Akademie der Wissenschaften. Mathematisch-Naturwissenschaftliche Klasse, Abhandlungen, Neue Folge, Heft 141, München 1970.

WELLNHOFER, Peter: Rhamphorhynchoidea (Pterosauria) der Oberjura-Plattenkalke Süddeutschlands. In: Palaeontographica, Abteilung A, Band A 148: S. 1–33, 132–186, Band A 149: S. 1–30, 1975.

WELLNHOFER, Peter: Die Flugsaurier des Oberen Jura (Malm). In: Die große Enzyklopädie der Flugsaurier. Illustrierte Naturgeschichte der fliegenden Saurier. 100 Arten auf über 400 Fotos und Illustrationen. S. 81, München 1993.

WELLNHOFER, Peter: Die Kurzschwanzflugsaurier. In: Solnhofener Plattenkalk: Urvögel und Flugsaurier. Herausgegeben von Dr. Theo Kress, Freunde des Museums beim Solenhofer Aktien-Verein e.V.. S. 45, Maxberg 1983.

WELLNHOFER, Peter: Die Langschwanzflugsaurier. In: Solnhofener Plattenkalk: Urvögel und Flugsaurier. Herausgegeben von Dr. Theo Kress, Freunde des Museums beim Solenhofer Aktien-Verein e.V.. S. 37, Maxberg 1983.

Büste von Carl von Theodori (1788–1857),
Begründer und Leiter der Petrefaktensammlung im Kloster Banz
bei Staffelstein in Oberfranken (Bayern)
sowie Erstbeschreiber
des Langschwanz-Flugsauriers Dorygnathus banthensis.
Foto: Hanns-Seidel-Stiftung, Museum Kloster Banz

Unterjura-Flugsaurier in Deutschland

Großer Lanzen-Kiefer

Der Langschwanz-Flugsaurier *Dorygnathus banthensis*

1830 entdeckte der herzogliche Kanzleirat Carl von Theodori (1788–1857) beim ehemaligen Benediktinerkloster Banz, hoch über dem Maintal bei Staffelstein, in Oberfranken (Bayern) die ersten Reste von Flugsauriern aus dem Unterjura (Lias). Er identifizierte ein Unterkiefer-Fragment und einige Knochen als neue Art, der er 1830 den wissenschaftlichen Namen *Ornithocephalus banthensis* gab.

Carl von Theodori diente dem Herzog Wilhelm in Bayern (1752–1837) von 1813 bis 1834 als Kabinettssekretär in Bamberg und ab 1834 dem Herzog Max Joseph (1808–1888) in Bayern in München als Kanzleirat und Geheimer Sekretär. Im Kloster Banz, das seinem Dienstherrn Wilhelm ab 1813 gehörte, begann Carl von Theodori damit, Fossilien aus dem Unterjura zu sammeln. Dabei tat er sich mit dem dortigen Pfarrer August Andreas Geyer (1774–1837) zusammen und verbrachte regelmäßig den Sommer im Kloster Banz. Mit Geyer begründete Theodori die paläontologische Sammlung auf Kloster Banz. Er zeichnete die Funde, korrespondierte mit Fachgelehrten und veröffentlichte Abhandlungen über Paläontologie und Geologie.

Der Flugsaurier-Fund von 1830 wurde 1831 auch von dem Frankfurter Paläontologen Hermann von Meyer (1801–1869) untersucht. 1852 erfolgte eine weitere Untersuchung

Lebensbild des Langschwanz-Flugsauriers Dorygnathus banthensis
aus dem Unterjura von Dmitry Bogdanov.
Bild: Dmitry Bogdanov / CC BY-SA 3.0
(via Wikimedia Commons),
lizensiert unter Creative Commons-Lizenz by-sa-3.0,
https://creativecommons.org/licenses/by-sa/3.0/legalcode

durch Carl von Theodori, der seinen Fund nun als eine Art des Flugsauriers *Rhamphorhynchus* beschrieb. Damals nahm man eine enge Verwandtschaft mit einem Flugsaurier an, der in England entdeckt wurde, welcher später den wissenschaftlichen Namen *Dimorphodon* erhielt.

Nachdem 1859 der Londoner Mediziner, Zoologe, Anatom, Physiologe und Paläontologe Richard Owen (1804–1892) *Dimorphodon* als Erster beschrieben hatte, erkannte der Münchner Zoologe Johann Andreas Wagner (1797–1861), dass sich der Fund von 1830 beim Kloster Banz merklich von den englischen Flugsaurier-Funden unterschied. Es musste sich also um eine bisher unbekannte Gattung handeln. 1860 bezeichnete Wagner die neue Gattung als *Dorygnathus* („Lanzen-Kiefer"). Der Gattungsname besteht aus den griechischen Wörtern dory (Lanze) und gnathos (Kiefer). Er beruht auf den zahnlosen und lanzenförmigen Kieferspitzen.

1856 berichtete der Münchner Paläontologe Albert Oppel (1831–1865) über erste Flugsaurier-Reste aus Boll und Holzmaden in Württemberg. Besser erhaltene vollständigere Flugsaurier-Fossilien entdeckte man gegen Ende des 19. Jahrhunderts. Viele prächtige Flugsaurier-Skelette liegen aus Schieferbrüchen der Gegend von Holzmaden und Ohmden vor. Dort wird Posidonienschiefer abgebaut, der nach der oft vorkommenden kleinen Muschel *Posidonia bronni* benannt ist, die heute *Bositra parva* heißt. Die Flugsaurier aus Holzmaden und Boll stammen von den Gattungen *Dorygnathus* und *Campylognathoides*. Seit 1979 sind die Gebiete von Holzmaden und Boll Grabungs-Schutzgebiete.

Laut Online-Lexikon „Wikipedia" trat die Flugsaurier-Gattung *Dorygnathus* in der Stufe Toarcium (182,7 bis 174,1 Millionen Jahre) des Unterjura auf. Das Toarcium wurde

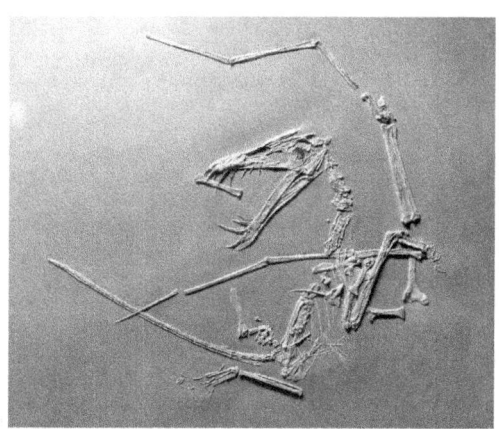

Fossilfund des Langschwanz-Flugsauriers Dorygnathus banthensis
im Naturhistoriska Museum, Göteburg (Schweden)
Foto: Gunnar Creutz / CC BY-SA 4.0
(via Wikimedia Commons),
lizensiert unter Creative Commons-Lizenz by-sa-4.0,
https://creativecommons.org/licenses/by-sa/4.0/legalcode

Lebensbild des Langschwanz-Flugsauriers Dorygnathus banthensis
aus dem Unterjura an Land von Mark P. Witton.
Bild: Mark P. Witton / https://peerj.com/articles/1018 /
CC BY 4.0 (via Wikimedia Commons),
lizensiert unter Creative Commons-Lizenz by-4.0,
https://creativecommons.org/licenses/by/4.0/legalcode

nach der französischen Stadt Thouars benannt, die auf
halbem Weg zwischen Angers und Poitiers liegt. 1842 bestimmte der französische Naturwissenschaftler Alcide Des-
salines d'Orbigny (1802–1857) in einem Steinbruch bei
Thouars diese Stufe des Unterjura.

Der Langschwanz-Flugsaurier *Dorygnathus banthensis* erreichte eine Flügelspannweite von etwa einem Meter. Er
hatte einen langgestreckten Schädel mit großen Augenhöhlen. Beim Schließen der spitzen Schnauze griffen seine lange gebogenen vorderen Fangzähne im Ober- und Unterkiefer ineinander. Im Unterkiefer waren die ersten drei Zahnpaare sehr lang, scharf und nach außen geneigt. In den
hinteren Kieferabschnitten befinden sich nur kleine Zähne.
Mit seinem Gebiss konnte *Dorygnathus* schlüpfrige Fische
fangen und festhalten.

Flugfinger und Flügel von *Dorygnathus banthensis* waren relativ kurz. Die sehr lange fünfte Zehe am Fuß war seitlich
abspreizbar. Eventuell konnte daran eine Schwimmhaut
ausgespannt werden, die das Auffliegen von einem Wellen-
kamm im Meer erleichterte.

Als Synonym von *Dorygnathus banthensis* gilt heute die 1971
von dem Stuttgarter Wirbeltier-Paläontologen Rupert Wild
beschriebene Art *Dorygnathus mistelgauensis*. Fundort ist die
ehemalige Tongrube Mistelgau, in der bis 2005 Rohmaterial
für die Ziegelherstellung abgebaut wurde. Überregionale
Bekanntheit erlangte diese Tongrube wegen ihrer Fossilien.
Durch ein „Belemniten-Schlachtfeld" und Reste von Sauriern ist es eine der bedeutendsten Fossilfundstellen Euro-
pas. Heute ist die Fossiliengrube Mistelgau ein wertvolles
Geotop im Landkreis Bayreuth. Sie erhielt die Auszeichnung als eines der hundert schönsten Geotope Bayerns.

Der Würzburger Geologe und Paläontologe Erwin Rutte

(1923–2007) berichtete in seinem Buch „Es rauscht in den Schachtelhalmen. Leben und Tod bayerischer Saurier" (1997), ein Arbeiter habe 1957 beim Aufspalten von Kalkplatten den ersten Flugsaurier-Fund in Mistelgau gefunden. Der Entdecker wollte den Stein für eine Hausmauer verwenden. Doch dann zeigte er die Platte einem Oberlehrer namens Herppich. Dieser erkannte auf dem Stein in der röhrenförmigen Struktur von Knochen, dass es sich um einen Flugsaurier handelte. Der Fund wurde von dem Fossiliensammler Dr. Günther Eicken in Bayreuth erworben und nach dessen Tod 2015 von dessen Familie dem Urweltmuseum Oberfranken in Bayreuth geschenkt.
1997 schrieb Erwin Rutte im erwähnten Buch, aus Creez bei Bayreuth lägen zwei Unterkiefer von *Dorygnathus* vor. In Norddeutschland sind Funde von Flugsauriern aus dem Unterjura selten. Der Berliner Paläontologe Carl Stieler (1880-????) berichtete 1922 über Skelettreste von *Dorygnathus banthensis* aus dem Posidonienschiefer von Schandelah-Flechtorf bei Braunschweig in Niedersachsen. Peter Wellnhofer und Bernd-Wolfgang Vahldiek beschrieben 1986 ein Flugsaurier-Becken aus dem Posidonienschiefer desselben Fundgebietes als *Campylognathoides* sp. Ab 2014 wurden bei wissenschaftlichen Grabungen des Staatlichen Naturhistorischen Museums (Braunschweig) in Schandelah einige isolierte Flugsaurier-Knochen geborgen und vorläufig *Dorygnathus banthensis* zugeordnet. Die meisten Knochen stammen vermutlich von kleinen, möglicherweise Jungtieren.

Literatur
HÜBNER, Marlene / GISCHLER, Eberhard / KOSMA, Ralf: Seltene Flugsaurier-Fossilien cf. *Dorygnathus banthensis* (Theodori, 1830) aus dem unterjurassischen Posidonien-

schiefer von Schandelah (Niedersachsen). In: Braunschweiger Naturkundliche Schriften 16: S. 59–81, Braunschweig 2020.

KUHN, Oskar: Carl von Theodori, Paläontologe, 1788–1857. In: LVI. Bericht der Naturforschenden Gesellschaft Bamberg, 1981.

OPPEL, Albert: Die Juraformation. In: Jahreshefte des Vereins für Vaterländische Naturkunde in Württemberg 12, 1856.

PADIAN, Kevin: Early Jurassic Pterosaur *Dorygnathus banthensis* (Theodori, 1830) and the Early Jurassic Pterosaur *Campylognathoides* Strand, 1928, 2008.

RUTTE, Erwin: *Dorygnathus*. Flieger mit großem Kopf. In: Es rauscht in den Schachtelhalmen. Leben und Tod bayerischer Saurier. S. 82–84, Treuchtlingen 1997.

STIELER, Carl: Neuer Rekonstruktionsversuch eines liassischen Flugsauriers. In: Naturwissenschaftliche Wochenschrift, N. F. 21: (20): S. 275–280, Jena 1922.

THEODORI, Carl von: Knochen vom *Pterodactylus* aus der Lias-Formation von Banz. In: Frorieps Notizen für Natur- und Heilkunde 632: S. 101, 1830.

THEODORI, Carl von: Über die Knochen vom Genus *Pterodactylus* aus der Liasformaton von Banz. In: Isis, S. 277, Jena 1831.

THEODORI: Carl von: Über Pterodactylusknochen im Lias von Banz. In: 1. Bericht des Naturforschenden Vereins Bamberg, S. 17–44, Bamberg 1852.

WELLNHOFER, Peter: *Dimorphodon* Owen 1859. In: Flugsaurier. S. 67–68, Wittenberg Lutherstadt 1980.

WELLNHOFER, Peter: *Dorygnathus mistelgauensis* Wild 1971. In: Flugsaurier. S. 70. Wittenberg Lutherstadt 1980.

WELLNHOFER, Peter: Deutsche Funde in Banz (Bayern).

In: Die große Enzyklopädie der Flugsaurier. Illustrierte
Naturgeschichte der fliegenden Saurier. 100 Arten auf über
400 Fotos und Illustrationen. S. 72, München 1993.
WELLNHOFER, Peter: Deutsche Funde in Holzmaden
(Württemberg). In: Die große Enzyklopädie der Flugsaurier.
Illustrierte Naturgeschichte der fliegenden Saurier. 100 Ar-
ten auf über 400 Fotos und Illustrationen. S. 72–73,
München 1993.
WELLNHOFER, Peter: *Dorygnathus*. In: Die große En-
zyklopädie der Flugsaurier. Illustrierte Naturgeschichte der
fliegenden Saurier. 100 Arten auf über 400 Fotos und Illu-
strationen. S. 74, München 1993.
WIKIPEDIA (Online-Lexikon): *Dimorphodon*.
https://de.wikipedia.org/wiki/Dimorphodon
WIKIPEDIA (Online-Lexikon): *Dorygnathus*.
https://de.wikipedia.org/wiki/Dorygnathus
WIKIPEDIA (Online-Lexikon): Augustin Andreas Geyer.
https://de.wikipedia.org/wiki/Augustin_Andreas_Geyer
WIKIPEDIA (Online-Lexikon): Albert Oppel.
https://de.wikipedia.org/wiki/Albert_Oppel
WIKIPEDIA (Online-Lexikon): Kloster Banz.
https://de.wikipedia.org/wiki/Kloster_Banz
WILD, Rupert: *Dorygnathus mistelgauensis*. sp., ein neuer
Flugsaurier aus dem Lias Epsilon von Mistelgau
(Fränkischer Jura). In: Geologische Blätter von Nordost-
Bayern 21 (4): S. 178–195, Erlangen 1971.

Reproduktion von Campylognathoides liasicus
im University Museum of Paleontology, Berkeley, Kalifornien (USA).
Foto: Daderot (via Wikimedia Commons),
Lizenz: gemeinfrei (Public domain)

Erster Lias-Flugsaurier

Der Langschwanz-Flugsaurier *Campylognathoides liasicus*

Der erste Fund eines Flugsauriers aus dem Unterjura (Lias) von Württemberg bestand nur aus wenigen Knochen des Flugarmes. 1858 beschrieb der Tübinger Geologe, Paläontologe, Mineraloge und Kristallograph Friedrich August Quenstedt (1809–1889) dieses Fossil und bezeichnete es als *Pterodactylus liasicus*.

Quenstedt wurde am 9. Juli 1809 in Eisleben (Thüringen) geboren und starb am 21. Dezember 1889 in Tübingen. Er studierte ab 1821 in Erlangen, promovierte dort und wurde Assistent an der Mineralogisch-Geologischen Sammlung. 1837 wurde er zum Professor der Mineralogie und Geologie an der Universität Tübingen ernannt. Er untersuchte fossile Reptilien und andere Tiere der Trias und aus dem Jura Württembergs und befasste sich mit geologischen Fragen Südwestdeutschlands.

Der Langschwanz-Flugsaurier *Campylognathoides* aus der Familie Campylognathoididae war ein Zeitgenosse des Flugsauriers *Dorygnathus*. Beide gehören zu den Langschwanz-Flugsauriern. *Campylognathoides* besaß einen kürzeren Schädel als *Dorygnathus,* aber größere Augen und kleinere, senkrecht im Kiefer stehende Zähne.

Der Gattungsname *Campylognathoides* („Krumm-Kiefer") bezieht sich auf die gekrümmten Enden der Kiefer (griechisch: kampylos = gekrümmt, gnathos = Kiefer). Die Gattung *Campylognathoides* wurde 1928 von dem norwegischen Entomologen, Arachnologen und Hochschullehrer Embrik Strand (1876–1947) beschrieben. Strand war einer der produktivsten Entomologen und Arachnologen seiner

Norwegischer Entomologe, Arachnologe und Hochschullehrer
Embrik Strand (1876–1947).
Foto: Pirags / Latvian (via Wikimedia Commons),
Lizenz: gemeinfrei (Public domain)

Zeit. Er beschrieb mehr als 1500 Arten von Spinnen, von denen allerdings bis heute über 400 als Synonyme bereits früher beschriebener Arten erkannt worden sind. Hinzu kommt eine deutlich größere Zahl von Insekten, vor allem Schmetterlinge und Hautflügler. 1918 veröffentlichte Strand eine Liste seiner Publikationen aus den ersten 20 Jahren seiner wissenschaftlichen Tätigkeit, welche 1200 Titel enthielt. Zu seinem 60. Geburtstag gab er selbst eine fünfbändige Festschrift heraus, in der 195 Aufsätze von 126 Zoologen und Paläontologen der ganzen Welt zusammengefasst waren. Strand war in der Fachwelt umstritten. Norwegische Zoologen betrachteten seine Arbeiten als wertlos und voller Fehler. Der französische Arachnologe Pierre Bonnet (1897–1990) wies in seiner ab 1945 erschienenen „Bibliographia araneorum" darauf hin, dass eine Rekordzahl neuer Taxa nach Strand benannt worden sei. Er hielt Strand vor, er habe bereits beschriebene Arten in großer Zahl umbenannt, weil er die Namen für falsch gehalten habe. Strand hatte 1926 eine Liste veröffentlicht, in der er 1700 Taxa der Webspinnen umbenannte.

Von *Campylogathoides* sind bisher zwei Arten aus Württemberg bekannt: nämlich der 1858 von Friedrich August Quenstedt (1809–1889) beschriebene kleinere *Campylognathoides liasicus* mit einer Flügelspannweite von weniger als einem Meter und der 1895 von Felix Plieninger beschriebene größere *Campylognathus zitteli* (heute: *Campylognathoides zitteli*) mit einer Flügelspannweite von etwa 1,75 Metern. *Campylognathoides liasicus* hatte einen kurzen Schädel mit großen Augenöffnungen. Letztere deuten auf scharfe Augen und eventuell nachtaktive Lebensweise hin. Ein im Staatlichen Museum für Naturkunde in Stuttgart aufbewahrter *Campylognathoides liasicus* aus dem oberen Lias von

Ohmden bei Holzmaden erreicht eine Flügelspannweite von etwa einem Meter und trägt einen 26 Zentmeter langen Schwanz. Etwas kleiner ist ein in Pittsburgh (USA) befindlicher *Campylognathoides liasicus* mit einer Flügelspannweite von 92 Zentimetern. Bei einem im Buch „Wunderwelt im Stein" (1976) von Rudolf Mundlos (1918–1988) abgebildeten *Campylognathoides liasicus* aus Holzmaden ist jeder der beiden Flugfinger 29 Zentimeter lang. Auch dieses zerfallene Skelett befindet sich im Staatlichen Museum für Naturkunde in Stuttgart.

Fundorte von *Campylognathoides liasicus* sind Holzmaden und Wittberg bei Metzingen (beide in Württemberg).

Literatur

DINODATA.DE: *Campylognathoides liasicus.*
https://dinodata.de/animals/pterosaurs/pages_c/
campylognathoides.php
DINOSAUR WIKI: *Campylognathoides.*
https://dinosaurier.fandom.com/de/wiki/
Campylognathoides
MUNDLOS, Rudolf: Wunderwelt im Stein. Fossilfunde – Zeugen der Urzeit, Gütersloh 1976.
QUENSTEDT, Friedrich August: Über *Pterodactylus liasicus.* In: Jahreshefte des Vereins für Vaterländische Naturkunde in Württemberg 14: S. 299–336, Stuttgart 1858.
PREHISTORIC WILDLIFE: *Campylognathoides.*
http://www.prehistoric-wildlife.com/species/c/
campylognathoides.html
WELLNHOFER, Peter. *Campylognathoides liasicus* (Quenstedt), an Upper Liassic Pterosaur from Holzmaden. The Pittsburgh Specimen. In: Annals of the Carnegie Museum 45 (2): S. 169–216, Pittsburgh 1974.

WELLNHOFER, Peter: *Campylognathoides*. In: Die große
Enzyklopädie der Flugsaurier. Illustrierte Naturgeschichte
der fliegenden Saurier. 100 Arten auf über 400 Fotos und
Illustrationen. S. 74–77, München 1993.
WIKIPEDIA (Online-Lexikon): *Campylognathoides*.
https://de.wikipedia.org/wiki/Campylognathoides
WIKIPEDIA (Online-Lexikon): Friedrich August
Quenstedt.
https://de.wikipedia.org/wiki/
Friedrich_August_Quenstedt
WIKIPEDIA (Online-Lexikon): Rudolf Mundlos.
https://de.wikipedia.org/wiki/Rudolf_Mundlos
WIKIPEDIA (Online-Lexikon): Embrik Strand.
https://de.wikipedia.org/wiki/Embrik_Strand

Lebensbild des Langschwanz-Flugsauriers Campylognathoides.
Zeichnung: Dmitry Bogdanov (via Wikimedia Commons),
Lizenz: gemeinfrei (Public domain)

Der Krumm-Kiefer

Der Langschwanz-Flugsaurier *Campylognathoides zitteli*

Nach dem 1858 aus dem Lias von Württemberg als *Pterodactylus liasicus* beschriebenen Flugarm-Rest kamen im Posidonienschiefer von Holzmaden vollständiger erhaltene
Flugsaurier zum Vorschein. Der Stuttgarter Paläontologe
und Geologe Felix Plieninger (1868–1954) erkannte, dass
es sich dabei um eine eigene Gattung handelte. Diese
nannte er 1895 *Campylognathus zitteli* (heute: *Campylognathoides zitteli*). Der Gattungsname *Campylognathoides* („Krumm-
Kiefer") besteht aus den griechischen Wörtern *kampylos*
(gekrümmt) und *gnathos* (Kiefer). Er bezieht sich auf die
gekrümmten Enden der Kiefer. Mit dem Artnamen *zitteli*
wird der Münchner Geologe und Paläontologe, Professor
Karl Alfred von Zittel (1839–1904), geehrt. Er gilt als
einer der führenden Paläontologen des 19. Jahrhunderts.
Felix Plieninger, der Erstbeschreiber von *Campylognathus
zitteli*, war Professor für Geologie an der Landwirtschaftlichen Hochschule Hohenheim und von 1927 bis 1928
deren Rektor. Er ist für Forschungen zu Flugsauriern bekannt. 1895 unterteilte er die Flugsaurier in Langschwanz-
Flugsaurier und Kurzschwanz-Flugsaurier.
Campylognathoides zitteli war mit einer Flügelspannweite von
etwa 1,75 Metern merklich größer als *Campylognathoides
liasicus*, der eine Flügelspannweite von weniger als einem
Meter erreichte. Der Schädel von *Campylognathoides zitteli* ist
13 Zentimeter lang.
1986 entdeckte ein Fossiliensammler in einer Posidonien-
schiefer-Grube von Schandelah bei Braunschweig in Niedersachsen ein kleines, isoliertes Flugsaurier-Becken. Die-

Münchner Geologe und Paläontologe,
Karl Alfred von Zittel (1839–1904).
Foto: Aufnahme eines unbekannten Fotografen
(via Wikimedia Commons),
Lizenz: gemeinfrei (Public domain)

ser Fund wurde 1986 von dem Münchner Paläontologen Peter Wellnhofer sowie dem Lehrer und Fossiliensammler Bernd-Wolfgang Vahldiek als *Campylognathoides* sp. beschrieben. Bei diesem Flugsaurier-Becken sind die Hüftpfannen gut erhalten. Ihre Orientierung nach seitlich oben deutet derauf hin, dass die Flugsaurier nicht fähig waren wie Vögel auf zwei Beinen zu laufen.

Literatur

PLIENINGER, Felix: *Campylognathus zitteli.* Ein neuer Flugsaurier aus dem Oberen Lias Schwabens. In: Palaeontographica 41: S. 193–222, Stuttgart 1895.

PLIENINGER, Felix: Die Pterosaurier der Juraformation Schwabens. In: Palaeontographica 53: S. 209–313, Stuttgart 1907.

PROBST, Ernst: Pioniere der Urzeitforschung. Karl Alfred von Zittel. In: Deutschland in der Urzeit. Von der Entstehung des Lebens bis zum Ende der Eiszeit. S. 388, München 1986.

TISCHLINGER, Helmut / VIOHL, Günter: Karl Alfred von Zittel. In: ARRATIA FUENTES, Gloria / SCHULTZE, Hans-Peter / TISCHLINGER, Helmut / VIOHL, Günter: Solnhofen – Ein Fenster in die Jurazeit. Band 1: S. 53–54, München 1975.

WELLNHOFER, Peter / VAHLDIEK, Bernd-Wolfgang: Ein Flugsaurier-Rest aus dem Posidonienschiefer (Unter-Toarcium) von Schandelah bei Braunschweig. In: Paläontologische Zeitschrift 60: S. 329–340, Stuttgart 1986.

WIKIPEDIA (Online-Lexikon): Felix Plieninger. https://de.wikipedia.org/wiki/Felix_Plieninger

Wirbeltier-Paläontologe Hermann von Meyer (1801–1869)
aus Frankfurt am Main im höheren Alter.
Meyer war Erstbeschreiber der Flugsaurier-Gattungen
Gnathosaurus 1833, Rhamphorhynchus 1846 und Ctenochasma
1852. Foto: Aufnahme eines unbekannten Fotografen.

Oberjura-Langschwanz-Flugsaurier in Deutschland

Langschädelige Schnabel-Schnauze

Der Langschwanz-Flugsaurier *Ramphorhynchus longiceps*

Rhamphorhynchus („Schnabel-Schnauze") heißt die Gattung, von der in den Solnhofener Plattenkalken aus dem Oberjura die meisten Flugsaurier gefunden wurden. Nach ihr hat man die Unter-Ordnung Rhamphorhynchoidea benannt. Heute ist stattdessen oft von basalen Pterosauria die Rede. Die Gattung *Rhamphorhynchus* behauptete sich vom Mitteljura (Stufe Callovium) bis zum Oberjura (Stufe Tithonium) vor 166 bis 145 Millionen Jahren.

Der deutsche Wirbeltier-Paläontologe Hermann von Meyer (1801–1869) aus Frankfurt am Main hat die Gattung *Rhamphorhynchus* bereits 1846 erstmals beschrieben. Mehr als ein halbes Jahrhundert später erfolgte 1902 die Erstbeschreibung der Art *Rhamphorhynchus longiceps* („Langschädelige Schnabel-Schnauze") durch den englischen Paläontologen Arthur Smith Woodward (1864–1944).

Hermann von Meyer, geboren am 3. September 1801 in Frankfurt am Main, gestorben am 2. April 1869 in Frankfurt, gilt als der bedeutendste deutsche Wirbeltier-Paläontologe des 19. Jahrhunderts. Er war beim Deutschen Bundestag in Frankfurt tätig (ab 1837 als „Bundeskassenkontrolleur", ab 1863 als „Bundescassier"). Fossilien sammelte er bei Exkursionen. Er erhielt aber auch sehr viele fremde Funde zur Begutachtung.

Englischer Paläontologe Arthur Smith Woodward (1864–1944).
Foto: Aufnahme eines unbekannten Fotografen von 1909
(via Wikimedia Commons),
Lizenz: gemeinfrei (Public domain)

Mit einer Schädellänge von 9,5 bis 19,1 Zentimetern und einer Flügelspannweite von 1,75 Metern ist *Rhamphorhynchus longiceps* im Solnhofen-Archipel die größte Art des Langschwanz-Flugsauriers *Rhamphorhynchus*. Der Münchner Paläontologe Peter Wellnhofer vermutete 1975 Größenunterschiede von männlichen und weiblichen Tieren des Langschwanz-Flugsauriers *Rhamphorhynchus*. Eine Gruppe mit langem, großen Schädel und langen Flugfingern betrachtet er als männliche Tiere. Eine andere Gruppe mit kurzem Schädel und kurzen Flugfingern hält er für weibliche Tiere.

Die Langschwanz-Flugsaurier aus dem Solnhofen-Archipel, zu denen *Rhamphorhynchus* gehört, hatten bereits den Höhepunkt und zugleich den Endpunkt ihrer Entwicklung erreicht. Nur in den über den Solnhofener Schichten folgenden Mörnsheimer Schichten (Malm Zeta 3), die nach dem Dorf Mörnsheim nahe Solnhofen benannt sind, wurden noch Skelette von *Rhamphorhynchus* entdeckt. In geologisch jüngeren Schichten des Oberjura und der Unterkreide fehlen Langschwanz-Flugsaurier und mit ihnen auch *Rhamphorhynchus*. Die ehemaligen Bewohner der Küsten und Inseln der Solnhofener Lagune waren nun ausgestorben.

Aus dem Solnhofen-Archipel in Bayern sind bisher fünf Arten von *Rhamphorhynchus* nachgewiesen, die sich vor allem durch ihre Größe unterscheiden. Ihre Schädellängen reichen von drei bis neunzehn Zentimetern und ihre Flügelspannweiten von vierzig Zentimetern bis zu 1,75 Metern. Die größte Art von *Rhamphorhynchus* aus den Solnhofener Plattenkalken ist – wie erwähnt – *Rhamphorhynchus longiceps*. Kleiner sind *Rhamphorhynchus gemmingi*, *Rhamphorhynchus muensteri*, *Rhamphorhynchus intermedius* und am kleinsten *Rhamphorhynchus longicaudus*.

Lebensbild von Rhamphorhynchus (oben),
Pterodactylus (unten links) und Scaphognathus (unten rechts)
von Charles Whymper (1853–1941) aus dem Jahr 1905.

Aus Nusplingen im Gebiet der südwestlichen Schwäbischen Alb in Württemberg sind die Arten *Rhamphorhynchus longicaudus* („Langschädelige Schnabel-Schnauze"), *Rhamphorhynchus muensteri* und *Rhamphorhynchus longiceps* bekannt. Im Nusplinger Plattenkalk wurde ein Speiballen mit Knochenresten eines Flugsauriers vermutlich der Gattung *Rhamphorhynchus* gefunden. Dies ist ein weiterer Hinweis auf Inseln in der nächsten Umgebung des Fundortes. Vermutlich wurde der Flugsaurier das Opfer eines Raubfisches oder eines Meereskrokodils, als er selbst nach Fischen jagte.

Der Skelettbau von *Rhamphorhynchus* ist derjenige eines geschickten, aktiv fliegenden Reptils. Dieses Tier konnte im Flug fischen. Der Schädel ist groß, langgestreckt und läuft spitz zu. In den Augenhöhlen befindet sich ein knöcherner Augenring (Scleralring). Zum kräftigen Fanggebiss gehören lange, spitze und leicht gekrümmte, nach vorne und außen gerichtete Zähne. Diese griffen bei geschlossenem Maul ineinander. Im Oberkiefer stehen 20 Zähne, im Unterkiefer 14. Offenbar waren die meisten *Rhamphorhynchus*-Arten Fischfresser. Im Bauch eines Solnhofener *Rhamphorhynchus* gehörte ein kleiner Fisch zur letzten Mahlzeit.

Skelettreste von *Rhamphorhynchus jessoni*, Oxford Clay von Huntington), bei der deutschen Tendaguru-Dinosaurier-Expedition von 1909 in Tansania (Ostafrika) sowie in Portugal (Einzelzähne aus dem Mitteljura und Oberjura) zum Vorschein.

1995 wies der amerikanische Paläontologie S. Christopher Bennett in einer Studie über die Flugsaurier der Gattung *Rhamphorhynchus* aus den Solnhofener Plattenkalken nach, dass diese Funde in Größenklassen bzw. Jahresklassen fallen, die sich aus saisonaler Sterblichkeit oder Erhaltung von Exemplaren ergeben. Die Merkmale, die in der Vergangenheit dazu dienten, um neue Arten von *Rhamphorhynchus* aufzustellen, beziehen sich alle auf Größe und Entwicklung. Nach den Erkenntnissen von Bennett gehören sämtliche Exemplare der Gattung *Rhamphorhynchus* aus den Solnhofener Plattenkalken zu einer einzigen Art, nämlich *Rhamphorhynchus muensteri*. Falls dies zuträfe, wären *Ramphorhynchus longiceps, Rhamphorhynchus gemmingi, Rhamphorhynchus intermedius und Rhamphorhynchus longicaudus* nur Synonyme von *Rhamphorhynchus muensteri*.

Literatur

BENNETT, S. Christopher: A statistical study of *Rhamphorhynchus* from the Solnhofen Limestone of Germany. Year-classes of single large species. In: Jahrbuch für Paläontologie 69: S. 569–580, 1995.

DIETL, Gerd / SCHWEIGERT, Günter: Im Reich der Meerengel. Der Nusplinger Plattenkalk und seine Fossilien. München 2001.

PALEOFILE.COM: *Rhamphorhynchus*.
http://www.paleofile.com/Pterosaurs/
Rhamphorhynchus.asp

PREHISTORIC WILDLIFE: *Rhamphorhynchus*.
http://www.prehistoric-wildlife.com/species/r/
rhamphorhynchus.html

RUTTE, Erwin: *Rhamphorhynchus*. Der Flieger mit Schwanzsegel. In: Es rauscht in den Schachtelhalmen. Leben und Tod bayerischer Saurier. S. 95–98, Treuchtlingen 1997.

SCHWEIGERT, Günter / DIETL, Gerd / WILD, Rupert: Miscellanea aus dem Nusplinger Plattenkalk (Ober-Kimmeridgium, Schwäbische Alb) 3. Ein Speiballen mit Flugsaurierresten. In: Jahresberichte und Mitteilungen des Oberrheinischen Geologischen Vereins. N. F. 83: S. 357–364, Stuttgart 2001.

TISCHLINGER, Helmut / VIOHL, Günter: Christian
Erich Hermann von Meyer (1801–1869). In: ARRATIA,
Gloria / SCHULTZE, Hans-Peter / TISCHLINGER,
Helmut / VIOHL, Günter (Herausgeber): Solnhofen. Ein
Fenster in die Jurazeit 2, S. 52–53, München 2015.
WELLNHOFER, Peter: Die Rhamphorhynchoidea (Ptero-
sauria) der Oberjura-Plattenkalke Süddeutschlands. In: Pa-
laeontographica (A) 148: S. 13–33, 132–186, 149: 1–30,
1975.
WELLNHOFER, Peter: *Rhamphorhynchus*. In: Solnhofener
Plattenkalk: Urvögel und Flugsaurier. Herausgegeben von
Dr. Theo Kress, Freunde des Museums beim Solenhofer
Aktien-Verein e.V. S. 38–41, Maxberg 1983.
WELLNHOFER, Peter: *Rhamphorhynchus*. In. Die große
Enzyklopädie der Flugsaurier. Illustrierte Naturgeschichte
der fliegenden Saurier. 100 Arten auf über 400 Fotos und
Illustrationen. S. 83–84, München 1993.
WIKIPEDIA (Online-Lexikon) *Rhamphorhynchus*.
https://de.wikipedia.org/wiki/Rhamphorhynchus

Rhamphorhynchus gemmingi mit Schwimmhaut zwischen den Zehen von Wintershof bei Eichstätt in Oberbayern.
Foto: BROILI, Ferdinand: Ein Rhamphorhynchus mit Spuren von Schwimmhaut. In: Sitzungsberichte der mathematisch-naturwissenschaftlichen Abteilung der Bayerischen Akademie der Wissenschaften zu München, Heft 1, Tafel I, München 1927.

Gemming's Schnabel-Schnauze

Der Langschwanz-Flugsaurier *Rhamphorhynchus gemmingi*

Rhamphorhynchus gemmingi gilt als zweitgrößte Art der Flugsaurier-Gattung *Rhamphorhynchus* aus den Solnhofener Plattenkalken. Die Erstbeschreibung dieser Art erfolgte 1846
durch den Paläontologen Hermann von Meyer (1801–1869)
aus Frankfurt am Main. Der Artname *gemmingi* erinnert an
den Nürnberger Sammler Oberst a. D., Carl Emil von Gemming.

Gemming, geboren am 22. April 1794 in Heilbronn, gestorben am 1. Februar 1880 in Nürnberg, trat 1815 in die Bayerische Armee ein, wurde Hauptmann, Major und 1866
Oberst a. D. Er legte eine bedeutende archäologische
Sammlung an und grub selbst mit Erfolg in Salzburg und
Hallstadt. 1878 wurde er Mitbegründer des Vereins für Geschichte der Stadt Nürnberg.

Der Flugsaurier (Holotypus), anhand dessen Hermann von
Meyer die Art *Rhamphorhynchus gemmingi* („Gemming's
Schnabel-Schnauze") beschrieb, wurde in Solnhofen gefunden und gehörte Carl Emil von Gemming. Das Fossil befand sich in dessen Sammlung in der Walpurgiskapelle auf
der Nürnberger Burg, die vor allem mit historischen Alter-
tümern aus verschiedenen Zeiten und Ländern reich be-
stückt war.

Meyer bedankte sich in seiner Veröffentlichung „*Pterodactylus (Rhamphorhynchus) Gemmingi* aus dem Kalkschiefer von
Solenhofen" in „Palaeontographica. Beiträge zur Naturgeschichte der Vorzeit" bei Gemming, dass dieser ihm die
seltene Versteinerung zur Bekanntmachung überließ. Er
schrieb: „Meine Untersuchungen sehe ich belohnt durch

Rhamphorhynchus gemmingi mit Schwimmhaut zwischen den Zehen von Wintershof bei Eichstätt in Oberbayern).
Foto: BROILI, Ferdinand: Ein Rhamphorhynchus mit Spuren von Schwimmhaut. In: Sitzungsberichte der mathematisch-naturwissenschaftlichen Abteilung der Bayerischen Akademie der Wissenschaften zu München, Tafel III, München 1927.

Skelett von Rhamphorhynchus gemmingi mit Weichteil-Erhaltung von Eichstätt in Oberbayern.
Foto: WANDERER, Karl: Rhamphorhychus Gemmingi H. v. M. Ein Exemplar mit teilweise erhaltener Flughaut aus dem k. mineral.-geol. Museum zu Dresden. In: Palaeontographica 55: S. 59, Tafel XXI 1908.
Foto: BROILI, Ferdinand: Ein Rhamphorhynchus mit Spuren von Schwimmhaut. In: Sitzungsberichte der mathematisch-naturwissenschaftlichen Abteilung der Bayerischen Akademie der Wissenschaften zu München, Tafel V, München 1927.

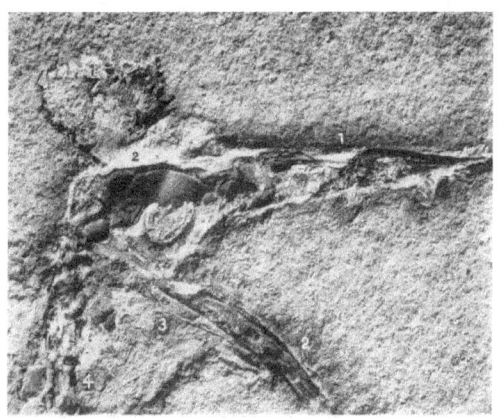

Schädel von Rhamphorhynchus gemmingi mit Haarbüschel-
Abdrücken von Eichstätt in Oberbayern.
Foto: BROILI, Ferdinand: Ein Rhamphorhynchus mit Spuren von
Schwimmhaut. In: Sitzungsberichte der mathematisch-naturwissen-
schaftlichen Abteilung der Bayerischen Akademie der Wissen-
schaften zu München, Tafel V, München 1927.

Stück der von Rippen gekreuzten Flughaut eines Rhamphorhynchus
gemmingi von Eichstätt in Oberbayern.
Foto: BROILI, Ferdinand: Ein Rhamphorhynchus mit Spuren von
Schwimmhaut. In: Sitzungsberichte der mathematisch-naturwissen-
schaftlichen Abteilung der Bayerischen Akademie der Wissen-
schaften zu München, Tafel VII, München 1927.

Das Teylers Museum in Haarlem ist das älteste Museum der Niederlande.
Foto: Michael Kramer / CC BY-SA 3.0
(via Wikimedia Commons),
lizensiert unter Creative Commons-Lizenz by-sa-3.0,
https://creativecommons.org/licenses/by-sa/3.0/legalcode

Gewinnung neuer Aufschlüsse über die Beschaffenheit dieser Wundertiere längst verflossener Zeiten".

In seinem Werk „Die Fauna der Vorwelt IV" (1860) fasste Hermann von Meyer sieben von Johann Baptist Spix (1781–1826), Georg August Goldfuß (1782–1848), Samuel Thomas von Soemmering (1755–1830) und Johann Andreas Wagner (1797–1861) teilweise auf unzureichende Funde begründete Arten zu einer einzigen zusammen. Diese Spezies bezeichnete er als *Rhamphorhynchus gemmingi*. Für spätere hierhergestellte Arten stellte Richard Owen (1804–1892) die Art *Rhamphorhynchus Meyer* und Othniel Charles Marsh (1831–1899) die Art *Rhamphorhynchus phyllurus* auf. Richard Lydekker (1849–1915) und Karl von Zittel (1839–1904) hielten diese beiden Arten nicht für berechtigt.

Ein größerer Prachtfund mit Schädel, Wirbelsäule und Rippen von *Rhamphorhynchus gemmingi* aus Solnhofen wird im Teylers Museum, Haarlem, in den Niederlanden aufbewahrt. Der Schädel dieses Langschwanz-Flugsauriers ist 12,5 Zentimeter lang. Auffällig sind die große Augenhöhle und die langen, spitzen Zähne dieses Fundes. Die Zähne waren gut zum Ergreifen von Fischbeute geeignet.

Das Teylers Museum wurde bereits im 18. Jahrhundert gegründet und ist das älteste Museum der Niederlande. Besucher/innen konnten dort Berichte über neueste Entdeckungsreisen lesen und neu gefundene Fossilien bestaunen. Die Gebäude des Teylers Museums sind seit der Eröffnung im Jahr 1784 unverändert geblieben. Außer der historischen Dauerausstellung gibt es auch einen modernen Flügel mit faszinierenden Wechselausstellungen.

Der Dresdener Geologe und Paläontologe Karl Wanderer (1876–1945) berichtete 1908 in „Palaeontographica" über

Münchner Paläontologe Ferdinand Broili (1874–1946).
Foto: Aufnahme eines unbekanntem Fotografen.

einen *Rhamphorhynchus gemmingi* mit teilweise erhaltener
Flughaut aus dem Königlichen Mineralogischen Museum zu
Dresden. Dieser Fund kam 1873 als Geschenk des Kom-
merzienrates Max Hauschild (1804–1877) in die Dresdener
Sammlung. Hauschild hatte die Platte mit dem Flugsaurier
darauf von Martin Krauss aus Eichstätt gekauft. Der Fundort und der Verbleib der Gegenplatte, auf der sich wesentliche Skelett-Teile – wie Rumpfwirbel, Brustbein, linker
Schultergürtel und Oberarmbeinknochen – haften müssten,
sind unbekannt. Wanderer erwähnte Hautabdrücke am
Schädel und Reste der Flughaut von der rechten Schwinge
des Dresdener Flugsauriers. Auf Hautabdrücken befanden
sich zahlreiche Grübchen und dazwischen feine, kurze
Streifen, die Wanderer nicht mit Haaren in Verbindung
brachte. Eine weitere Seltenheit ist ein Augenring (Scleralring) am Schädel. Außerdem wies Wanderer einen Kamm
auf dem Kopf und einen Kehlsack unter dem Unterkiefer
jenes *Rhamphorhynchus gemmingi* nach.

Am 5. Feburar 1927 berichtete der Münchner Paläontologe
Ferdinand Broili (1874–1946) in einer Sitzung der Bayerischen Akademie der Wissenschaften zu München über den
Dresdener *Rhamphorhynchus gemmingi* mit teilweise erhaltener
Flughaut, den Wanderer 1908 vorgestellt und Broili erneut
untersucht hatte. Broili deutete die Grübchen und Streifen
auf der Plattenoberfläche als Abdrücke von Haarfolikeln
und Haarbüscheln. Einzelne Haare hatten eine Länge von
sieben bis acht Millimetern. Mehrfach erkannte Broili be-
haarte Körperhaut. Die Flughaut erschien ihm ziemlich
nackt.

Später fiel Broili auch bei den Flugsauriern *Dorygnathus* von
Holzmaden aus dem Unterjura und *Pterodactylus* von Solnhofen aus dem Oberjura Haarbedeckung auf.

Außerdem informierte Broili in der Sitzung am 5. Feburar 1927 über einen *Rhamphorhynchus gemmingi* aus den Platten- kalken von Wintershof bei Eichstätt (Oberbayern) mit Resten von Schwimmhaut zwischen den Zehen. Damit konnte er Zweifel an der Schwimmfähigkeit von Flugsau- riern beseitigen. Von dem Fund lagen sowohl die Platte als auch die Gegenplatte vor. Der Flugsaurier befindet sich auf der hangenden Platte, die auf ihrer Oberseite durch eine schwache Wölbung die Lage des Tieres auf ihrer Unterseite verriet. Auf der liegenden Platte ist der Abdruck sichtbar, in dem nur spärliche Knochenreste haften.

Der am Wintershof geborgene Flugsaurier ist von der Schnauzenspitze bis zum abgebrochenen Ende des Schwan- zes etwa 29 Zentimeter lang. Bei der Bergung ging der hin- terste Abschnitt der Wirbelsäule mit dem Schwanzsegel verloren. Der Schädel misst 5,7 Zentimeter Länge, der mit ihm verbundene Unterkiefer 4,2 Zentimeter. Unterkiefer und Oberkiefer liegen so dicht aufeinander, dass die Zähne ineinander verkeilt sind. Innerhalb der Augenhöhle kann man deutliche Reste des Augenringes (Scleralring) sehen.

Den Flugsaurier mit Resten von Schwimmhaut hatte der Eichstätter Professor Franz Xaver Mayr (1887–1974) dem Münchner Paläontologen Ferdinand Broili zur Untersu- chung überlassen. Mayr hatte das Fossil für die Sammlung des Eichstätter Lyzeums erworben.

Franz Xaver Mayr wird in dem Buch „Deutschland in der Urzeit" (1966) als Pionier der Urzeitforschung bezeichnet. Mayr kam am 21. Februar 1887 in Pfronten-Ried zur Welt und starb am 21. Juni 1974 in Eichstätt. Er wirkte von 1923 bis 1938 als Professor für Chemie, Biologie, Anthro- pologie und Geologie an der Philosophisch-Technischen Hochschule Eichstätt. Mit den von ihm entdeckten und

erworbenen Funden aus den Solnhofener Plattenkalken
schuf er die Grundlage für das 1976 eröffnete Jura-Museum
auf der Willibaldsburg hoch über Altmühl in Eichstätt.
1973 stellte er bei der Gründungsveranstaltung der „Freunde des Jura-Museums Eichstätt" die Eichstätter *Archaeopteryx* vor.

Ferdinand Broili druckte in seiner Abhandlung „Ein *Rhamphorhynchus* mit Spuren von Haarbedeckung" auch einen
Rekonstruktionsversuch von *Rhamphorhynchus gemmingi* ab.
Dieses Lebensbild hatte Professor Lorenz Müller (1868–
1953) von der Zoologischen Staatssammlung in München
geschaffen.

Bei einem erwachsenen *Rhamphorhynchus gemmingi* von einem
unbekannten Fundort, über den Karl Wanderer 1908 in
„Palaeontographica" berichtet hatte, war ein Bruch des ersten von vier Flugfinger-Gliedern die Todesursache. Schwere Verletzungen an der Flughaut führten meistens zur Flug-
unfähigkeit und damit oft zum Hungertod. Auffälligerweise
erlitten auch ein „*Pterodactylus kochi*" (heute: *Diopecephalus
kochi*) aus Zandt und ein „*Pterodactylus elegans*" (heute: *Ctenochasma elegans*) aus Eichstätt – genau an derselben Stelle –
einen Bruch am ersten Flugfinger-Glied.

Zu guter Letzt sei daran erinnert, dass der amerikanische
Paläontologie S. Christopher Bennett 1995 in einer Studie
die Erkenntnis gewonnen hatte, *Rhamphorhynchus muensteri*
sei die einzige in den Solnhofener Plattenkalken vorkom-
mende Art gewesen. Wenn er Recht behielte, wäre *Rhamphorhynchus gemmingi* nur ein Synonym von *Rhamphorhynchus
muensteri.*

Literatur
BROILI, Ferdinand: Ein Exemplar von *Rhamphorhynchus* mit
Resten von Haarbedeckung. In: Sitzungsberichte der
mathematisch-naturwissenschaftlichen Abteilung der
Bayerischen Akademie der Wissenschaften zu Münehen,
Heft 1, S. 29–48, München 1927.
BROILI, Ferdinand: Ein *Rhamphorhynchus* mit Spuren von
Schwimmhaut. In: Sitzungsberichte der mathematisch-na-
turwissenschaftlichen Abteilung der Bayerischen Akademie
der Wissenschaften zu Münehen, Heft 1, S. 49–65,
München 1927.
DIE FOSSILIEN VON SOLNHOFEN: *Rhamphorhynchus
gemmingi*.
https://www.solnhofen-fossilienatlas.de/
fossil.php?fossilid=2051
LEHMANN, Ulrich: Paläontologisches Wörterbuch.
Stuttgart 1977.
MEYER, Hermann von: *Pterodactylus (Rhamphorhynchus)
Gemmingi* aus dem Kalkschiefer von Solenhofen. In: Palae-
ontographica. Beiträge zur Naturgeschichte der Vorzeit.
Erster Band, S. 1–4, Cassel 1851.
MEYER, Hermann von: *Rhamphorhynchus Gemmingi* aus dem
lithographischen Schiefer von Bayern. In: Palaeontographica 7: S. 58, 1859.
MEYER, Hermann von: Zur Fauna der Vorwelt. IV. Abtei-
lung. Reptilien aus dem lithographischen Schiefer des Jura
in Deutschland und Frankreich. 2. Lieferung, S. 85–142,
Frankfurt am Main 1859.
PROBST, Ernst: Pioniere der Urzeitforschung. Franz Xaver
Mayr. In: Deutschland in der Urzeit. Von der Entstehung
des Lebens bis zum Ende der Eiszeit, S. 386, München
1986.

SÄCHSISCHE BIOGRAFIE: Max Hauschild.
https://saebi.isgv.de/biografie/
Max_Hauschild_sen._(1804-1877)
STROMER von REICHENBACH, Ernst: Rekonstruktion
des Flugsauriers *Rhamphorhynchus Gemmingi* H. v. Meyer. In:
Neues Jahrbuch für Mineralogie 2, S. 64–65, 1918.
WANDERER, Karl: *Rhamphorhynchus Gemmingi* H. v. M.
Ein Exemplar mit teilweise erhaltener Flughaut aus dem k.
mineral.-geol. Museum zu Dresden. In: Palaeontographica
55, S. 59, 1908.
WIKIPEDIA (Online-Lexikon): Jura-Museum.
https://de.wikipedia.org/wiki/Jura-Museum

Lebensbild von Rhamphorhynchus gemmingi,
gezeichnet von Professor Lorenz Müller (1868–1963)
von der Zoologischen Staatssammlung in München

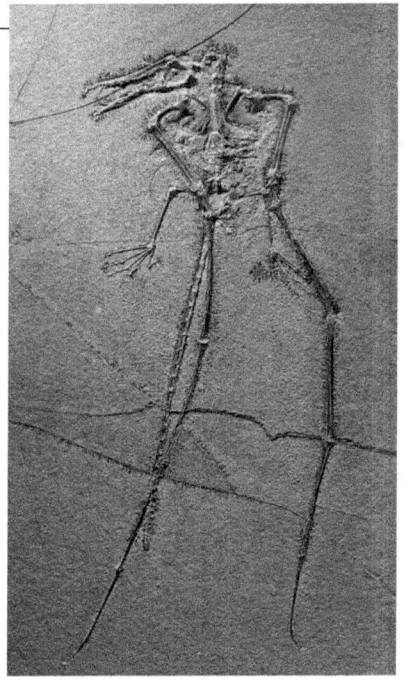

Rhamphorhynchus muensteri (Inventar-Nummer: JME SOS4009)
von Birkhof bei Eichstättt im Jura-Museum, Eichstätt.
Flügelspannweite etwa 1,10 Meter, Schädellänge zehn Zentimeter.
Foto: digital cat from München, Bavarica / CC BY 2.0
(via Wikimedia Commons),
lizensiert unter Creative Commons-Lizenz by-2,0,
https://creativecommons.org/licenses/by/2.0/legalcode

Münster's Schnabel-Schnauze

Der Langschwanz-Flugsaurier *Rhamphorhynchus muensteri*

Rhamphorhynchus muensteri ist von den in den Solnhofener
Plattenkalken nachgewiesenen Langschwanz-Flugsauriern
der Gattung *Rhamphorhynchus* am häufigsten gefunden worden. Mit einer Flügelspannweite bis zu 1,80 Metern galt er
unter den zeitweise fünf gültigen Arten der Gattung
Rhamphorhynchus aus dem Solnhofen-Archipel als Dritt-
größter.
1825 bat der Bayreuther Fossiliensammler Georg Graf zu
Münster (1776–1844) den damals in Frankfurt am Main
lebenden Anatom, Anthropologen und Paläontologen Samuel Thomas von Soemmering (1755–1830) um Begutachtung eines Flugsaurier-Fundes aus Solnhofen. Dieses Fossil
bestand nur aus dem Schädel und Unterkiefer und war in
den Besitz von Münster gelangt. Soemmering verkannte
den Fund als Wasservogel, der Ähnlichkeit mit einer Möwe
und einem Tauchvogel habe. Später schickte Münster einen
Abguss der Fossilplatte an den Bonner Paläontologen, Professor Georg August Goldfuß (1782–1848). Letzterer identifizierte den Fund aus Solnhofen als Flugsaurier, beschrieb
ihn 1831 und bezeichnete ihn als *Ornithocephalus (= Pterodactylus) muensteri*.
Georg August Goldfuß, der Erstbeschreiber von *Rhamphorhynchus muensteri*, kam am 18. April 1782 in Thurnau bei
Bayreuth zur Welt und starb am 2. Oktober 1848 in Bayreuth. Er studierte in Berlin und Erlangen, wo er 1805
Doktor der Medizin wurde. Es folgten Anstellungen als
Mitdirektor des Naturhistorischen Museums in Erlangen,
als Redakteur und als Hauslehrer. Um 1810 war er Arzt in

Bonner Paläontologe Georg August Goldfuß (1782–1848),
Erstbeschreiber von Rhamphorhynchus muensteri.
Bild: Adolf Hohneck (1812–1879),
(via Wikimedia Commons),
Lizenz: gemeinfrei (Public domain)

Erlangen. 1811 übertrug man ihm provisorisch die Professur für Naturgeschichte und Botanik in Erlangen. Ab 1818 war er Professor in Bonn. Er entdeckte und beschrieb ca. 200 Fossilien.

Ausführlicher als Goldfuß beschrieb Graf zu Münster in seiner Schrift „Nachtrag zu der Abhandlung des Professor Goldfuss ueber den *Ornithocephalus Münsteri* (Goldf.)" in den „Neuesten Acten der Academie der Naturforscher" den Fund. Diese achtseitige Schrift mit einer Steindrucktafel erschien 1830 im Bayreuther Verlag Birner.

1845 benannte der Paläontologe Hermann von Meyer (1801–1869) aus Frankfurt am Main die Art *Ornithocephalus muensteri* in *Pterodactylus muensteri* um. Nach einer weiteren Untersuchung gab Meyer 1846 dem Fund den neuen Gattungsnamen *Rhamphorhynchus*. Synonyme von *Rhamphorhynchus muensteri* sind heute die Arten *Rhamphorhynchus gemmingi* Meyer 1846 und *Rhamphorhynchus hirundinaceus* Wagner 1857.

Rhamphorhynchus muensteri („Münster's Schnabel-Schnauze") hat lange, schmale Kiefer mit spitzen, nach vorn stehenden Zähnen. Der Unterkiefer ist leicht nach oben gebogen. Die Zähne eigneten sich gut dazu, Fische zu fangen und festzuhalten. Bei einigen Fossilfunden von *Rhamphorhynchus muensteri* sind im Magenbereich Abdrücke von Fischschuppen und Gräten erkennbar.

1882 beschrieb der amerikanische Paläontologe Othniel Charles Marsh (1831–1899) den ersten Fund eines *Rhamphorhynchus muensteri* mit Flughäuten und Schwanzsegel. Der von ihm untersuchte Fund wird im Yale Peabody Museum in New Haven (Connecticut, USA) aufbewahrt. Bei gut erhaltenen Funden aus den Solnhofener Plattenkalken sind Details der Flügel, ein Netz von Blutgefäßen, Abdrücke der Flughaut und des Stützgewebes sichtbar. Auch von

*Nachbildung eines Rhamphorhynchus muensteri
(Inventar-Nummer: YPM 1778) aus Eichstätt in Oberbayern
im Musée d'histoire naturelle de Bruxelles.
Foto: M0tty / CC BY-SA 3.0 (via Wikimedia Commons,
lizensiert unter Creative Commons-Lizenz by-sa-3.0,
https://creativecommons.org/licenses/by-sa/3.0/legalcode*

Teilen des Schwanzes und des Kehlsacks sind bei manchen Exemplaren noch Hautabdrücke zu beobachten.

Der größte bekannte Fund von *Rhamphorhynchus muensteri* hat eine Flügelspannweite von 1,80 Metern. Laut Dinodata.de wird das Lebendgewicht von *Ramphorhynchus muensteri* auf zwei Kilogramam geschätzt. Junge *Rhamphorhynchus* trugen einen relativ kurzen Schädel mit großen Augen. Ihr zahnloser Schnabel mit abgerundetem, stumpfem Unterkiefer war kürzer als bei erwachsenen Tieren anderer Art, die einen schlanken und spitzen Schnabel hatten.

Im Senckenberg-Museum in Frankfurt am Main befindet sich ein vollständiges Skelett von *Rhamphorhynchus muensteri* aus den Solnhofener Plattenkalken von Eichstätt (Oberbayern) mit einer Flügelspannweite von etwa einem Meter. An diesem Fossil sind schwache Eindrücke der Flughaut am linken Flügel erkennbar.

In der Publikation „Solnhofener Plattenkalk: Urvögel und Flugsaurier" (1983) von Peter Wellnhofer ist ein *Rhamphor-hynchus muensteri* aus dem „Museum beim Solenhofer Aktien-Verein" mit einer Flügelspannweite von etwa 90 Zentimetern abgebildet. Das Skelett befindet sich in Seitenlage. Der Schnabel ist weit geöffnet. Die beiden langen Flugfinger liegen auf einer Seite. Typisch für einen Langschwanz-Flugsaurier ist der lange, versteifte Wirbelschwanz.

Ein *Rhamphorhynchus muensteri*, der am 1. April 1964 in einem Steinbruch des „Solenhofer Aktien-Vereins" zum Vorschein kam, wurde von Steinbruch-Arbeitern zunächst als Abdruck einer Riesen-Heuschrecke verkannt. Die fossilen Knochen des fehlgedeuteten Flugsauriers befanden sich auf einer Positiv- und einer Negativplatte, die bei der Bergung in etliche Teile zerbrochen war. Danach warfen die Steinbruch-Arbeiter viele Bruchstücke achtlos weg. Nur die

Rhamphorhynchus muensteri mit einer Schädellänge
von 9,5 Zentimetern aus Eichstätt in Oberbayern,
wegen seiner dunkel eingefärbten Flügel
als „dark wing" („Dunkler Flügel") bezeichnet.
Foto: Tim Evanson / https://www.flickr.com/photos/timevanson/
45708566502 / CC BY-SA 2.0 (via Wikimedia Commons),
lizensiert unter Creative Commons-Lizenz by-sa-2.0,
https://creativecommons.org/licenses/by-sa/2.0/legalcode

Fragmente der Negativplatte bewahrten sie auf. Dr. Theo Kress, der Vorstand und Initiator des Museums beim „Solenhofer Aktien-Verein", hatte beim ersten Anblick der angeblichen „Riesen-Heuschrecke" sofort den Verdacht, es müsse sich um einen Flugsaurier handeln. Zusammen mit dem Bruchmeister barg er unverzüglich in mühevoller, stundenlanger Suche die restlichen Bruchstücke. Mit Ausnahme eines sehr kleinen Fragmentes waren am Ende fast alle Teile der Positiv- und Negativplatte komplett vorhanden. Mit den Bruchstücken konnte in Geduldsarbeit ein Flugsaurier mit 10,4 Zentimeter langem Schädel zusammengefügt werden.

Spektakulär ist der Fund eines nahezu vollständigen *Rhamphorhynchus muensteri* mit einer Schädellänge von 9,5 Zentimetern aus Eichstätt. Dieses Fossil mit erstaunlich guter Erhaltung der Weichteile wird wegen seiner dunkel eingefärbten Flügel in der englischsprachigen Flugsaurier-Literatur als „dark wing" („Dunkler Flügel") bezeichnet. Jener in einer Wuppertaler Privatsammlung aufbewahrte Prachtfund bescherte neue Erkenntnisse über den Aufbau und die Feinstruktur der Flughäute sowie zu vielleicht vorhandenen Fähigkeiten zur Thermoregulation. Unter Thermoregulation versteht man – laut Online-Lexikon „Wikipedia" – in der Biologie die mehr oder weniger große Unabhängigkeit der Körpertemperatur eines Organismus von der Außenwelt.

Ein Fund von Wintershof bei Eichstätt verrät, dass eine Begegnung zwischen einem Flugsaurier der Art *Rhamphorhynchus muensteri* und einem 86 Zentimeter langen Schnabelfisch der Gattung *Aspidorhynchus* für beide Tiere tödlich endete. Die Flugsaurier-Experten Helmut Tischlinger und Eberhard Frey haben diese Tier-Tragödie in dem Werk

Fischfang war für den Flugsaurier Rhamphorhynchus riskant,
wenn ein Raubfisch – wie Aspidorhynchus – in der Nähe war.
Hier beisst der Raubfisch in den Hals des fischenden Flugsauriers.
Bild: PaleoEquil / CC BY-SA 4.0 (via Wikimedia Commons),
lizensiert unter Creative Commons-Lizenz by-sa-4.0,
https://creativecommons.org/licenses/by-sa/4.0/legalcode

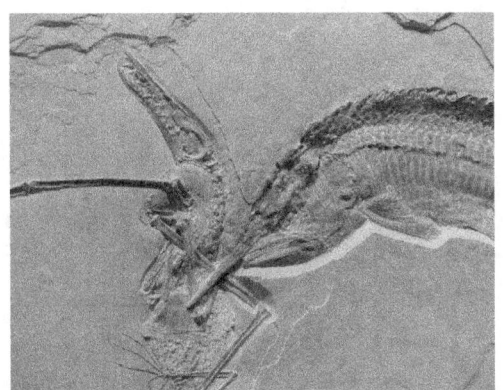

Im Tod vereint sind ein Flugsaurier (Rhamphorhynchus) und ein
Raubfisch (Aspidorhynchus) auf einer Solnhofener Platte
im Museum Solnhofen (früher: Bürgermeister-Müller-Museum).
Foto: Christian Reinboth / CC BY-SA 4.0 (via Wikimedia
Commons), lizensiert unter Creative Commons-Lizenz by-sa-4.0,
https://creativecommons.org/licenses/by-sa/4.0/legalcode

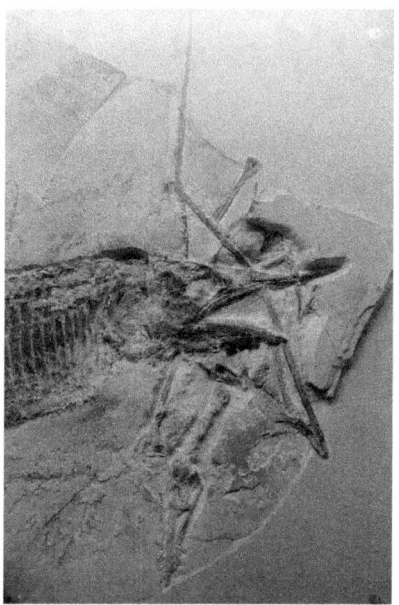

Flugsaurier (Rhamphorhynchus) und Raubfisch (Aspidorhynchus)
auf einer Solnhofener Platte im Museum Bergér
auf dem Harthof bei Eichstätt in Oberbayern.
Das Museum Bergér wurde 1968 von Fritz Bergér gegründet.
Foto: Ghedoghedo / CC BY-SA 4.0 (via Wikimedia Commons),
Commons), lizensiert unter Creative Commons-Lizenz by-sa-4.0,
https://creativecommons.org/licenses/by-sa/4.0/legalcode

Rhamphorhynchus erbeutet einen Tintenfisch (Plesioteuthis).
Bild: CK und Beat Scheffold / CC BY-SA 4.0
(via Wikimedia Commons),
lizensiert unter Creative Commons-Lizenz by-sa-4.0,
https://creativecommons.org/licenses/by-sa/4.0/legalcode

Lebensbild des Flugsauriers (Rhamphorhynchus)
des russischen Paläoartisten Dmitry Bogdanov.
Bild: Dmitry Bogdanov (via Wikimedia Commons),
Lizenz: gemeinfrei (Public domain)

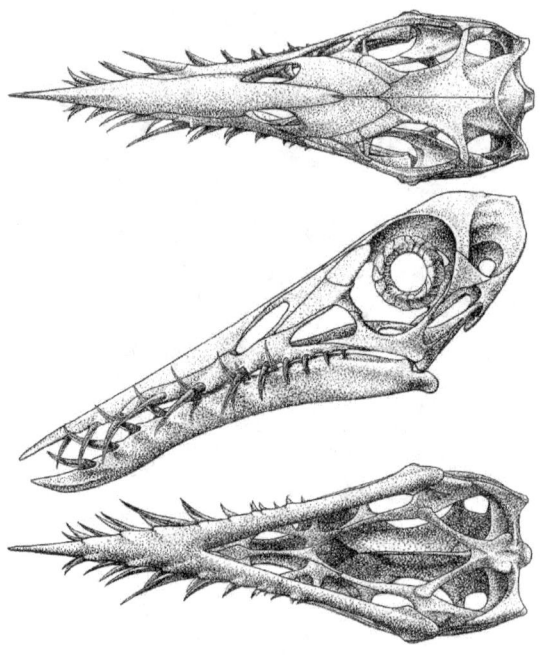

Schädelrekonstruktionen des Flugsauriers Rhamphorhynchus
von oben, von der Seite und von unten.
Bild: Jaime A. Headden / CC BY 3.0 (via Wikimedia Commons),
lizensiert unter Creative Commons-Lizenz by-3.0,
https://creativecommons.org/licenses/by/3.0/legalcode

„Solnhofen. Ein Fenster in die Jurazeit 2" geschildert.
Als der langschwänzige Flugsaurier gerade dabei war, ein
weiteres im Flug erbeutetes Fischchen zu verschlucken,
ergriff ihn ein großer aus dem Meer schnellender, räuberi-
scher Schnabelfisch am linken Flügel und zog ihn unter
Wasser. Beim Angriff durchstieß vermutlich der spitze
Fischschnabel die Flughaut des linken Flügels. Dabei ver-
fingen sich die bezahnten Kiefer in der Flughaut. Der Fisch
konnte den Flugsaurier nicht mehr loslassen und versuchte,
seine sich wehrende Beute abzuschütteln. Dabei wurde der
linke Flugarm des Flugsauriers verdreht und mehrfach
geknickt. Nachdem der Fisch untergetaucht war, ertrank
der Flugsaurier in kurzer Zeit. Mit dem sperrigen Flugsaurier im Maul fiel der Fisch immer tiefer bis in die lebens-
feindliche sauerstoffarme Tiefenschicht. Der Fisch erstickte
und sank mit dem Kopf voran zum Meeresgrund. Dort
wurden der Raubfisch und der mit seiner Flughaut zwischen
seinen Zähnen festhängende Flugsaurier eingebettet.
Etwa 150 Millionen Jahre später hat man den Flugsaurier
und den Schnabelfisch von Wintershof bei Eichstätt zusammen gefunden. Im Bauchraum des *Rhamphorhynchus*
befindet sich ein kleiner Knochenfisch. Ein weiterer, noch
nicht verschluckter kleiner Fisch der Gattung *Leptolepides*
steckt in der Speiseröhre des Flugsauriers. Bisher liegen
mindestens fünf Funde vor, bei denen ein Schnabelfisch
der Gattung *Aspidorhynchus* zusammen mit einem Flugsaurier der Gattung *Rhamphorhynchus* eingebettet worden ist Bei
allen Funden liegt der Schnabelfisch-Schädel jeweils in un-
mittelbarer Nähe zu den Knochen des Flugsauriers.

Literatur

DINODATA.DE: *Rhamphorhynchus muensteri.*
https://dinodata.de/animals/pterosaurs/pages_r/
rhamphorhynchus.php

FREY, Eberhard / TISCHLINGER, Helmut: The Late
Jurassic Pterosaur *Rhamphorhynchus*, a Frequent Victim of
the Ganoid Fish Aspidorhynchus? In: PLoS One 7 (3):
doi: 10.1371/journal.pone.0031945. 2012.

GOLDFUSS, August: Beiträge zur Kenntnis verschiedener
Reptilien der Vorwelt. In: Nova Acta Academiae Leopol-
dinae 15: S. 61–129, 1831.

KRESS, Theo: Museum beim Solenhofer Aktien-Verein.
Herausgegeben von Dr. Theo Kress, Freunde des Museums
beim Solenhofer Aktien-Verein e. V., Maxberg 1959.

MALZ, Heinz: Es war kein Aprilscherz. In: Solnhofener
Plattenkalk. Eine Welt in Stein. Herausgegeben von Dr.
Theo Kress, Freunde des Museums beim Solenhofer
Aktien-Verein e. V., S. 105, Maxberg 1976.

PROBST, Ernst: Pioniere der Urzeitforschung. Georg
August Goldfuß. In: Deutschland in der Urzeit. Von der
Entstehung des Lebens bis zum Ende der Eiszeit. S. 384,
München 1986.

TISCHLINGER, Helmut: Ein Sammler, wie es keinen
zweiten vor ihm gegeben hat – Zum 150. Todestag des
„Solnhofen-Sammlers" Graf Münster. In. Archaeoptryx
123. S. 55-68, Eichstätt 1994.

TISCHLINGER, Helmut / FREY, Eberhard: „Darkwing"
und „Flugfrosch". In: ARRATIA, Gloria / SCHULTZE,
Hans-Peter / TISCHLINGER, Helmut / VIOHL, Günter
(Herausgeber): Solnhofen. Ein Fenster in die Jurazeit 2, S.
465, München 2015.

TISCHLINGER, Helmut /FREY, Eberhard: Sonderfälle:

Rhamphorhynchus versus *Aspidorhynchus*. In: ARRATIA, Gloria / SCHULTZE, Hans-Peter / TISCHLINGER, Helmut / VIOHL, Günter (Herausgeber): Solnhofen. Ein Fenster in die Jurazeit 2, S. 480, München 2015.

TISCHLINGER, Helmut / FREY, Eberhard „Dino": Ein *Rhamphorhynchus* (Pterosauria, ReptiIia) mit ungewöhnlicher Flughauterhaltung aus dem Solnhofener Plattenkalk. In: Archaeopteryx 20: S. 1–28, Mai 2020.

WELLNHOFER, Peter: *Rhamphorhyncus muensteri*. Goldfuss 1831. In: Flugsaurier. S. 72–73, Wittenberg Lutherstadt 1980.

WELLNHOFER, Peter: *Rhamphorhynchus*. In: Solnhofener Plattenkalk: Urvögel und Flugsaurier. Herausgegeben von Dr. Theo Kress, Freunde des Museums beim Solnhofer Aktien-Verein e.V. S. 38, Maxberg 1983.

WIKIPEDIA (Online-Lexikon): Eberhard Frey (Paläontologe).
https://de.wikipedia.org/wiki/
Eberhard_Frey_(Pal%C3%A4ontologe)

WIKIPEDIA (Online-Lexikon): Samuel Thomas von Soemmering.
https://de.wikipedia.org/wiki/
Samuel_Thomas_von_Soemmerring

WIKIPEDIA (Online-Lexikon): Helmut Tischlinger.
https://de.wikipedia.org/wiki/Helmut_Tischlinger

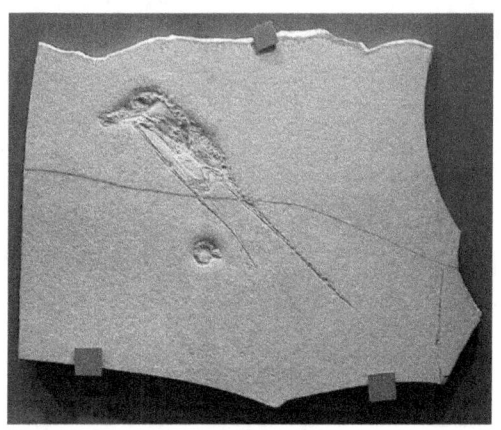

Flugsaurier Rhamphorhynchus intermedius
(„Mittlere Schnabel-Schnauze")
mit halbverdautem Fisch als Mageninhalt.
Original im Jura-Museum, Eichstätt.
Foto: digital cat / CC BY 2.0 (via Wikimedia Commons),
lizensiert unter Creative Commons-Lizenz by-2.0,
https://creativecommons.org/licenses/by/2.0/legalcode

Mittlere Schnabel-Schnauze

Der Langschwanz-Flugsaurier *Rhamphorhynchus intermedius*

Der mittelgroße Langschwanz-Flugsaurier *Rhamphorhynchus intermedius* wurde 1937 von dem chinesischen Paläontologen Ting-Pong Koh (1906–1995) aus Nanking, der 1936 in München promovierte, im „Neuen Jahrbuch für Mineralogie, Geologie und Paläontologie" erstmals wissenschaftlich beschrieben. Der Titel seiner Doktorarbeit lautete: „Untersuchungen über die Gattung *Rhamphorhynchus*".

Die Erstbeschreibung von *Rhamphorhynchus intermedius* („Mittlere Schnabel-Schnauze") erfolgte anhand eines Fundes von 1934 aus dem Steinbruch von Hans Löffler in Langenaltheim (Mittelfranken) in Bayern. Wie erwähnt, bedeutet der Gattungsname *Rhamphorhynchus* „Schnabel-Schnauze". Der Artname besteht aus den lateinischen Namen inter und medius und bedeutet „in der Mitte liegend". „In der Mitte liegend" war für Koh offenbar das von ihm beschriebene Exemplar. Dabei bezog er sich wohl vor allem auf die Merkmals-Kombinationen größerer oder kleinerer anderer Exemplare.

Die Publikation von Koh aus dem Jahr 1937 über *Rhamphorhynchus* wird als „Klassiker" bezeichnet. Koh arbeitete an der Tsinghua-Universität in Peking und an der Zentraluniversität in Nanking und zog nach 1949 nach Taiwan, wo er an der Taiwan Normal University in Taipeh lehrte. Später ließ er sich in den USA nieder und starb dort in Berkeley (Kalifornien) im Alter von 89 Jahren.

Bei dem erwähnten Fund aus Langenaltheim handelt es sich um fossile Schädel- und Skelettreste. Der Holotypus, anhand dessen von Koh die Gattung und die Art von *Rham-*

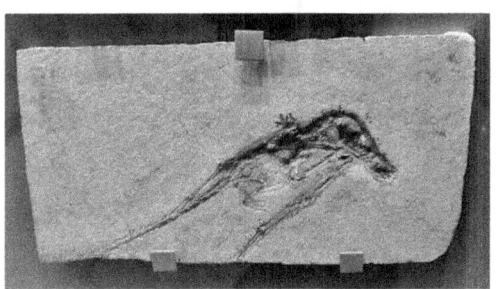

Flugsaurier Rhamphorhynchus intermedius.
Original im Jura-Museum, Eichstätt.
Foto: Ghedoghedo / CC BY-SA 4.0 (via Wikimedia Commons),
lizensiert unter Creative Commons-Lizenz by-sa-4.0,
https://creativecommons.org/licenses/by-sa/4.0/legalcode

phorhynchus intermedius beschrieben und benannt wurden, befindet sich in der Bayerischen Staatssammlung und hat die Inventar-Nummer BSM 1934 I 36.

Fundorte von *Rhamphorhynchus intermedius* sind Solnhofen und Langenaltheim in Mittelfranken sowie Eichstätt, Wintershof (ein Stadtteil von Eichstätt), Workerszell (ein Gemeindeteil der Großgemeinde Schernfeld) bei Eichstätt und Zandt (ein Ortsteil von Denkendorf) bei Eichstätt in Oberbayern. 1973 waren sechs Exemplare von *Rhamphorhynchus intermedius* bekannt.

Auf einer Zeichnung in „Die große Enzyklopädie der Flugsaurier" (1993) von Peter Wellnhofer ist *Pterodactylus intermedius* unter den damals fünf aus den Solnhofener Plattenkalken bekannten Arten der Gattung *Rhamphorhynchus* der Viertgrößte. Vor ihm rangieren *Rhamphorhynchus longiceps, Rhamphorhynchus gemmingi* und *Rhamphorhynchus muensteri*. Nach ihm folgt *Rhamphorhynchus longicaudus* als Kleinster.

Die Schädel von *Rhamphorhynchus intermedius* sind fünf bis sechseinhalb Zentimeter lang. Kurz und am Unterkiefer hakenförmig nach oben gekrümmt sind die Hornscheiden vor den Kieferspitzen. Der Unterkiefer überragt die Länge des Oberkiefers nicht. Im Oberkiefer befinden sich Zähne fast bis zur Spitze. Die ersten drei Zähne sind schräg nach vorn gerichtet. Der Schwanz endet mit einem schmalen, lanzettförmigen, senkrecht stehenden Hautsegel. Das Schwanzsegel hatte bei jeder Art von *Rhamphorhynchus* eine andere Form. Es wirkte im Flug wie ein Schlepprruder.

Im Jura-Museum Eichstätt ist die Leihgabe eines Fundes von *Rhamphorhynchus intermedius* von Wintershof (Oberbayern) zu bewundern. Das Besondere an diesem Exemplar mit 5,5 Zentimeter langem Schädel ist ein halbverdauter Fisch im Bauchraum zwischen den Rippen. Am Schwanz-

Ende jenes Langschwanz-Flugsauriers ist der Abdruck eines ovalen Schwanzsegels zu erkennen. Ein Foto des *Rhamphorhynchus intermedius* von Wintershof (seit 1978 ein Stadtteil von Eichstätt) befindet sich im Band „Solnhofen. Ein Fenster in die Jurazeit 2" (2015) im Kapitel „Flugsaurier (Pterosauria)" von Helmut Tischlinger und Eberhard Frey. Dort wird darauf hingewiesen, dass der amerikanische Paläontologe S. Christopher Bennett diesen Fund als *Rhamphorhynchus muensteri* bezeichnet. Der Schwanz jenes besonderen Exemplars ist länger als Schädel und Rumpf zusammen.

Ein prächtig erhaltener Langschwanz-Flugsaurier der Art *Rhamphorhynchus intermedius* aus Solnhofen (Mittelfranken) wird im Naturhistorischen Museum Wien aufbewahrt. Dieses Fossil mit der Inventar-Nummer 1998z0077/0001 hat eine Flügelspannweite von etwa 60 Zentimetern. Der Prachtfund ist ebenfalls in dem Band „Solnhofen. Ein Fenster in die Jurazeit 2" (2015) abgebildet.

Der österreichische Paläontologe Othenio Abel (1875–1946) betrachtete die Langschwanz-Flugsaurier der Gattung *Rhamphorhynchus* als Fischjäger. Nach seiner Ansicht umflatterten sie wie Möwen die Riffe und holten aus den Meereswogen ihre Fischbeute, die ihnen in den Solnhofener Gewässern reichlich zur Verfügung stand. Abel meinte, Flugsaurier hätten in großen Scharen das Gebiet der Strandriffe in Bayern bevölkert.

Laut der 1995 veröffentlichten Studie des amerikanischen Paläontologen S. Christopher Bennett ist *Rhamphorhynchus intermedius* mit *Rhamphorhynchus muensteri* identisch. Demzufolge hießen die angeblich drittgrößte und viertgrößte Art der Gattung *Rhamphorhynchus* aus den Solnhofener Plattenkalken *Rhamphorhynchus muensteri*.

Literatur

BENNETT, S. Christopher: A Statistical Study of *Rhamphor-hynchus* from the Solnhofen Limestone of Germany: Year-Classes of a Single Large Species. In: Journal of Paleontology 69 (3): S. 569–580, Mai 1995.

KOH, Ting-Pong: Untersuchungen über die Gattung *Rhamphorhynchus*. In: Neues Jahrbuch für Mineralogie, Geologie und Paläontologie. Beilage-Band 77: S. 455–506, 1937

NATURHISTORISCHES MUSEUM WIEN: *Ramphorhynchus intermedius*.
http://objekte.nhm-wien.ac.at/objekt/th1544/ob1551

REPTILE EVOLUTION.COM: *Rhamphorhynchus intermedius*.
http://www.reptileevolution.com/rhamphorhynchus-n28.htm

TISCHLINGER, Helmut /FREY, Eberhard: Flugsaurier (Pterosauria). In: ARRATIA, Gloria / SCHULTZE, Hans-Peter / TISCHLINGER, Helmut / VIOHL, Günter (Herausgeber): Solnhofen. Ein Fenster in die Jurazeit 2, S. 459–480, München 2015.

WIKIPEDIA (Online-Lexikon): Langenaltheim.
https://de.wikipedia.org/wiki/Langenaltheim

WIKIPEDIA (Online-Lexikon): Wintershof.
https://de.wikipedia.org/wiki/Wintershof

WIKIPEDIA (Online-Lexikon): Workerszell.
https://de.wikipedia.org/wiki/Workerszell

WIKIPEDIA (Online-Lexikon): Zandt (Denkendorf).
https://de.wikipedia.org/wiki/Zandt_(Denkendorf)

YUAN, Tung-Li: Guide to Doctoral Dissertations by Chinese Students in Continental Europe 1907–1962.

*Langschwanz-Flugsaurier Rhamphorhynchus longicaudus
auf einer Solnhofener Platte im Museum Bergér
auf dem Harthof bei Eichstätt in Oberbayern.
Foto: Ghedoghedo / CC BY-SA 4.0 (via Wikimedia Commons),
lizensiert unter Creative Commons Lizenz by-sa-4.0,
https://creativecommons.org/licenses/by-sa/4.0/legalcode*

Langschwänzige Schnabel-Schnauze

Der Langschwanz-Flugsaurier *Rhamphorhynchus longicaudus*

Ein Zwerg unter den Arten der Gattung *Rhamphorhynchus*
im Solnhofen-Archipel ist *Rhamphorhynchus longicaudus*
(„Langschwänzige Schnabel-Schnauze"). Mit einer Schädellänge von drei Zentimetern und einer Flügelspannweite
bis zu vierzig Zentimetern gilt dieser als die kleinste Spezies des Langschwanz-Flugsauriers *Rhamphorhynchus* aus den
Solnhofener Plattenkalken in Bayern.
Rhamphorhynchus longicaudus wurde 1839 von Georg Graf zu
Münster (1776–1844) aus Bayreuth im „Neuen Jahrbuch
für Mineralogie, Geognosie, Geologie und Petrefaktenkunde" erstmals beschrieben. Münster hatte im Juli viele Stein-
brüche zwischen Monheim und Regensburg sowie öffent-
liche und private Sammlungen besucht und dabei neue Arten von Insekten, Krebsen, Fischen und Reptilien vorge-
funden. Zu den Funden, die eine vorläufige Bekanntmachung verdienten, gehörte „eine ganz neue Art *Pterodactylus*,
welche sich von den bisher bekannten Arten durch den
dünnen und sehr langen Schwanz auszeichnet, da er länger
als die vereinigte Wirbelsäule des Halses und des Leibes ist,
während die übrigen bekannten Arten nur ein ganz kurzes
Schwänzchen haben." Sämtliche Knochen seien sehr fein,
vorzüglich die Arm-, Bein- und Fingerknochen feiner als
beim *Pterodactylus brevirostris*, obgleich sie doppelt so lang
seien. Der Schnabel sei kurz, mit langen scharfen Zähnen
besetzt, und der Unterkiefer desselben kürzer als der Oberkiefer, die Halswirbel verhältnissmäßig kürzer als bei den
übrigen bekannten Arten. Er schlage den Namen *Pterodactylus longicaudus* vor, erklärte Graf Münster. Dieses Indi-

Georg Graf zu Münster (1776–1844),
Erstbeschreiber von Rhamphorhynchus longicaudus.
Porträt eines unbekannten Künstlers

viduum stamme aus den „Solenhofer Schiefer-Brüchen".
Soweit die erste wissenschaftliche Beschreibung des Langschwanz-Flugsauriers *Rhamphorhynchus longicaudus,* wie diese
Art später hieß.
Der in Langelage (Westfalen) geborene und in Bayreuth ge-
storbene Graf zu Münster gilt als einer der Pioniere der
Urzeitforschung. Dieser bayerische Kammerherr und Regie-
rungsdirektor in Bayreuth sammelte in seiner Freizeit und
auf Reisen zusammen mit seinem Diener Dietrich zahlreiche Fossilien und beschrieb sie. Seine Privatsammlung war
eine der umfangreichsten und bedeutendsten der damaligen
Zeit. Auf seine Initiative geht die Kreissammlung in Bayreuth zurück. An ihn erinnern etliche Gattungs- und Artnamen.
Ein *Rhamphorhynchus longicaudus* aus den Solnhofer Plattenkalken von einem unbekannten Fundort aus der Stufe
Tithonium oder Kimmeridgium des Oberjura wird im Museum für Naturkunde der Humboldt-Universität zu Berlin
aufbewahrt. Dieser Flugsaurier hat eine Schädellänge von
6,5 Zentimetern.
Bei einem Fund von *Rhamphorhynchus longicaudus* aus den
Solnhofener Plattenkalken von Eichstätt in Oberbayern mit
einer Flügelspannweite von 42 Zentimetern sind Abdrücke
der Flughäute und des Schwanzsegels mit rautenförmigem
Ende zu sehen. Jenes Fossil wird in der Bayerischen Staatssammlung für Paläontologie und Geologie, München, aufbewahrt.
Rhamphorhynchus longicaudus hatte einen kleinen, drei bis
sechseinhalb Zentimeter langen, gestreckten Schädel mit
langer Schnauze. Sein Unterkiefer überragte den Oberkiefer. Die Kieferspitzen waren zahnlos, die Zähne im
vorderen Kieferabschnitt lang, schräg nach vorn und außen

außen gerichtet. Im hinteren Kieferabschnitt befanden sich kürzere und weniger geneigte Zähne. In jeder Hälfte des Oberkiefers standen zehn und in jeder Hälfte des Unterkiefers sieben Zähne. Jeder der beiden Flugfinger erreichte nicht die zehnfache Länge des Oberarmbein-Knochens. Das vierte Glied des Flugfingers übertraf meist die Länge des dritten Gliedes.

Wie erwähnt, betrachtete 1995 der amerikanische Paläontologe S. Christopher Bennett *Rhamphorhynchus muensteri* als einzige gültige Art der Gattung *Rhamphorhynchus* aus den Solnhofener Plattenkalken. Für ihn war *Rhamphorhynchus longicaudus* nur ein Jungtier von *Rhamphorhynchus muensteri* und somit ein Synonym dieser Art.

Literatur

BÜRGERMEISTER-MÜLLER-MUSEUM in Solnhofen im Naturpark Altmühltal: Flugsaurier *Rhamphorhynchus* und *Pterodactylus*
www.das-altmuehltal.de/solnhofen/museum/
flugsaurier.htm
HAUBOLD, Hartmut / DABER, Rudolf: *Rhamphorhynchus* MEYER, 1847. In: Fachlexikon ABC. Fossilien, Minerale und geologische Begriffe. S. 349, Frankfurt am Main 1989.
MÜNSTER, Georg Graf zu: Über einige neue Versteinerungen in den lithographischen Schiefern von Baiern. In: Neues Jahrbuch für Mineralogie, Geognosie, Geologie und Petrefaktenkunde, S. 412–416, Stuttgart 1839.
PROBST, Ernst: Pioniere der Urzeitforschung. Georg Graf zu Münster. In: Deutschland in der Urzeit. Von der Entstehung der Erde bis zum Ende der Eiszeit. S. 386, München 1986.
WELLNHOFER, Peter: Die Rhamphorhynchoidea (Ptero-

sauria) der Oberjura-Plattenkalke Süddeutschlands, Teil III: Palökologie und Stammesgeschichte. In: Palaeontographica, Abteilung A, Band A 149, Lieferung 1–3, S. 1–30, 1. Januar 1975.

WELLNHOFER, Peter: *Rhamphorhynchus longicaudus* Goldfuss Münster 1839. In: Flugsaurier. S. 71, Wittenberg Lutherstadt 1980.

WELLNHOFER, Peter: Die Langschwanzflugsaurier. In: Solnhofener Plattenkalk: Urvögel und Flugsaurier. Herausgegeben von Dr. Theo Kress, Freunde des Museums beim Solnhofer Aktien-Verein e.V. S. 37 Maxberg 1983.

WELLNHOFER, Peter: *Rhamphorhynchus*. In: Die große Enzyklopädie der Flugsaurier. Illustrierte Naturgeschichte der fliegenden Saurier. 100 Arten auf über 400 Fotos und Illustrationen. S. 83–84, München 1993.

WIKIPEDIA (Online-Lexikon): *Rhamphorhynchus*. https://de.wikipedia.org/wiki/Rhamphorhynchus

Reproduktion des Originalfundes aus Eichstätt in Oberbayern,
anhand dessen 1831 der Flugsaurier Scaphognathus crassirostris
(„Dick-Schnabel" oder „Wannen-Kiefer")
von dem Bonner Paläontologen Georg August Goldfuß (1782–1848)
erstmals beschrieben wurde.
Reproduktion im Cleveland Natural History Museum
in Cleveland, Ohio (USA).
Foto: Tim Evanson / https://www.flickr.com/photos/timevanson/
30985163447 / CC BY-SA 2.0 (via Wikimedia Commons),
lizensiert unter Creative Commons-Lizenz by-sa-2.0,
https://creativecommons.org/licenses/by-sa/2.0/legalcode

Der Wannen-Kiefer

Der Langschwanz-Flugsaurier *Scaphognathus crassirostris*

Lediglich drei der schätzungsweise 500 Flugsaurier-Funde aus den Solnhofener Plattenkalken in Bayern stammen vom Langschwanz-Flugsaurier *Scaphognathus crassirostris*. Das entspricht nur ungefähr 0,6 Prozent der Funde.

Der erste Fossilfund dieser selten nachgewiesenen Spezies stammt aus Eichstätt in Oberbayern. Er wurde 1831 von dem Bonner Professor für Zoologie und Paläontologie, Georg August Goldfuß (1782–1848), als *Pterodactylus crassirostris* beschrieben. Dreißig Jahre später stellte 1861 der Münchner Zoologe Johann Andreas Wagner (1797–1861) die Gattung *Scaphognathus* („Wannen-Kiefer") auf. Fortan hieß die Art *Scaphognathus crassirostris*.

Goldfuß hat den Fund aus Eichstätt selbst präpariert, bevor er ihn untersuchte. Jenes Exemplar wird heute in der Sammlung des Goldfuß-Museums der Universität Bonn aufbewahrt. Bei diesem Fossil handelt es sich um einen der ersten entdeckten Flugsaurier und um den ersten Langschwanz-Flugsaurier. Es war ein erwachsenes Tier mit einem 11,6 Zentimeter langen Schädel und einer Flügelspannweite von 90 Zentimetern. Der Schwanz blieb nicht erhalten.

Beim Eichstätter *Scaphognathus* sind die Rippen des Brustkorbs und die kräftigen Flügelknochen zu erkennen. Die Knochen der kleinen Finger liegen an der Schnauzenspitze. Es sieht so aus, als würde der Flugsaurier damit Beute zum Maul führen. Am Rücken sowie zwischen dem Schädel und den Flugarm-Knochen sind haar- und fiederartige Strukturen zu sehen.

Abbildung des Holotypus, anhand dessen der Flugsaurier
„Pterodactylus" crassirostris 1831 erstmals beschrieben wurde.
Heute heißt diese Art Scaphognathus crassirostris
(„Dick-Schnabel" oder „Wannen-Kiefer").
Bild: Christian Hohe (1798–1868),
(via Wikimedia Commons),
Lizenz: gemeinfrei (Public domain)

Die von Goldfuß als eine Art Mähne beschriebenen Haare sind keine Haare wie bei Säugetieren. Man bezeichnet sie als Pycnofasern. 2018 wurden solche haarartigen Strukturen und Weichteil-Erhaltung beim Bonner *Scaphognathus* durch neue fotografische Methoden endgültig nachgewiesen.

Der Bonner Paläontologe Goldfuß fügte seiner Publikation als erster Forscher eine Abbildung von Flugsauriern als lebende Tiere in ihrem Lebensraum bei. Solche Lebensbilder wurden damals auch in England angefertigt. Den eher Karikaturen ähnelnden englischen Illustrationen fehlte aber die wissenschaftliche Begründung.

Goldfuß beauftragte den Universitäts-Zeichenlehrer Christian Hohe (1798–1868) damit, den Eichstätter Flugsaurier mit Lithografien abzubilden. Mit einer Illustration von zwei *Scaphognathus*-Exemplaren mit Haut und Haaren, einer im Flug, ein anderer an einer Klippe hängend, brachte der Bonner Paläontologe seine Theorien über die Lebensweise des Flugtieres eindrucksvoll zur Geltung. Von da ab begann die Forschung, Darstellungen von lebendigen Sauriern ernst zu nehmen und wissenschaftlich zu nutzen. Eine andere Lithographie zeigte den Eichstätter Flugsaurier als Fossil.

Georg August Goldfuß, der Erstbeschreiber von *Scaphognathus*, wurde 1782 in Thurnau bei Bayreuth geboren und 1805 in Erlangen Doktor der Medizin, war Mitdirektor des Naturhistorischen Museums in Erlangen, Redakteur und Hauslehrer. 1811 übertrug man ihm die Professur für Naturgeschichte und Botanik in Erlangen. Ab 1818 war er Professor in Bonn. Er entdeckte und beschrieb ungefähr 200 Fossilien.

Der Erstfund von *Scaphognathus crassirostris* wurde 2021 von der Paläontologischen Gesellschaft zum „Fossil des Jahres"

Lithographie des Bonner Zeichenlehrers
Christian Hohe (1798–1868)
aus der Erstbeschreibung von Scaphognathus crassirostris
durch den Bonner Paläontologen
Georg August Goldfuß (1782–1848) von 1831.
Ein Flugsaurier fliegt, ein anderer hängt an einer Klippe.

erklärt. Diese Auszeichnung gibt es seit 2008 für einzelne Fossilien oder ausgestorbene Arten.

Der zweite Fund von *Scaphognathus* wurde 1975 von dem Münchner Paläontologen Peter Wellnhofer beschrieben. Dieses Fossil stammt aus den Solnhofener Plattenkalken von Mühlheim, etwa drei Kilometer südlich von Solnhofen in Mittelfranken. Jener Flugsaurier war bei der Einbettung in den Meeresschlamm bereits etwas zerfallen, ist nur etwa halb so groß wie der Fund aus Eichstätt, hat einen 6,5 Zentimeter langen Schädel, eine Flügelspannweite von etwa 50 Zentimetern und einen langen, flexiblen Schwanz. Anhand dieses Fossils wurde die Zugehörigkeit der Gattung zu den Langschwanz-Flugsauriern erkannt. Nach dem geringeren Verknöcherungsgrad des kleineren *Scaphognathus* aus Mühlheim zu schließen, handelt es sich dabei um ein nicht voll ausgewachsenes Jungtier. Der zweite *Scaphognathus*-Fund befindet sich im Fossilien- und Steindruck-Museum in Gunzenhausen (früher: Museum beim Solenhofer Aktien-Verein Maxberg oberhalb Mörnsheim und Solnhofen).

Der dritte Fund von *Scaphognathus* kam irgendwann in den 1940er Jahren vermutlich in der näheren Umgebung von Solnhofen in Mittelfranken zum Vorschein. Das seltene Fossil erhielt einen starken Lacküberzug und wurde kurioserweise in die Außenwand eines Ferienhauses in Ansbach eingebaut. Als der Besitzer in den 1990er Jahren den Wert des Exemplars erkannte, verkaufte er den Flugsaurier an das Staatliche Museum für Naturkunde in Stuttgart. Es handelt sich um das bisher kleinste Jungtier von *Scaphognathus* in ausgezeichneter Erhaltung und bester Präparation. 2014 hat der amerikanische Paläontologe S. Christopher Bennett den dritten *Scaphagnathus* im „Neuen Jahrbuch für Paläontologie und Geologie" beschrieben.

Lebensbild des Langschwanz-Flugsauriers
Scaphognathus crassirostris („Dick-Schnabel"
oder „Wannen-Kiefer").
Bild: Dmitry Bogdanov / CC BY-SA 3.0
(via Wikimedia Commons),
lizensiert unter Creative Commons-Lizenz by-sa-3.0,
https://creativecommons.org/licenses/by-sa/3.0/legalcode

Der Gattungsname *Scaphognathus* heißt zu deutsch „Wannen-Kiefer", der Artname *crassirostris* bedeutet „dickschnabelig". Weil der von Goldfuß untersuchte und 1831 beschriebene *Scaphognathus* im der Schwanzgegend nicht erhalten ist, glaubte der Bonner Wissenschaftler, es handle sich um einen Kurzschwanz-Flugsaurier der Gattung *Pterodactylus*. Doch beim zweiten Fund aus Mühlheim blieb der lange Schwanz erhalten, weshalb man *Scaphognathus* zu den Langschwanz-Flugsauriern rechnen kann.

Laut Online-Lexikon „Wikipedia" trat *Scaphognathus* im Oberjura vom Kimmeridgium bis zum Tithonium vor 157,3 bis 145 Millionen Jahren auf. Er trug einen kürzeren, gedrungeren Schädel als der ebenfalls aus den Solnhofener Plattenkalken bekannte Langschwanz-Flugsaurier *Rhamphorhynchus*.

Untersuchungen des Schädels von *Scaphognathus crassirostris* zeigten, dass dieser Flugsaurier ein relativ großes Gehirn besaß. Jenes war vom Aufbau her dem von Vögeln ähnlicher als dem von Dinosauriern. Die Bereiche für das Sehen waren sehr stark ausgebildet, die für den Geruchsinn dagegen nur wenig ausgeprägt. Das Kleinhirn von *Scaphognathus* war ziemlich groß, was ihm vermutlich gut koordinierte Bewegungsabläufe ermöglichte.

Die vor den Augen gelegenen Schädel-Durchbrüche von *Scaphognathus* sind merklich größer als bei *Rhamphorhynchus*. Im Oberkiefer von *Scaphognathus* befinden sich achtzehn Zähne und im Unterkiefer zehn Zähne. Die Zähne von *Scaphognathus* stehen senkrecht in den stumpf endenden Kiefern. Weil der Oberkiefer am Ende etwas nach oben geht, berühren sich die Kiefer-Enden bei geschlossenem Maul nicht. Ob der Kiefer zum Fang von Fischen oder von Insekten angepasst war, weiß man nicht.

Literatur

BENNETT, S. Christopher: A new specimen of the pterosaur *Scaphognathus crassirostris*, with comments on constraint of cervival vertebrae number in pterosaurs. In: Neues Jahrbuch für Geologie und Paläontologie. Abhandlungen 271 (3): S. 327–348, Stuttgart 2014.

COX, Barry / DIXON, Dougal / GARDINER, Brian / SAVAGE, R. J. G.: *Scaphognathus*. In: Die große Enzyklopädie der prähistorischen Tierwelt. Dinosaurier und andere Tiere der Vorzeit. S. 105, München 1989.

DINOSAUR WIKI: *Scaphognathus*.
https://dinosaurier.fandom.com/de/wiki/Scaphognathus

GOLDFUSS, Georg August: Beiträge zur Kenntnis verschiedener Reptilien der Vorwelt. In: Nova Acta Physico-Medica Academiae Caesareae Leopoldina Carolinae Naturae Curiosum 15: S. 1–128, Breslau und Bonn 1831.

KNAUS, Philipp: Fossil des Jahres 2021. In: Universität Bonn. Goldfuß-Museum.

MALZ, Heinz: Langschwanz-Flugechse. *Scaphognathus crassirostris* (GOLDFUSS 1831). In: Solnhofener Plattenkalk: Eine Welt in Stein. Herausgegeben von Dr. Theo Kress, Freunde des Museums beim Solenhofer Aktien-Verein e. V. S. 100, Maxberg 1976.

PROBST, Ernst: Pioniere der Urzeitforschung. Georg August Goldfuss. In: Deutschland in der Urzeit. Von der Entstehung des Lebens bis zum Ende der Eiszeit. S. 384, München 1986.

WAGNER, Johann Andreas: Uebersicht über die fossilen Reptilien des lithographischen Schiefers in Bayern nach ihren Gattungen und Arten. In: Sitzungsberichte der königlich bayerischen Akademie der Wissenschaften zu München. Theil 1: S. 497–535, 1861.

WELLNHOFER, Peter: *Scaphognathus crassirostris* (Goldfuss 1831). In: Flugsaurier. S. 81, Wittenberg Lutherstadt 1980.

WELLNHOFER, Peter: *Scaphognathus*. In: Solnhofener Plattenkalk: Urvögel und Flugsaurier. Herausgegeben von Dr. Theo Kress, Freunde des Museums beim Solenhofer Aktien-Verein e.V. S. 42, Maxberg 1983.

WELLNHOFER, Peter: *Scaphognathus und Anurognathus*. In: Die große Enzyklopädie der Flugsaurier. Illustrierte Naturgeschichte der fliegenden Saurier. 100 Arten auf über 400 Fotos und Illustrationen. S. 90–93, München 1993.

WIKIPEDIA (Online-Lexikon): *Scaphognathus*. https://de.wikipedia.org/wiki/Scaphognathus

Langschwanz-Flugsaurier Anurognathus ammoni
im Staatlichen Museum für Naturkunde Karlsruhe.
Foto: Ghedoghedo / CC BY-SA 4.0 (via Wikimedia Commons),
lizensiert unter Creative Commons-Lizenz by-sa-4.0,
https://creativecommons.org/licenses/by-sa/4.0/legalcode

Der Schwanzlos-Kiefer

Der Langschwanz-Flugsaurier *Anurognathus ammoni*

Vom kleinen und grazilen Langschwanz-Flugsaurier *Anuro-gnathus ammoni* liegen bisher aus den Solnhofener Platten-kalken nur zwei Fossilfunde vor. Sie sind auch weltweit die einzigen Funde dieser Art.

Beim ersten Fund handelt es sich um den Negativ-Abdruck eines Skelettrestes auf der Oberfläche einer Gesteinsplatte aus Eichstätt in Oberbayern. Jener seltene Fund wurde 1923 von dem Münchner Zoologen Ludwig Döderlein (1855–1936) als *Anurognathus ammoni* beschrieben. Der Gattungsname *Anurognathus* bedeutet „Schwanzlos-Kiefer". Trotz seines kurzen, zurückgebildeten Schwanzes gehört *Anurognathus* wegen anderer Merkmale zu den Lang-schwanz-Flugsauriern. Er gilt als der einzige kurzschwän-zige Langschwanz-Flugsaurier. Sein kurzer Stummel-schwanz besteht aus elf Wirbeln. Der Artname *ammoni* er-innert an den Münchner Geologen und Paläontologen Lud-wig von Ammon (1850–1922).

Ludwig Döderlein, der 1855 in Bergzabern in der Pfalz ge-borene Erstbeschreiber von *Anurognathus ammoni,* war einer der ersten westeuropäischen Zoologen, die Japan ins Land holte. Von 1879 bis 1881 widmete er sich vor allem mee-reszoologischen Studien. Nach seiner Rückkehr aus Japan wurde Döderlein 1882 Konservator und 1855 Direktor der Zoologischen Sammlung in Straßburg. Ab 1891 war er Pro-fessor in Straßburg. Nach dem Ersten Weltkrieg wurde er 1919 durch die französische Regierung aus dem Elsass aus-gewiesen. Ab 1921 war er Honorarprofessor für Zoologie an der Universität München. Von Ende 1923 bis zum März

Münchner Zoologe Ludwig Döderlein (1855–1936),
Erstbeschreiber des Flugsauriers Anurognathus ammoni.
Bild: Porträt eines unbekannten Künstlers
(via Wikimedia Commons),
Lizenz: gemeinfrei (Public domain)

1927 leitete er die Zoologische Staatssammlung in München. Einen Lehrauftrag für systematische Zoologie an der Universität München übte er von 1923 bis zu seinem Tod aus. Während seiner Münchner Zeit erfolgte seine Beschreibung des Flugsauriers *Anurognathus*.

Im auffallend hohen und kurzen, bloß 3,3 Zentimeter langen Schädel von *Anurognathus* befinden sich kleine, stiftförmige Zähne. Wegen seines breiten Maules gilt *Anurognathus* als Insektenfresser. Sein Hals und seine Mittelhand sind kurz, die fünfte Zehe ist lang. Sein Rumpf ist lediglich fünf Zentimeter lang. Seine Flügel und Hinterbeine sind sehr lang. Seine Flügelspannweite beträgt ungefähr 50 Zentimeter.

Als eine der spektakulärsten Entdeckungen der letzten Jahrzehnte aus den Solnhofener Plattenkalken gilt der 2002 in Eichstätt geborgene zweite Fund eines *Anurognathus ammoni*. Dabei handelt es sich um ein ausgezeichnet erhaltenes Jungtier mit ziemlich hohem, zwei Zentimeter langen Kopf, der breiter als lang ist, und einen neun Zentimeter langen Körper. Im breiten Maul befanden sich spitze, stiftartige Zähne. Jener *Scaphognathus* ernährte sich vermutlich von Insekten.

Der breite Kopf und die Stellung der Hinterbeine erinnern an eine Fledermaus oder an einen Frosch (daher der Spitzname „Flug-Frosch"). Unter UV-Licht sind bei diesem Fund feinste Details seines Knochenbaues und vorzügliche Weichteil-Strukturen wie Einzelheiten der Flughaut sowie Muskelstrukturen an den Oberarmen und Oberschenkeln zu erkennen.

Der Münchner Paläontologe Peter Wellnhofer meinte 1993, *Anurognathus* müsse ein außerordentlich geschickter Flieger gewesen sein. wenn er Libellen oder Holzwespen jagte.

Anurognathus lebte zur selben Zeit wie der Langschwanz-Flugsaurier *Scaphognathus* im Tithonium, einer Stufe des Oberjura. Beide starben gegen Ende der Jurazeit aus.

Literatur

BENNETT, S. Christopher: A second specimen of the pterosaur *Anurognathus ammoni*. In: Paläontologische Zeitschrift 81: S. 376–398, 2007.

COX, Barry / DIXON, Dougal / GARDINER, Brian / SAVAGE, R. J. G.: *Anurognathus*. In: Die große Enzyklopädie der prähistorischen Tierwelt. Dinosaurier und andere Tiere der Vorzeit. S. 105, München 1989.

DINOSAUR WIKI: *Anurognathus*.
https://dinosaurier.fandom.com/de/wiki/Anurognathus

DÖDERLEIN, Ludwig. Über *Anurognathus Ammoni*, ein neuer Flugsaurier. In: Sitzungsberichte der Bayerischen Akademie der Wissenschaften, mathematisch-naturwissenschaftliche Klasse, S. 47–63, München 1923.

TISCHLINGER, Helmut: / FREY, Eberhard: „Darkwing" und „Flugfrosch". In: ARRATIA FUENTES, Gloria / SCHULTZE, Hans-Peter / TISCHLINGER, Helmut / VIOHL, Günter: Solnhofen – Ein Fenster in die Jurazeit. Band 2: S. 465, München 1975.

WELLNHOFER, Peter: *Anurognathus ammoni* DÖDERLEIN 1923. In: Die Pterodactyloidea (Pterosauria) der Oberjura-Plattenkalke Süddeutschlands. In: Bayerische Akademie der Wissenschaften, mathematisch-naturwissenschaftliche Klasse, Abhandlungen, Neue Folge, Heft 141, S. 86, München 1970.

WELLNHOFER, Peter: *Anurognathus ammoni*. Döderlein 1923. In: Flugsaurier. S. 87–88, Wittenberg Lutherstadt 1980.

WELLNHOFER, Peter: *Anurognathus*. In: Solnhofener
Plattenkalk: Urvögel und Flugsaurier. Herausgegeben von
Dr. Theo Kress, Freunde des Museums beim Solenhofer
Aktien-Verein e.V. S. 44, Maxberg 1983.
WIKIPEDIA (Online-Lexikon): *Anuragnathus*.
https://de.wikipedia.org/wiki/Anurognathus
WIKIPEDIA (Online-Lexikon): Ludwig Döderlein.
https://de.wikipedia.org/wiki/Ludwig_D%C3%B6derlein

Langschwanz-Flugsaurier Belubrunnus rothgaengeri
aus einem Steinbruch zwischen Brunn und Wischenhofen
(Kreis Regensburg) in der Oberpfalz.
Mit dem Artnamen rothgaengeri wird die Privat-Paläontologin
und ehrenamtliche Mitarbeiterin des Museums Solnhofen
(früher: Bürgermeister-Müller-Museum),
Monika Rothgänger aus Kallmünz, geehrt.
Foto: Dr. h. c. Helmut Tischlinger, Stammham

Der Hübsche aus Brunn

Der Langschwanz-Flugsaurier *Bellubrunnus rothgaengeri*

Im Sommer 2022 wurde eine privat organisierte wissenschaftliche Ausgrabung im kleinen Steinbruch Brunn, 25 Kilometer nordwestlich von Regensburg im bayerischen Regierungsbezirk Oberpfalz, reich belohnt. Damals entdeckte die Privat-Paläontologin und ehrenamtliche Mitarbeiterin des Museums Solnhofen (früher: Bürgermeister-Müller-Museum), Monika Rothgänger aus Kallmünz, bei der von ihr geleiteten Untersuchung den kleinsten Langschwanz-Flugsaurier aus Europa. Die Ausgrabung erfolgte in Zusammenarbeit mit der Bayerischen Staatssammlung für Paläontologie, München, und dem Museum Solnhofen. Die Fundstelle ist ein Steinbruch bei der „Ortschaft Kohlstatt" zwischen den Orten Brunn und Wischenhofen (Kreis Regensburg) am westlichen Rand der Südfränkischen Alb. In diesem Steinbruch hat man früher Straßenbaustoffe abgebaut. Ungefähr um 1990 hat Monika Rothgänger den Steinbruch Brunn als Fossil-Lagerstätte für die Wissenschaft entdeckt, als sie dort gut erhaltene, etwa 151,5 Millionen Jahre alte Fossilien fand. Bald darauf erfolgten erste wissenschaftliche Ausgrabungen. Wegen ihres hohen geologischen Alters gelten die Funde von Wirbellosen und Wirbeltieren aus dem Steinbruch Brunn als evolutive Vorstufe der Tierwelt aus dem Unteren Tithonium von Solnhofen und Eichstätt. Brunn gilt als älteste Fossilien-Fundstelle im Bereich des Solnhofen-Archipels. Die marine und terrestrische Flora und Fauna von Brunn haben große Parallelen zu den französischen Plattenkalken von Cerin (Département Ain). Funde aus dem Steinbruch Brunn (Kreis

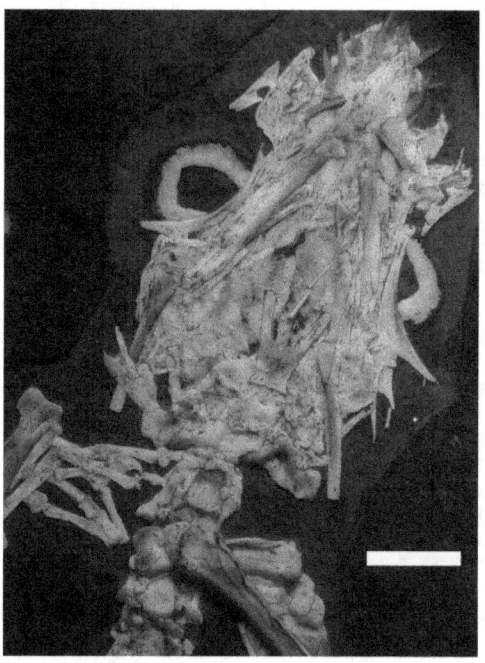

Schädel von Bellubrunnus rothgaengeri
aus einem Steinbruch zwischen Brunn und Wischenhofen
(Kreis Regensburg) in der Oberpfalz.
Aufnahme mit ultraviolettem Licht:
Dr. Helmut Tischlinger, Stammham

Regensburg) werden im Museum Solnhofen präpariert, bearbeitet und größtenteils ausgestellt. Von 1993 bis 2015 leitete der Paläontologe Martin Röper, der Direktor des Museums Solnhofen, die Grabungen des Projekts Plattenkalk- und Fossil-Lagerstätte Brunn. Der Steinbruch Brunn ist heute ein geschütztes Gelände, das der geologischen Forschung vorbehalten ist.

Der im Sommer 2002 geborgene Neufund eines Flugsauriers wurde von Martin Kapitzke, Präparator des Stuttgarter Naturkundemuseums, in seiner Freizeit präpariert. 2003 kam das Fossil in das Museum Solnhofen. Dort wird es heute noch aufbewahrt, ist aber Eigentum der Bayerischen Staatssammlung für Paläontologie.

Im Juli 2012 wartete die international renommierte Online-Fachzeitschrift „PloS ONE" mit einer wissenschaftlichen Sensation auf. Ein deutsch-britisches Team von Wissenschaftlern – David W. E. Hone (Universität Bristol), Helmut Tischlinger (Jura-Museum Eichstätt), Eberhard Frey, genannt Dino-Frey (Naturkundemuseum Karlsruhe) und Martin Röper (Museum Solnhofen) veröffentlichte die Erstbeschreibung des im Sommer 2002 im Steinbruch Brunn entdeckten Flugsauriers. Das Überraschende daran: Der Flugsaurier aus den Oberjura-Plattenkalken von Brunn in der Oberpfalz ist mit einer Gesamtlänge von nur 14 Zentimetern der kleinste Langschwanz-Flugsaurier in Europa. Die vier Erstbeschreiber gaben dem Jungtier der fliegenden Echse den wissenschaftlichen Namen *Bellubrunnus rothgaengeri*. Der Gattungsname *Bellubrunnus* (lateinisch: bellus = hübsch) erinnert an die ungewöhnlich gute Erhaltung des Fossils und an den Fundort Brunn. Mit dem Artnamen *rothgaengeri* wird die Entdeckerin Monika Rothgänger aus Kallmünz geehrt. Deren Lebenswerk ist die Ent-

David W. E. Hone, Erstbeschreiber von Bellubrunnus rothgaengeri,
mit einem Knochen von Quetzalcoatlus northropi in den Händen.
Hone wurde 2023 in der „List of ptereosaur genera" von
„Wikipedia" als Erstbeschreiber von Bellubrunnus 2012,
Cryodrakon 2019, Luchibang 2020 und Luopterus 2020 erwähnt.
Foto: David W. E. Hone (Universität Bristol), Privatarchiv

Helmut Tischlinger (freier Mitarbeiter des Jura-Museums, Eichstätt),
Erstbeschreiber von Bellubrunnus rothgaengeri.
Er war bereits an drei Erstbeschreibungen von Flugsauriern beteiligt:
Aurorazhdarcho 2011, Bellubrunnus 2012
und Balaenognathus 2023.
Foto: Dr. h. c. Helmut Tischlinger, Stammham, Privatarchiv

Prof. emer. Dr. Eberhard „Dino" Frey, einer der Erstbeschreiber
des Langschwanz-Flugsauriers Bellubrunnus rothgaengeri bei Brunn.
Bereits als Neunjähriger erhielt er den Spitznamen „Dino".
Der weltweit bekannte, namhafte Dinosaurier- und Flugsaurier-
Forscher arbeitete am Hessischen Landesmuseum in Darmstadt
und am Staatlichen Museum für Naturkunde Karlsruhe, nahm im
In- und Ausland an Ausgrabungen teil, untersuchte und beschrieb
zahlreiche neue Arten von Urzeit-Tieren und lehrte als Professor
an den Universitäten Karlsruhe und Stuttgart. Insgesamt war er an
der Erstbeschreibung von acht bisher unbekannten Flugsauriern
beteiligt: Arthurdactylus 1994, Domeykodactylus 2000, Ludodactylus 2003, Muzquizopteryx 2006, Aurorazhdarcho 2011, Barbosania 2011, Microtuban 2011, Bellubrunnus 2012.
Foto: Prof. emer. Dr. Eberhard „Dino" Frey

Dr. Martin Röper, Direktor des Museums Solnhofen
(früher: Bürgermeister-Müller-Museum, Solnhofen),
einer der Erstbeschreiber des Flugsauriers Bellubrunnus rothgaengeri.
Röper führte den Begriff Solnhofen-Archipel
in die Fachliteratur ein.
Foto: Gemeinde Solnhofen.

Das Bürgermeister-Müller-Museum in Solnhofen wurde nach dem
Fossiliensammler Friedrich Müller (1912–1995), der von 1956
bis 1978 Bürgermeister von Solnhofen war, benannt. Müller stellte
bereits 1954 seine private Sammlung mit Fossilien aus den Solnhofener Plattenkalken aus. 1968 gründete die Gemeinde Solnhofen
das Bürgermeister-Müller-Museum mit Müllers Sammlung als
Grundstock. 1970 eröffnete das Museum erstmals seine Pforten.

Lebensbild des Langschwanz-Flugsauriers
Bellubrunnus rothgaengeri aus dem Oberjura.
Bild: Matt Van Rooijen / https://journals.plos.org/plosone/
article?id=10.1371/journal.pone.0039312 / CC BY 4.0
(Public Library of Science journal),
lizensiert unter Creative Commons-Lizenz by-4.0,
https://creativecommons.org/licenses/by/4.0/legalcode

deckung, Erhaltung und Dokumentation der ostbayerischen Fossillagerstätte Brunn. Hierfür sowie für die Bergung, Präparation und Bearbeitung ihres Fossilinhalts in koordinierten Grabungen sowie für die Organisation ihrer wissenschaftlichen Bearbeitung durch internationale Spezialisten und die Popularisierung der bayerischen Plattenkalklagerstätten wurde sie 2016 mit dem Friedrich von Alberti-Preis der Hohenloher Muschelkalkwerke ausgezeichnet.

„Die filigranen Knochen dieses Flugsauriers sind bis in feinste Details so perfekt erhalten, dass man meinen könnte, es läge ein heutiges Knochenskelett in der Gesteinsplatte. Dass es sich um ein Jungtier handelt, zeigen unter anderem die relativ großen Augen, die Kopfform sowie die Beschaffenheit der Extremitätenknochen." So heißt es in einem Artikel mit der Überschrift „Der kleinste Langschwanzflugsaurier aus Europa" der Gemeinde Solnhofen im Internet.

Als sehr wichtiges Hilfsmittel bei der Untersuchung der teilweise winzigen Skelettknochen von *Bellubrunnus* dienten die von Dr. h. c. Helmut Tischlinger unter ultraviolettem Licht erstellten Dokumentationsaufnahmen. „Unter UV erkennt man viele Details, die im normalen Licht nicht sichtbar sind, wie zum Beispiel dem Bau der Schädelknochen, feinste Knochengrenzen oder nur gering verknöcherte Skelettelemente. All dies war für die wissenschaftliche Bearbeitung sehr bedeutsam", erklärt Dr. h. c. Helmut Tischlinger.

Das Forscherquartett wurde von Dr. David W. E. Hone angeführt. Er machte auf die seltsam geformten äußersten Flugfinger-Knochen aufmerksam. Die stark nach außen gekrümmten Flügelspitzen könnten bei Flugmanövern eine wichtige aerodynamische Rolle gespielt haben, vermutet er. Von den vier Erstbeschreibern wird die neue Gattung *Bellubrunnus* in die Familie der Langschwanz-Flugsaurier (Rham-

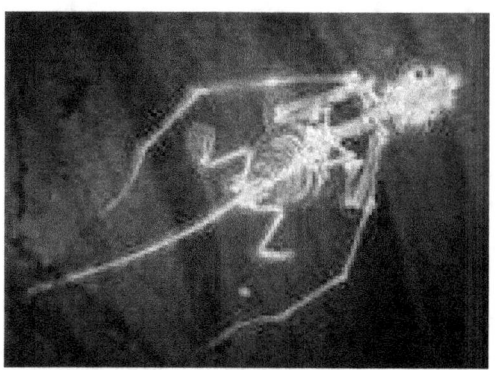

Skelett von Bellubrunnus rothgaengeri
aus einem Steinbruch zwischen Brunn und Wischenhofen
(Kreis Regensburg) in der Oberpfalz.
Aufnahme mit ultraviolettem Licht:
Dr. Helmut Tischlinger, Stammham

Die Privat-Paläontologin, ehrenamtliche Mitarbeiterin des Museums Solnhofen und Entdeckerin des Flugsauriers Bellubrunnus roth-gaengeri, Monika Rothgänger aus Kallmünz, wurde 2016 für ihre Verdienste mit dem Friedrich von Alberti-Preis der Hohenloher Muschelkalkwerke ausgezeichnet

phorhynchidae) gestellt. Zu dieser gehören die aus den Solnhofener Plattenkalken gut bekannten Flugsaurier der Gattung *Rhamphorhynchus*. *Von Rhamphorhynchus* unterscheidet sich *Bellubrunnus* unter anderem in der Bezahnung, dem Bau der Schwanzwirbelsäule und den Proportionen der Gliedmaßen. Das Jungtier von *Bellubrunnus* ist bisher der einzige Fund dieser Gattung. *Bellubrunnus* stammt aus dem Oberen Kimmeridgium und gilt als der geologisch älteste bisher beschriebene Flugsaurier des Solnhofen-Archipels. Bereits 2017 legten Oliver Rauhut, Adriana López-Arbarello, Martin Röper und Monika Rothgänger dar, in der Gegend um Brunn finde man in unterschiedlichen Abschnitten der Plattenkalke zwar verwandte, aber unterschiedliche Arten und Gattungen vor. Dies passt zur Vorstellung, dass sich die Plattenkalke in einem Flachmeer rund um einen Inselarchipel ablagerten und auf jeder Insel eigene Arten lebten.

Literatur

DINOSAUR WIKI: *Bellubrunnus*.
https://dinosaurier.fandom.com/de/wiki/Bellubrunnus
HONE, David W. E. / TISCHLINGER, Helmut / FREY, Eberhard / RÖPER, Martin: A New Non-Pterodactyloid Pterosaur from the Late Jurassic of Southern Germany. In: PLos ONE 7(7): e39312, Published: July 5, 2012
https://journals.plos.org/plosone/article?id=10.1371/journal.pone.0039312
PROBST, Ernst: Martin Röper. In: Raubdinosaurier in Bayern. Von *Archaeopteryx* bis zu *Sciurumimus*. S. 121–123, Leipzig 2019.
PROBST, Ernst: Helmut Tischlinger. In: Raubdinosaurier in Bayern. Von *Archaeopteryx* bis zu *Sciurumimus*. S. 187–189, Leipzig 2019.

RAUHUT, Oliver Walter Mascha/ LÓPEZ-ARBARELLO,
Adriana / RÖPER, Martin / ROTHGAENGER. Monika:
Vertebrate fossils from the Kimmeridgian of Brunn: the
oldest fauna from the Solnhofen Archipelago (Late Jurassic,
Bavaria, Germany). In: Zitteliana 89: S. 305–329, München
2017.
RÖPER, Martin / ROTHGAENGER, Monika: Zur Al-
tersdatierung und Palökologie der Oberjura-Plattenkalke
von Brunn/Oberpfalz (Oberes Kimmeridgium). In: Acta
Alb Ratis 50: S. 77–122, 1998.
SOLNHOFEN.DE: Solnhofen – „Die Welt in Stein". Der
kleinste Langschwanzflugsaurier aus Europa.
https://www.solnhofen.de/Der-kleinste-
Langschwanzflugsaurier-aus-Europa.o1321.html
SOLNHOFEN.DE: Solnhofen – „Die Welt in Stein".
Friedrich von Alberti-Preis für Monika Rothgänger.
https://www.solnhofen.de/Friedrich-von-Albertipreis-fuer-
Monika-Rothgaenger.o1710.html
STUTTGARTER ZEITUNG: Ein junger Winzling im
Kalk, 11.07.2012.
https://www.stuttgarter-zeitung.de/inhalt.dinosaurier-ein-
junger-winzling-im-kalk.f58b148e-d622-4c75-bb3b-
26244fadb68e.html

Kurzschwanz-Flugsaurier Pterodactylus antiquus
aus Eichstätt in Oberbayern in dem Buch
„Theory of the Earth by Baron Georges Cuvier" (1818).
Der rechtwinkelig am Hals getragene Kopf ist charakteristisch
für Pterodactylus.
Bild: (via Wikimedia Commons),
Lizenz: gemeinfrei (Public domain)

Oberjura-Kurzschwanz-Flugsaurier in Deutschland

Der Flug-Finger

Der Kurzschwanz-Flugsaurier *Pterodactylus antiquus*

1784 erschien in den „Acta Academiae Theodorino-Palatinae", der ersten wissenschaftlichen Zeitschrift der Pfalz, die weltweit erste wissenschaftliche Abhandlung über einen Flugsaurier-Fund. Das Fossil war in einem Plattenkalk-Steinbruch der Gegend von Eichstätt (Oberbayern) zum Vorschein gekommen. Untersucht und beschrieben wurde das Skelett von dem Historiker und Naturforscher Cosimo Alessandro Collini (1727–1806). Collini war 1764 von dem pfälzischen Kurfürsten Karl Theodor (1724–1799) mit der Leitung und dem Ausbau des Mannheimer Naturalienkabinetts beauftragt worden.

Der Kurfürst erhielt auch von Friedrich Graf Ferdinand von Pappenheim (1702–1793), der nahe der Steinbruch-Reviere von Solnhofen und Eichstätt lebte, Fossilien für das Naturalienkabinett in seinem Schloss. Auf diese Weise könnte der Flugsaurier aus Eichstätt nach Mannheim gelangt sein.

Collini erkannte die wahre Natur des Flugsaurier-Skelettes nicht. Dieses hatte eine lange, bezahnte Schnauze, Krallen an den Händen und Füßen sowie lange, dünne Knochen an den Vorderbeinen. Der Naturforscher Collini schloss aus, dass das Fossil ein Vogel oder eine Fledermaus war. Er deutete den Fund als Meerestier, weil er dachte, die Mee-

Italienischer Historiker und Naturforscher
Cosimo Alessandro Collini (1727–1806),
Erstbeschreiber des Flugsauriers Pterodactylus antiquus.
Bild: Porträt eines unbekannten Künstlers
(via Wikimedia Commons),
Lizenz: gemeinfrei (Public domain)

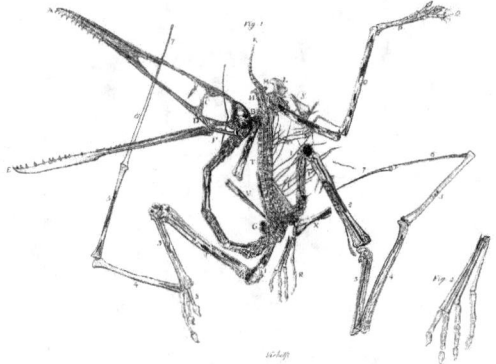

Kupferstich des Holotypus von Pterodactylus antiquus,
damals in der Sammlung des Kurfürsten von der Pfalz in Mannheim.
Beschreibung des italienischen Naturforschers Cosimo A. Collini:
Sur quelques zoolithes du cabinet d'histoire naturelle de S.A.S.E.
Pfalz et de Baviere, à Mannheim. In: Acta Academiae Theodoro-
Palatinae, Mannheim 1784. Kupferstich von Egid Verhelst.

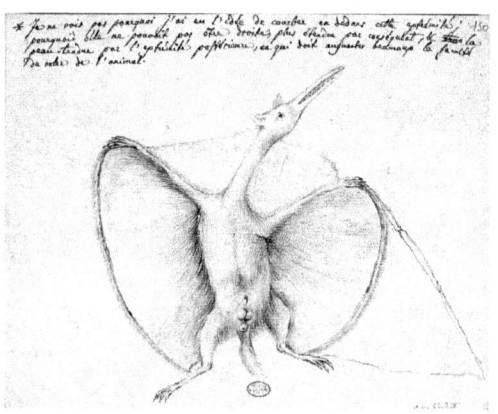

Erstes von zwei Lebensbildern von Pterodactylus antiquus,
das der deutsch-französische Naturwissenschaftler, Arzt, Botaniker
und Zoologe Johann Hermann (1738–1800) aus Straßburg
1800 an den Pariser Paläontologen Georges Cuvier (1769–1832)
sandte. Bild: Johann Hermann (via Wikimedia Commons),
Lizenz: gemeinfrei (Public domain)

restiefen könnten am ehesten unbekannte Tierarten beherbergt haben.

Als Erster vermutete der deutsch-französische Naturwissenschaftler, Arzt, Botaniker und Zoologe Johann Hermann (1738–1800) aus Straßburg, dass das Fossil aus Eichstätt, das er nicht persönlich untersucht hatte, Flughäute besessen habe. Eine Flughaut habe sich vom langen vierten Finger bis zum Knöchel und eine weitere – wie bei Fledermäusen – zwischen Hals und Handgelenk erstreckt. Im März 1800 machte Hermann den Pariser Paläontologen Georges Cuvier (1769–1832) auf die Existenz des Fossils aus Eichstätt, das er irrtümlich für ein Säugetier hielt, aufmerksam.

Cuvier stimmte der Interpretation von Hermann zu und veröffentlichte auf dessen Wunsch als Erster dessen Ideen im Dezember 1800 in einer kurzen Beschreibung. Anders als Hermann war Cuvier aber davon überzeugt, dass das namenlose Fossil aus Eichstätt kein Säugetier, sondern ein Reptil sei.

Die Flughaut war beim Flugsaurier aus Eichstätt fossil nicht erhalten geblieben. Erst ein halbes Jahrhundert später entdeckte man in den Solnhofener Plattenkalken Flugsaurier mit dem Abdruck von Flughäuten auf der Gesteins-Oberfläche. Das merkwürdige Fossil konnte also fliegen und war demnach ein fliegender Saurier.

Die 1784 von Collini veröffentlichte Zeichnung des damals rätselhaften Skelettes aus der Gegend von Eichstätt galt lange Zeit als älteste publizierte Darstellung eines Flugsauriers. Doch 2023 wies der Saurier-Experte Helmut Tischlinger aus Stammham in der Zeitschrift „Archaeopteryx" nach, dass es eine noch um 25 Jahre ältere Abbildung eines

Darstellung von sieben Fossilien (ein Flugsaurier, ein Ammonit, zwei Krebse und drei Fische) aus den Solnhofener Plattenkalken in einer von 1759 bis 1802 veröffentlichten Version des jährlich erscheinenden Eichstätter fürstbischöflichen Hochstiftkalenders.
In: TISCHLINGER, Helmut: Eichstätter Fossilien im fürst-bischöflichen Hochstiftkalender von 1759. In: Archaeopteryx 38: S. 68–76, Eichstätt 2023.

*Älteste Darstellung eines vogelähnlichen Flugsauriers
(vermutlich Pterodactylus) in einer von 1759 bis 1802
veröffentlichten Version des damals jährlich erscheinenden
Eichstätter fürstbischöflichen Hochstiftkalenders.
In: TISCHLINGER, Helmut: Eichstätter Fossilien im fürstbischöflichen Hochstiftkalender von 1759. In: Archaeopteryx 38:
S. 68–76, Eichstätt 2023.*

Münchner Gelehrter
Samuel Thomas von Soemmering (1755–1830).
Bild: Karl Thelott (1793–1830), Dr. Senckenbergische Stiftung
(via Wikimedia Commons),
Lizenz: gemeinfrei (Public domain)

Flugsauriers von 1759 gibt. Als Vorlage für diese Zeichnung diente ein kleiner Kurzschwanz-Flugsaurier der Gattung *Pterodactylus*. Dieser ist in einer von 1759 bis 1802 veröffentlichten Version des damals jährlich erscheinenden Eichstätter fürstbischöflichen Hochstiftkalenders abgebildet. Im 80 Zentimeter breiten und 36 Zentimeter hohen Fußteil des insgesamt 1,60 Meter hohen Kupferstich-Blattes sind Abbildungen von sieben Fossilien aus dem Eichstätter Plattenkalk zu sehen. Außer dem bereits genannten Flugsaurier, der sehr vogelähnlich gezeichnet ist, erkennt man einen Ammoniten, zwei Krebse und drei Fische. Jene Fossilien werden von vier Putten in einem Steinbruch geborgen. Im Fußteil des Hochstiftkalenders sind auch der Flussgott der Altmühl, eine Stadtansicht von Eichstätt und ein Putto als Jagdgöttin Diana abgebildet. Im Kopfteil des Hochstiftkalenders sind die Madonna mit dem Jesuskind, Bistumsheilige sowie das Bild des Bischofs und die Wappen der Domherrn dargestellt. Abnehmer des imposanten Hochstiftkalenders waren begüterte kirchliche und weltliche Persönlichkeiten.

1802 brachte man die Sammlung des Mannheimer Naturalienkabinetts – und zusammen mit ihr den namenlosen Flugsaurier aus Eichstätt – in die bayerische Residenzstadt München. Die Mannheimer Fossilien wurden der Bayerischen Akademie der Wissenschaften einverleibt. Ihre Betreuung oblag dem Gelehrten Samuel Thomas von Soemmering (1755–1830). Der Göttinger Anatom und Anthropologe Johann Friedrich Blumenbach (1752–1840) erwähnte 1807 den 1784 von Collini bekanntgemachten Flugsaurier im „Handbuch der Naturgeschichte" als Wasservogel. 1809 ordnete Cuvier den immer noch namenlosen Flug-

Deutsch-französischer Universalgelehrter
Constantine Samuel Rafinesque (1783–1840).
Bild: Porträt eines unbekanntne Künstlers
(via Wikimedia Commons),
Lizenz: gemeinfrei (Public domain)

saurier aus Eichstätt einer Saurier-Gattung zu, die er „Pé-tro-Dactyle" nannte. „Pétro-Dactyle" war aber ein Druck-fehler und wurde später von Cuvier zu „Ptéro-Dactyle" („Flügel-Finger") korrigiert.

Am 27. Dezember 1810 trug Soemmering auf einer Sitzung der Akademie der Wissenschaften in München vor, was er bei seinen Studien über das rätselhafte Fossil aus Eichstätt herausgefunden hatte. Von der Arbeit Cuviers von 1809 erfuhr er erst 1811. Der Vortrag von Soemmering wurde 1812 in den „Denkschriften der Akademie der Wissen-schaften" in München gedruckt. Soemmering vertrat in sei-ner Analyse die Ansicht, bei dem Fossil aus Eichstätt hand-le es sich um ein fledermausähnliches Säugetier, das dem heutigen Fliegenden Hund in Indien gleiche. Dieses Tier habe sich von Insekten ernährt, die es im Flug erbeutete.

Der Holotypus, anhand dessen 1812 *Pterodactylus antiquus* von Soemmering beschrieben wurde, hatte einen 10,8 Zen-timeter langen Schädel und eine Flügelspannweite von 54 Zentimetern.

1815 wurde der Gattungsname „Ptéro-Dactyle" von dem Universalgelehrten Constantine Samuel Rafinesque (1783–1840) zu *Pterodactylus* latinisiert. Dieser Gelehrte war der Sohn einer sächsisch-deutschstämmigen Mutter namens Magdaleine Schmaltz aus Griechenland und eines französi-schen Vaters namens François George Anne Rafinesque und pflegte den Ruf eines exzentrischen Genies. Ohne die Veröffentlichung von Rafinesque zu kennen, latinisierte Cuvier 1819 selbst den Namen *„Ptéro-Dactyle"* zu *Ptero-dactylus.*

1817 beschrieb Soemmering ein zweites Flugsaurier-Fossil aus den Solnhofener Plattenkalken von Eichstätt. Dieses

bezeichnete er als *Ornithocephalus brevirostris* („Kurzschnau-
ziger Vogelkopf"), weil es eine kurze Schnauze hatte. Das
zweite Flugsaurier-Fossil aus Eichstätt verkannte er als
fledermausähnlicher als das Erste.

1819 schlug Cuvier in der von dem Mediziner, Naturphilo-
sophen, Naturforscher und Biologen Lorenz Oken (1799–
1851) herausgegebenen Zeitschrift „Isis" für den zunächst
nur „Ptéro-Dactyle" genannten Flugsaurier den Gattungsnamen *Pterodactylus* und den Artnamen *longirostris* (lang-
schwänzig) vor (griechisch: pteron = Flügel, sauros =
Echse, also „Flügel-Echse"). Nach den Regeln für die Benennung von zoologischen Gattungen und Arten kommt
die Priorität dem von Cuvier geprägten Gattungsnamen *Pterodactylus* zu, nicht aber seinem Artnamen *longirostris*. Stattdessen ist der bereits 1812 von Soemmering vergebene Artname *antiquus* gültig. Die ersten beiden Flugsaurier-Arten
müssen deswegen wissenschaftlich korrekt *Pterodactylus
antiquus* und *Pterodactylus brevirostris* heißen. Später erkannte
man aber, dass der Fund, nach dem man die Art *brevirostris*
aufstellte, nur ein Jungtier der Art *antiquus* ist. Es muss also
den gleichen Artnamen tragen wie das erwachsene Tier mit
dem Artnamen *antiquus*. Ab 1812 gab Cuvier sein Haupt-
werk „Recherches sur le Ossement fossiles" („Untersuchungen über die fossilen Knochen") heraus. Darin lehnte
er die Fledermaus-Deutung von Soemmering ab. Er wies
auf die großen Unterschiede des *Pterodactylus* zu den Fledermäusen hin. Bei letzteren könne man im Gebiss Schneide-,
Eck- und Backenzähne unterscheiden. Bei *Pterodactylus* dagegen seien – wie bei Reptilien – die Zähne einfach, spitz
und gleichförmig. Außerdem wies er auf andere Reptilien-
merkmale des Skeletts an den Wirbeln, Rippen und am

Becken hin. Vor allem das Fußskelett unterscheide sich völlig von dem der Vögel und Fledermäuse und sei eher eidechsenartig. Cuvier nahm an, *Pterodactylus* habe sich nur auf den langen Hinterbeinen aufrecht halten und die Vordergliedmaßen wie Vogelflügel zurückfalten können. Es habe Reptilien gegeben, die mittels einer Flughaut, die von einem Finger der vierfingrigen Hand gestützt wurden, fliegen konnten. Mit den drei anderen kleinen Fingern hätten sich auch diese Tiere an den Ästen von Bäumen aufhängen können. Mit den spitzen kleinen Zähnen hätten Insekten und andere kleine Tiere ergriffen werden können. Die Deutung des *Pterodactylus* von Cuvier als fliegendes Reptil bzw. als Flugsaurier setzte sich durch und gilt heute noch.

Soemmering schloss sich der richtigen Auffassung von Cuvier, die beiden ungewöhnlichen Fossilien aus Eichstätt seien Flugsaurier, nicht an. Er beschrieb noch 1820 einige hohle Langknochen eines Solnhofener Flugsauriers als fossile Reste einer großen Fledermaus-Gattung.

Pterodactylus antiquus war ein relativ kleiner Flugsaurier mit einer geschätzten Flügelspannweite bis zu einem Meter. Die meisten Funde stammen von jugendlichen Tieren. Fundorte sind Solnhofen in Mittelfranken und Eichstätt in Oberbayern. Der Schädel eines erwachsenen *Pterodactylus* war lang, dünn und trug einen aus Weichteilen bestehenden Kamm. Die ungefähr neunzig schmalen und konischen Zähne erstreckten sich von den Spitzen beider Kiefer nach hinten und wurden weiter weg von den Kieferspitzen kleiner. Damit unterschied sich *Pterodactylus* von seinen meisten Verwandten, bei denen Zähne an der Oberkiefer-Spitze fehlten und eine relativ einheitliche Größe hatten. Vergleiche zwischen den Augenringen von *Pterodactylus*

Rekonstruktion der vierbeiniger Fortbewegung
von Pterodactylus antiquus durch John Conway 2003.
Bild: John Conway / CC BY-SA 3.0 (via Wikimedia Commons),
lizensiert unter Creative Commons-Lizenz by-sa-3.0,
https://creativecommons.org/licenses/by-sa/3.0/legalcode

antiquus sowie modernen Vögeln und Reptilien deuten darauf hin, dass es sich bei Ersteren um tagaktive Tiere handelte. Form, Größe und Anordnung der Zähne sprechen für auf Kleintiere spezialisierte Fleischfresser, die vor allem Weichtiere erbeuteten.

Der Münchner Paläontologe Peter Wellnhofer nahm 1970 an, *Pterodactylus* sei ein aktiver Flieger gewesen. Er habe sich zwar durch Flügelschläge in der Luft halten müssen, hätte aber auch kurzzeitig einen passiven Segelflug beim Herabschießen auf Beute oder beim Landeanflug durchführen können.

Nach Ansicht von Wellnhofer dürfte sich *Pterodactylus* auf dem Festland weder zweibeinig noch vierbeinig fortbewegt haben. Seine drei Fingerkrallen und vier Zehenkrallen ließen eher an eine kletternde und hangelnde Fortbewegungsart an Felsvorsprüngen und Klippen denken. Die Fingerkrallen seien kräftiger und stärker gekrümmt als die Zehenkrallen. Erstere seien stärker beansprucht worden und hätten bei Ruhestellung das Körpergewicht getragen. Dagegen hätten die kleinen Zehenkrallen nur eine zusätzliche Stütz- und Festhalte-Funktion gehabt. Wellnhofer hält es für unwahrscheinlich, dass sich *Pterodactylus* wie eine Fledermaus an den Hinterbeinen aufhing.

1929 entdeckte der Münchner Zoologe Ludwig Döderlein (1855–1936) bei einem *Pterodactylus cormoranus*, wie *Pterodactylus antiquus* damals noch hieß, einen Kehlsack und eine Schwimmhaut zwischen den Zehen. *Pterodactylus antiquus* konnte also schwimmen. Das in Eichstätt gefundene Fossil wird in der Bayerischen Staatssammlung für Paläontologie und Geologie aufbewahrt und hat die Inventar-Nummer 1929 I 18.

In der ersten Hälfte des 19. Jahrhunderts erhielt fast jede

neue Flugsaurier-Art den wissenschaftlichen Namen *Ptero-dactylus*. Wie andere Flugsaurier können Exemplare von *Pterodactylus* je nach Alter oder Reifegrad erheblich variieren. Die Proportionen der Gliedmaßen-Knochen, die Größe und die Form des Schädels sowie die Größe und Anzahl der Zähne ändern sich mit dem Wachstum der Tiere. Dies hat im Laufe der Zeit dazu geführt, dass man verschiedene Wachstums-Stadien mit neuen *Pterodactylus*-Arten verwechselt hat. 1970, 1991 und 1993 wurde die Zahl der anerkannten Arten von *Pterodactylus* durch nachträgliche Revisionen des Münchner Paläontologen Peter Wellnhofer auf wenige Spezies reduziert: *Pterodactylus antiquus, Pterodactylus kochi, Pterodactylus elegans, Pterodactylus micronyx* und *Pterodactylus longicollum*. 2013 gelangte der amerikanische Paläontologe S. Christopher Bennett in einer Analyse zur Erkenntnis, *Pterodactylus antiquus* sei die einzige gültige Art der Gattung *Pterodactylus* aus den Solnhofener Plattenkalken. *Pterodactylus kochi, Pterodactylus elegans, Pterodactylus micronyx* und *Pterodactylus longicollum* seien nur Jungtiere bzw. Pseudonyme von *Pterodactylus antiquus*.

Bennett teilte den Nachwuchs von *Pterodactylus* in Jahrgangsklassen ein. Eine neue Generation von *Pterodactylus antiquus* der Klasse 1 des ersten Jahres wäre saisonal produziert worden und hätte zum Zeitpunkt des Schlüpfens der nächsten Generaton die Größe des zweiten Jahres erreicht. Dies hätte im Fossilienbestand deutliche Ballungen von ähnlich großen und alten Individuen erzeugt. Die kleinste Größenklasse habe vermutlich aus Individuen bestanden, die gerade erst mit dem Fliegen begonnen hätten und jünger als ein Jahr waren. Die zweite Klasse repräsentiere Individuen im Alter von ein bis zwei Jahren und die seltene dritte Klasse bestehe aus Exemplaren, die über zwei Jahre alt seien. Jenes Wachstumsmuster ähnle eher modernen Krokodilen als dem schnellen Wachstum moderner Vögel.

Ein Teil der Paläontologen folgt Bennett nicht und verwendet andere wissenschaftliche Flugsaurier-Namen, weshalb ein ziemlicher Wirrwarr herrscht. In „Wikibrief" werden folgende Arten als Synonyme von *Pterodactylus antiquus* erwähnt:

Pterodactylus longirostris Cuvier 1819,

Pterodactylus crocodilocephaloides Ritgen 1826,

Pterodactylus spectabilis Meyer 1861,

Pterodactylus westmani Wimann 1925,

Pterodactylus cormoranus Döderlein 1929.

Literatur

BENNETT, S. Christopher: New information on body size and cranial display structures of *Pterodactylus antiquus*, with a revision of the genus. Paläontologische Zeitschrift, 87 (2): S. 269–289, 2013.

COX, Barry / DIXON, Dougal / GARDINER, Brian / SAVAGE, R. J. G.: *Pterodactylus*. In: Die große Enzyklopädie der prähistorischen Tierwelt. Dinosaurier und andere Tiere der Vorzeit. S. 105, München 1989.

COLLINI, Cosimo Alessandro: Sur quelques Zoolithes du Cabinet d' Histoire naturelle de S. A. S. E. Palatine et de Bavière a Mannheim. In: Acta Academiae Theodorino-Palatinae Mannheim, 5, pars physica: S. 58–103, 1784.

KUHN-SCHNYDER, Emil: Georges Cuvier, 1769–1832. In: Festschrift anläßlich des 60. Geburtstages von Prof. Dr. Erwin Rutte. Weltenburger Akademie Gruppe Geschichte, S. 143–150, Kelheim/Weltenburg 1983.

294

DINODATA.DE: *Pterodactylus antiquus.*
https://dinodata.de/animals/pterosaurs/pages_p/
pterodactylus.php
DÖDERLEIN, Ludwig: Ein *Pterodactylus* mit Kehlsack und
Schwimmhaut. In: Sitzungsberichte der Bayerischen Akademie der Wissenschaften, mathematisch-naturwissenschaftliche Abteilung, S. 65–95, München 1929.
RUTTE, Erwin: *Pterodactylus.* Seit 200 Jahren bekannt. In:
Es rauscht in den Schachtelhalmen. Leben und Tod bayeri-
scher Saurier. S. 86–84, Treuchtlingen 1997.
TISCHLINGER, Helmut: Der „Collini-*Pterodactylus*" – eine
Ikone der Flugsaurier-Forschung. In: Archaeopteryx 36: S.
16–31, Eichstätt 2020.
TISCHLINGER, Helmut: Eichstätter Fossilien im fürst-
bischöflichen Hochstiftkalender von 1759. In: Archaeo-
pteryx 38: S. 68–76, Eichstätt 2023.
TISCHLINGER, Helmut: Arbeiten mit ultraviolettem
Licht. In: ARRATIA FUENTES, Gloria / SCHULTZE,
Hans-Peter / TISCHLINGER, Helmut / VIOHL, Günter:
Solnhofen – Ein Fenster in die Jurazeit. Band 1: S. 109–
113, München 1975.
TISCHLINGER, Helmut / FREY, Eberhard: Flugsaurier
(Pterosauria). Pterodactyloidea (Kurzschwanz-Pterosau-
rier). In: ARRATIA FUENTES, Gloria / SCHULTZE,
Hans-Peter / TISCHLINGER, Helmut / VIOHL, Günter:
Solnhofen – Ein Fenster in die Jurazeit. Band 2: S. 469–
470, München 1975.
WELLNHOFER, Peter: *Pterodactylus antiquus.* In: Die Pte-
rodactyloidea (Pterosauria) der Oberjura-Plattenkalke Süd-
deutschlands. In: Bayerische Akademie der Wissenschaften.
Mathematisch-Naturwissenschaftliche Klasse, Abhandlungen, Neue Folge, Heft 141, S. 15–21, München 1970.

WELLNHOFER, Peter: *Pterodactylus antiquus* (Soemmering 1812). In: Flugsaurier. S. 89–90, Wittenberg Lutherstadt 1980.

WIKIBRIEF: *Pterodactylus.*
https://de.wikibrief.org/wiki/Pterodactylus

WIKIPEDIA (Online-Lexikon). Johann Friedrich Blumenbach.
https://de.wikipedia.org/wiki/
Johann_Friedrich_Blumenbach

WIKIPEDIA (Online-Lexikon): Johann Hermann (Natur-forscher).
https://de.wikipedia.org/wiki/
Johann_Hermann_(Naturforscher)

WIKIPEDIA (Online-Lexikon): Samuel Thomas von Soemmering.
https://de.wikipedia.org/wiki/
Samuel_Thomas_von_Soemmerring

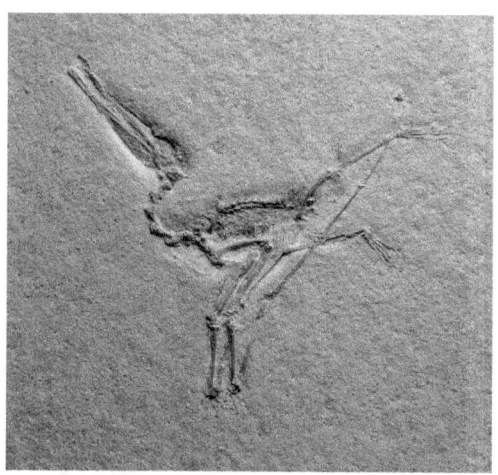

Diopecephalus kochi (früher: Pterodactylus kochi)
im Museum Bergér auf dem Harthof bei Eichstätt in Oberbayern.
Foto: Ghedoghedo / CC BY-SA 4.0 (via Wikimedia Commons),
lizensiert unter Creative Commons-Lizenz by-sa-4.0,
https://creativecommons.org/licenses/by-sa/4.0/legalcode

„Koch's Flug-Finger"

Der Kurzschwanz-Flugsaurier *Diopecephalus kochi*

2017 erhielt der 1837 erstmals beschriebene Kurzschwanz-Flugsaurier *Pterodactylus kochi* einen neuen wissenschaftlichen Namen. Nach sorgfältiger Analyse betrachteten die englischen Paläontologen Steven U. Vidovic und David M. Martill aus Portsmouth diesen Flugsaurier nicht mehr als eine Art der Gattung *Pterodactylus* („Flug-Finger"). Stattdessen ordneten sie jenen Flugsaurier der Gattung *Diopecephalus* zu und bezeichneten die Art als *Diopecephalus kochi*. In jenem Jahr wurde von dem Forscherduo Vidovic und Martill auch *Germanodactylus rhamphastinus* in *Altmuehlopterus rhamphastinus* umbenannt.

Früher hieß es, die meisten Fossilfunde der Flugsaurier-Gattung *Pterodactylus* stammten von der mittelgroßen Art *Pterodactylus kochi*. Ausgewachsene Exemplare dieser Spezies erreichten angeblich eine Flügelspannweite bis zu etwa 50 Zentimetern. Dies entspricht ungefähr der Spannweite eines kleinen Teichhuhnes *(Gallinula chloropus)* aus der Gegenwart. Solche etwa rebhuhngroßen Rallenvögel leben an bewachsenen Teichrändern und ernähren sich von Insekten und Pflanzen.

Lange Zeit hielt man *Pterodactylus antiquus* für recht klein. Außerdem hieß es, diese Art habe im Gegensatz zu *Pterodactylus longicollum, Ctenochasma, Germanodactylus* und *Gnathosaurus* keinen knöchernen Scheitelkamm gehabt. Doch 2013 beschrieb der amerikanische Paläontologe S. Christopher Bennett ein neues Exemplar von *Pterodactylus antiquus* mit einer Flügelspannweite von mehr als einem Meter und mit einem kleinen knöchernen Scheitelkamm. Auch

*Nürnberger Fossiliensammler und Kreisforstrat
Carl Ludwig Koch (1778–1857).
Foto: Aufnahme eines unbekannten Fotografen
(via Wikimedia Commons),
Lizenz: gemeinfrei (Public domain)*

nach einer Neubewertung der Anzahl und Form der Zähne gab es keine Unterschiede zwischen *Pterodactylus antiquus* und *Pterodactylus kochi*. Daher gelten diese Arten als identisch.

Seit einigen Jahren sind – laut Bennett – *Pterodactylus longicollum* und *Pterodactylus micronyx* nicht als artverwandt mit *Pterodactylus antiquus* angesehen worden. Deshalb werde *Pterodactylus longicollum* einer neuen Gattung zugeordnet und *Pterodactylus micronyx* zur Gattung *Aurazhdarcho* gestellt.

Erstbeschreiber von „*Pterodactylus kochi*" („Koch's Flug-Finger") aus den Mörnsheimer Schichten von Kelheim in Niederbayern war 1837 der Münchner Zoologe Johann Andreas Wagner (1797–1861). Der Artname *kochi* erinnert an den Besitzer dieses Fundes, den Nürnberger Fossiliensammler und Kreisforstrat Carl Ludwig Koch (1778–1857). Dieser tat sich als Entomologe und Arachnologe (Insekten- und Spinnenforscher) hervor. 1816 veröffentlichte er ein Werk namens „System der baierischen Zoologie" (auch „Fauna boica" genannt). Es behandelt Säugetiere, Vögel, Insekten, Spinnentiere und Bodentiere wie Bodenmilben.

Koch hatte den Flugsaurier-Fund aus Kelheim frühestens 1831 dem Münchner Zoologen und Herpetologen Johann Georg Wagler (1800–1832) zur Untersuchung und Beschreibung anvertraut. Wagler sah das Fossil noch persönlich, untersuchte es und ließ es zeichnen. Zur Beschreibung des Flugsauriers aus Kelheim durch Wagler kam es aber nicht. Denn er starb 1832 im Alter von nur 32 Jahren in der königlichen Fasanerie in Moosach an den Folgen einer Schussverletzung, die er sich versehentlich selbst zugefügt hatte.

Johann Andreas Wagner beschrieb 1837 unter Beifügung einer „excellent ausgeführten Farblithographie" den Flugsaurier unter dem noch von Wagler gewählten wissenschaft-

Münchner Zoologe und Herpetologe
Johann Georg Wagler (1800–1832).
Bild: Porträt eines unbekannten Künstlers
(via Wikimedia Commons),
Lizenz: gemeinfrei (Public domain)

lichen Namen *Ornithocephalus kochii* in den „Abhandlungen
der Mathematisch-Physikalischen Klasse der Königlich
Bayerischen Akademie der Wissenschaften". Auch der
Frankfurter Wirbeltier-Paläontologe Hermann von Meyer
(1801–1869) hätte den Holotypus des von Wagner beschriebenen Flugsauriers gerne studiert. Aber nach der Beschreibung durch Wagner war jenes Fossil unauffindbar.
Die meisten Funde von *Diopecephalus kochi*, wie *Pterodactylus
kochi* heute heißt, stammen von sehr kleinen Tieren mit
einer Schädellänge von 1,4 bis 4,5 Zentimetern. Seltener
sind große Tiere mit einer Schädellänge von 5,5 bis 9,5
Zentimetern. Der Schädel ist länglich und schlank. In jeder
der vier Kieferhälften befinden sich 20 bis 25 Zähne.
Ein Exemplar von *Diopecephalus kochi* im Jura-Museum
Eichstätt trägt einen neun Zentimeter langen Schädel und
hat eine Flügelspannweite von 90 Zentimetern. Ein in der
Bayerischen Staatssammlung für Paläontologie und Geologie, München, aufbewahrter Fund jener Art aus den Solnhofener Plattenkalken von Eichstätt (Oberbayern) hat eine
Schädellänge von 8,3 Zentimetern und eine Flügelspannweite von 46 Zentimetern.
Viele Naturkundemuseen bewahren prächtige, vollständig
erhaltene Skelette mit dem früheren Artnamen „*Pterodactylus
kochi*" auf. Seit der Erstbeschreibung von 1837 bis zur Veröffentlichung der Publikation „Solnhofener Plattenkalk:
Eine Welt in Stein" (1976) des Frankfurter Mikropaläonto-
logen Heinz Malz (1931–2011) wurden in nahezu 140 Jahren etwa zwei Dutzend „*Pterodactylus kochi*" gefunden. Also
etwa alle sechs Jahre ein Exemplar.
Von *Diopecephalus kochi* liegen einige kleine Skelette von
Jungtieren vor. Man kann sie am geringen Grad der Verknö-
cherung kleiner Zehenglieder erkennen. Das kleinste Ex-

emplar aus den Solnhofener Plattenkalken von Workerszell bei Eichstätt in Oberbayern hat eine Rumpflänge von lediglich 2,5 Zentimetern und eine Flügelspannweite von etwa 20 Zentimetern. Vermutlich war dieses Jungtier, als es starb, nur wenige Wochen alt, aber bereits voll flugfähig. Der Winzling befindet sich im Jura-Museum Eichstätt. Der Flugsaurier-Experte Helmut Tischlinger aus Stammham schilderte 1993 in „Archaeopteryx", der Jahreszeitschrift der Freunde des Jura-Museums Eichstätt, einen verheilten Oberschenkel-Bruch von „*Pterodactylus kochi*", wie *Diopecephalus kochi* damals noch hieß. Nach der Gesteinsbeschaffenheit zu schließen, stammt dieser Fund eines erwachsenen Tieres aus der Gegend von Eichstätt. Die in mehrere Teile zerbrochene Fossilplatte wurde Anfang der 1960er Jahre von dem Eichstätter Präparator Ludwig Meier präpariert. Er kittete die Bruchstücke, setzte fehlendes Gestein an, restaurierte das Skelett und legte einige Wirbel frei. Wie damals oft üblich, versah er die Fossilplatte mit einem Rahmen aus Eichenholz.

Im Frühjahr 1993 erfolgte eine Neupräparation des Fundes aus der Eichstätter Gegend. Dabei legte man unter dem Stereomikroskop sämtliche Knochen soweit möglich frei. Alte Ergänzungen wurden entfernt, fehlende Bereiche (Schädeldach, hinterer Teil des rechten Unterkiefers, vordere Halswirbelsäule) hat man neu restauriert. Besonderes Augenmerk wurde auf die Freilegung des teilweise klobig und viel zu dick wirkenden rechten Oberschenkel-Knochens gelegt. Der um Beurteilung gebetene Tierarzt Eberhard Händl aus Denkendorf identifizierte am rechten Oberschenkel des Flugsauriers auffälliges Narbengewebe, das nach einer Fraktur im Kindesalter zwischen den Bruchstellen gebildet worden ist.

Offenbar hatte dieser Flugsaurier als Nestling einen Oberschenkel-Bruch erlitten und war von seinen Elterntieren
gefüttert worden, bis er wieder auf die Beine kam. Der
Bruch verheilte und behinderte den genesenen Flugsaurier
nicht bei der Fortbewegung auf dem Boden, beim Klettern
und Fliegen sowie bei der Jagd auf Beutiere, weshalb er
erwachsen werden konnte, bevor er starb. Helmut Tischlinger vermutet, dieser Flugsaurier habe sich auf dem Boden
vierbeinig fortbewegt. Eine zweibeininige Fortbewegung
kann er sich nur sehr schwer vorstellen.

Bei einem erwachsenen „*Pteradactylus kochi*" aus Zandt in
Oberbayern war ein Bruch des ersten von vier Flugfinger-
Gliedern die Todesursache. Schwere Verletzungen an der
Flughaut führten meistens zur lebensbedrohenden Flugun-
fähigkeit und damit oft zum Hungertod. Auffälligerweise
erlitten auch ein „*Pterodactylus elegans*" (heute: *Ctenochasma
elegans*) aus Eichstätt und ein Langschwanz-Flugsaurier der
Gattung *Rhamphorhynchus* – genau an derselben Stelle – einen Bruch am ersten Flugfinger-Glied.

Bereits 1874 hat der niederländische Chirurg, Zoologe und
Paläontologe Tiberius Cornelis Winkler (1822–1897) an
einem jungen „*Pterodactylus kochi*" aus Schernfeld bei Eichstätt erstmals Abdrücke einer Flughaut festgestellt. Damit
bestätigte er die schon 1809 von dem französischen Paläontologen Georges Cuvier (1769–1832) vertretene Ansicht,
wonach der lange vierte Finger von *Pterodactylus* eine Flughaut ausspannte. Der Flugsaurier mit Abdrücken einer
Flughaut wird im Teylers Museum in Haarlem aufbewahrt.
Auf Tafel II in der Abhandlung „Ein *Rhamphorhynchus* mit
Spuren von Haarbedeckung" (1927) in den „Sitzungsberichten der Bayerischen Akademie der Wissenschaften"
von Ferdinand Broili (1874–1946) wird ein „*Pterodactylus*

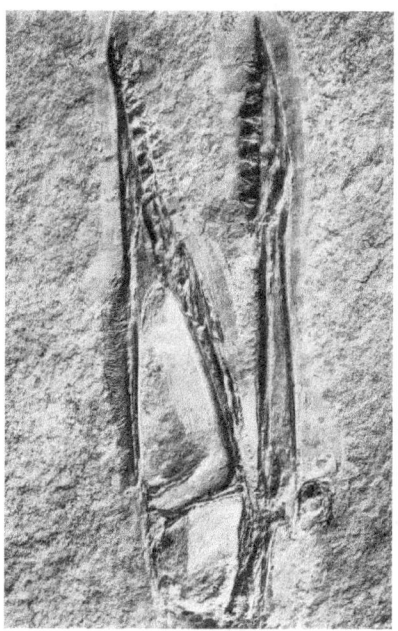

*Knochenkamm auf dem Schädel eines Diopecephalus kochi
(früher: Pterodactylus kochi) aus Eichstätt in Oberbayern.
Foto: BROILI, Ferdinand: Ein Rhamphorhynchus mit Spuren von
Schwimmhaut. In: Sitzungsberichte der mathematisch-naturwissenschaftlichen Abteilung der Bayerischen Akademie der Wissenschaften zu München, Tafel II München 1927.*

kochi" aus den Plattenkalken von Eichstätt mit Knochenkamm auf dem Schädeldach abgebildet. Diesen Flugsaurier aus der Münchner Sammlung hatte 1901 der Stuttgarter Geologe und Paläontologe Felix Plieninger (1868–1954) in „Palaeontographica" publiziert.

1929 beschrieb der Münchner Zoologe Ludwig Döderlein (1855–1936) einen Flugsaurier aus Eichstätt mit Kehlsack und Schwimmhaut als neue Art namens *„Pterodactylus cormoranum"*. Bei jenem Fund waren der Schädel, Hals und Fuß erhalten geblieben. Später hielt man *„Pterodactylus cormoranum"* für einen *„Pterodactylus kochi"* (heute: *Diopecephalus kochi*).

1987 berichtete der Münchner Paläontologe Peter Wellnhofer in den „Annalen des Naturhistorischen Museums Wien" über die Flughaut des Wiener Exemplares von *„Pterodactylus kochi"*. Jener erwachsene Flugsaurier (Inventar-Nummer: NHMW 1975/1756) mit einer Flügelspannweite von 38 Zentimetern stammte von einem nicht genau bekannten Fundort zwischen Solnhofen und Eichstätt. Es handelt sich um ein vollständiges Skelett auf Platte und Gegenplatte mit Weichteil- und Flughaut-Erhaltung. Die ziemlich schmale Flughaut erstreckte sich bis an die Unterschenkel. Als Besonderheit gilt ein Augenring aus überlappenden Knochenplättchen.

In dem Beitrag über das Wiener Exemplar erwähnte Wellnhofer weitere Exemplare mit Flughaut von *„Pterodactylus kochi"*: ein Jungtier von Schernfeld bei Eichstätt im Teylers Museum in Haarlem (Niederlande), ein Jungtier aus der Gegend von Eichstätt in der Paläontologischen Staatssammlung in München (BSP 1924 V 1), ein Exemplar (R 440) von Mörnsheim in der Sammlung des Paläontologischen Instituts der Universität Uppsala (Schweden) und ein Exemplar (BSP 1937 I 118) von Eichstätt in der Münchner Sammlung.

2022 warteten Felix J. Augustin, Panagiotis Kampouridis, Josephina Hartung, Raimund Albersdörfer und Andreas T. Matzke in „Fossil Record" mit der Neuigkeit auf, in einem Kalksteinbruch nahe der Stadt Painten in Niederbayern sei das geologisch älteste Fossil eines „*Pterodactylus kochi*" entdeckt worden. Der Fund stamme aus der Torleite-Formation der Fränkischen Alb und sei etwa 152 Millionen Jahre alt. Laut dem Tübinger Paläontologen Felix J. Augustin ist der Fund etwa eine Million Jahre älter als alle anderen Fossilien von „*Pterodactylus kochi*". Bei dem Rekord-Fund mit einem fünf Zentimeter langen Schädel handelt es sich um ein noch nicht ganz ausgewachsenes Tier. Darauf deuten die Gesamtgröße, der kurze Schädel und die relative Größe der Augenhöhle hin.

Bei „*Pterodactylus kochi*" hat man die Qual der Wahl, wie man ihn nennen soll. Der amerikanische Paläontologe S. Christopher Bennett behauptete 2013, *Pterodactylus kochi* sei mit *Pterodactylus antiquus* identisch. Die englischen Paläontologen Steven U. Vidovic, und David M. Martill dagegen bezeichneten 2017 „*Pterodactylus kochi*" als *Diopecephalus kochi*. Der englische Paläontologe Harry Govier Seeley (1839–1909) hat die Gattung *Diopecephalus* 1871 beschrieben.

Literatur
AUGUSTIN, Felix J. / KAMPOURIDIS, Panagiotis / HARTUNG, Josephina / ALBERSDÖRFER, Raimund / MATZKE, Andreas T.: The geologically oldest specimen of *Pterodactylus*: a new exquisitely preserved skeleton from the Upper Jurassic (Kimmeridgian) Plattenkalk deposits of

Painten (Bavaria, Germany). In: Fossil Record 25 (2): S. 331–343, 2002.

BENNETT, S. Christopher: New information on body size and cranial display structures of *Pterodactylus antiquus*, with a revision of the genus. Paläontologische Zeitschrift, 87 (2): S. 269–289, 2013.

DIE FOSSILIEN VON SOLNHOFEN: *Pterodactylus kochi*. https://www.solnhofen-fossilienatlas.de/fossil.php?fossilid=2708

DÖDERLEIN, Ludwig: Ein *Pterodactylus* mit Kehlsack und Schwimmhaut. In: Sitzungsberichte der Bayerischen Akademie der Wissenschaften, mathematisch-naturwissenschaftliche Abteilung. Heft 1: S. 65–76, München 1929.

GAUPELS, Pia: Die Pterosaurier-Diversität der Plattenkalke. In: GeoHorizon, 19. Juli 2017. https://geohorizon.de/2017/07/19/die-pterosaurier-diversitaet-der-plattenkalke/

MALZ, Heinz: Kurzschwanz-Flugechse. *Pterodactylus kochi* (WAGNER 1837). In: Solnhofener Plattenkalk: Eine Welt in Stein. Herausgegeben von Dr. Theo Kress, Freunde des Museums beim Solenhofer Aktien-Verein e. V. S. 100, Maxberg 1976.

MANZ, Anna: Ältestes *Pterodactylus*-Fossil in Deutschlands entdeckt. Kleiner Flugsaurier flog schon vor 152 Millionen Jahren über die Fränkische Alb. In: Scinexx. Das Wissens-Magazin, 1. Dezember 2022.

TISCHLINGER, Helmut: Überlegungen zur Lebensweise der Pterosaurier anhand eines verheilten Oberschenkelbruches bei *Pterodactylus kochi* (WAGNER). In: Archaeopteryx. Jahreszeitschrift der Freunde des Jura-Museums Eichstätt, S. 63–71, Eichstätt 1993.

VIDOVIC, Steven U. / MARTILL, David M.: The taxonomy and phylogeny of *Diopecephalus kochi* (Wagner, 1837) and *Germanodactylus rhamphastinus* (Wagner, 1851). In: Geological Society, Special Publications 455: New Perspectives on Pterosaur Palaeobiology. https://doi.org/10.1144/SP455.12. 2017.

WAGNER, Andreas: Beschreibung eines neuentdeckten *Ornithocephalus*, nebst allgemeinen Bemerkungen über die Organisation dieser Gattung. In: Abhandlungen der Mathematisch-Physikalischen Klasse der Königlich Bayerischen Akademie der Wissenschaften 2: S. 165–168, München 1837.

WELLNHOFER, Peter: Über *Pterodactylus kochi* (WAGNER 1837). In: Neues Jahrbuch für Geologie und Paläontologie. Abhandlungen 132 (1): S. 97–126, Stuttgart 1968.

WELLNHOFER, Peter: *Pterodactylus kochi* (Wagner 1837). In: Die Pterodactyloidea (Pterosauria) der Oberjura-Plattenkalke Süddeutschlands. In: Bayerische Akademie der Wissenschaften. Mathematisch-Naturwissenschaftliche Klasse, Abhandlungen, Neue Folge, Heft 141, S. 22–34, München 1970.

WELLNHOFER, Peter: Todesursachen. In: Die Pterodactyloidea (Pterosauria) der Oberjura-Plattenkalke Süddeutschlands. In: Bayerische Akademie der Wissenschaften. Mathematisch-Naturwissenschaftliche Klasse, Abhandlungen, Neue Folge, Heft 141, S. 22–34, München 1970.

WELLNHOFER, Peter: *Pterodactylus kochi* (Wagner 1837). In: Flugsaurier. S. 90–91. Wittenberg Lutherstadt 1980.

WELLNHOFER, Peter: *Pterodactylus*. In: Solnhofener Plattenkalk: Urvögel und Flugsaurier. Herausgegeben von Dr. Theo Kress, Freunde des Museums beim Solenhofer Aktien-Verein e.V. S. 46, Maxberg 1983.

WELLNHOFER, Peter: Die Flughaut von *Pterodactylus*

(Reptilia, Pterosauria) am Beispiel des Wiener Exemplares von *Pterodactylus kochi* (Wagner). In: Annalen des Natur-historischen Museums Wien (1): S. 148–162, Wien 1987.
WIKIPEDIA (Online-Lexikon): Karl Ludwig Koch.
https://de.wikipedia.org/wiki/Carl_Ludwig_Koch
WIKIPEDIA (Online-Lexikon): Heinz Malz.
https://de.wikipedia.org/wiki/Heinz_Malz
WIKIPEDIA (Online-Lexikon): Felix Plieninger.
https://de.wikipedia.org/wiki/Felix_Plieninger
WINKLER, Tiberius Cornelis. Le *Pterodactylus Kochi* Wagn. du Musée Teyler. In: Archive du Musée Teyler 3. Haarlem 1878.

Französischer Paläontologe Georges Cuvier (1769–1832).
Bild aus: BOLTON, Sarah K.: Famous Men of Science,
New York 1889

Großer Flug-Finger

Der Kurzschwanz-Flugsaurier *„Pterodactylus" grandis*

Ein Großer unter den aus den Solnhofener Plattenkalken
bekannten Tieren war zu seinen Lebzeiten im Oberjura vor
etwa 150 Millionen Jahren der als *„Pterodactylus" grandis* bezeichnete Kurzschwanz-Flugsaurier. Anhand der Länge
einzelner Extremitäten-Knochen wurde eine imposante
Flügelspannweite von mehr als 2,20 Metern errechnet.
Manche Experten sprechen sogar von 2,50 bis fast drei
Metern.
Mit diesen Maßen übertraf *„Pterodactylus" grandis* die anderen Flugsaurier im Solnhofen-Archipel merklich. Seine
Flügelspannweite entsprach ungefähr dem eines heutigen
Bartgeiers (*Gypaetus barbatus*) oder Seeadlers (*Haliaetus albi-
cilla*). Der in Afrika, Südeuropa und Asien heimische Bart-
geier ernährt sich unter anderem von Knochen. Zweifellos
ist *„Pterodactylus" grandis* einer der imposantesten Flugsau-
rier aus der Oberjurazeit gewesen.
Von dem Rekordhalter unter den Flugsauriern aus den
Solnhofener Plattenkalken liegen bisher keine kompletten
Skelette vor, sondern nur einzelne Flügel und Beinkno-
chen. Die Erstbeschreibung von *„Pterodactylus" grandis*
erfolgte 1824 durch keinen Geringeren als den großen
französischen Gelehrten Georges Cuvier (1769–1832).
Allerdings gilt heute der Artname *„Pterodactylus" grandis* als
Nomen dubium (zweifelhafter Name).
Nach Ansicht des schweizerischen Paläontologen Emil
Kuhn-Schnyder (1905–1994) aus Zürich hat sich Cuvier
auf drei Gebieten unvergessliche wissenschaftliche Verdienste erworben: 1. die vergleichende Anatomie, 2. die

Wirbeltier-Paläontologie, 3. die Klassifikation des lebenden Tierreiches.

Eigentlich war Cuvier kein Franzose. Denn er wurde 1769 als Georg Küfer im protestantischen Montbéliard (Mömpelgard) geboren, das von 1397 bis 1793 zu Württemberg gehörte. Er besuchte von 1784 bis 1788 die Hohe Carls-Schule in Stuttgart, war danach Hauslehrer und ging 1795 nach Paris, wo er Stellvertreter des Professors für vergleichende Anatomie am Jardin des Plantes wurde. 1800 wählte man ihn zum Präsidenten des Instituts National. 1819 wurde er Baron. Cuvier verglich zahlreiche Skelettreste ausgestorbener Wirbeltiere mit denen heute lebender Tiere.

Mit „*Pterodactylus*" *grandis* haben sich vor und nach Cuvier weitere renommierte Forscher befasst, die aber meistens andere wissenschaftliche Namen für diesen großen Flugsaurier verwendeten. Der Gelehrte Samuel Thomas Soemmering (1755–1830) hielt 1820 einen Flugsaurier-Fund aus Eichstätt (Oberbayern) irrtümlich für eine Fledermaus-Gattung namens *Ornithocephalus*. Der Originalfund (Unterarm, zweite und dritte Flugfinger-Phalange, Oberschenkel, Schienbein) wurde früher in der ehemals Großherzoglichen Sammlung, den späteren Landessammlungen für Naturkunde in Karlsruhe, aufbewahrt und während des Zweiten Weltkrieges vernichtet. Der Paläontologe Hermann von Meyer (1801–1869) aus Frankfurt am Main sprach 1843 von *Pterodactylus secundarius*. Der Münchner Zoologe Johann Andreas Wagner (1797–1861) beschrieb 1851 einen Fund aus Eichstätt als *Ornithocephalus secundarius*. Jenes Fossil lag früher in München und ging verloren. 1852 berichtete Wagner über einen Fund namens *Ornithocephalus grandis* aus Daiting bei Monheim (Schwaben), der sich früher in

München befand, aber ebenfalls verloren ging. Dieser Fossilfund bestand aus dem Oberarmbein, dem Unterarm und der Mittelhand. Die Speiche übertraf mit einer Länge von 18,5 Zentimetern den des 1820 von Soemmering untersuchten Typusexemplares. Hermann von Meyer schrieb 1859 über einen Fund namens „Pterodactylus" grandis. Der Eichstätter Mineraloge und Paläontologe Ludwig Frischmann (1812–1876) informierte 1868 über einen Fund namens Pterodactylus secundarius aus Eichstätt, der im Staatlichen Museum für Mineralogie und Geologie, Dresden, aufbewahrt wird. Der englische Geologe und Paläontologe Richard Lydekker (1849–1915) berichtete 1888 über zwei Flugsaurier-Fossilien namens Rhamphorhynchus grandis aus Eichstätt. Die beiden von Lydekker untersuchten und in London befindlichen Fossilien können nur mit Vorbehalt zu „Pterodactylus" grandis gerechnet werden. Bei einem Fund sind die Glieder II bis IV des Flugfingers mit Längenmaßen erfasst (16,5, 14,0 und 13,6 Zentimeter). Beim anderen Fund handelt es sich nur um einen Unterschenkel mit Fuß (Schienbein 14,1 Zentimeter).

Mit Vorbehalt stellt der Münchner Paläontologe und Flugsaurier-Experte Peter Wellnhofer auch einen Fund aus Eichstätt, der in der Philosophisch-Theologischen Hochschule liegt, zu „Pterodactylus" grandis. Dabei handelt es sich um drei isolierte Flugfinger-Glieder und zwei große Handwurzel-Knochen. Das erste Flugfinger-Glied ist 20 Zentimeter lang, das zweite 19,5 Zentimeter und das dritte 18,5 Zentimeter. Für eine Zuordnung zu „Pterodactylus" grandis sprechen die Größe der Glieder des Flugfingers und der geringe Längenunterschied zwischen den einzelnen Fingergliedern. Bei anderen großwüchsigen Flugsaurier-Arten – wie Pterodactylus longicollum – besteht zwischen dem ersten

und zweiten sowie zwischen dem zweiten und dritten Flugfinger-Glied eine erhebliche Längenabnahme.

Als fraglich gilt die systematische Stellung des von Hermann von Meyer 1843 beschriebenen *Pterodactylus secundarius*. Von ihm liegen zwei Schienbeine von 13,4 und 13,2
Zentimeter Länge sowie ein Fuß vor. Wagner wollte 1858
Pterodactylus secundarius zur Unterart von *Pterodactylus longicollum* erklären. Doch im Vergleich zu dieser Art ist das
Schienbein zu robust, nicht so schlank.

2020 beschrieben die Paläontologen Ross A. Elgin (Karlsruhe) und David W. E. Hone (London) fossile Reste von
zwei großen Flugsauriern aus den Solnhofener Plattenkalken.
Jeder von ihnen erreichte eine Flügelspannweite von mehr
als zwei Metern. Der im Museum für Naturkunde in Berlin
aufbewahrte Fund (Inventar-Nummer: MB.R.5591-1) kam
in der Gegend von Eichstätt (Oberbayern) zum Vorschein
und hat eine Flügelspannweite von 2,24 Metern. Ähnlich
groß war zu Lebzeiten der im Staatlichen Museum für Naturkunde in Karlsruhe befindliche Flugsaurier (Inventar-
Nummer: SMNK PAL 6990) aus der Gegend von Solnhofen in Mittelfranken. Dieses Exemplar wurde vom Museum
bei einem Fossilienhändler erworben und hat eine Flügelspannweite von 2,12 Metern.

Bisher sind von „*Pterodactylus*" *grandis* keine Schädel, Schul-
ter- und Beckengürtel bekannt. Jener Flugsaurier lässt sich
noch keiner der besser bekannten Formen aus dem Solnhofen-Archipel zuweisen.

Nach Ansicht von Elgin und Hone könnten MB.R.5591-1
und SMNK PAl. 6990 zu den Familien Ctenochasmatoidea
oder Dsungaripteroidea gehören. Beide Familien sind in den
Solnhofener Plattenkalken durch Funde vertreten. Dagegen
scheiden Verwandtschaftsverhältnisse mit *Aurorazhdarcho*

micronyx, Cycnorhamphus suevicus und *Ardeadactylus longicollum* aus.

Die größten Flugsaurier in der Jurazeit vor etwa 201 bis 145 Millionen Jahren erreichten eine Flügelspannweite bis zu 2,50 Metern. So groß waren der erwähnte *„Pterodactylus"* *grandis* im Solnhofen-Archipel in Bayern, *Comodactylus* („Finger von Como") iu Wyoming (USA) und *Huanhepterus* („Flügel vom Fluss Huanhe") in China. Alle drei existierten im Oberjura. Die Erstbeschreibung des Langschwanz-Flugsauriers *Comodactylus ostromi* erfolgte 1981 durch den amerikanischen Paläontologen Peter Galton. Er hatte einen 100 Jahre zuvor im Steinbruch 9 am Como Bluff in Wyoming (USA) geborgenen Mittelhand-Knochen als Flugsaurier-Rest erkannt. Der Kurzschwanz-Flugsaurier *Huanhepterus quingyangensis* mit einem niedrigen Knochenkamm auf dem Schädel wurde 1982 von dem chinesischen Paläontologen Dong Zhiming erstmals beschrieben.

Literatur
DONG, Zhiming: On a new pterosauria (*Huanhepterus quingyangensi* gen et sp. nov,) from Ordos China. In: Vertebrata Palasiatica 20 (2): S. 115–121, Peking (in Chinesisch).
ELGIN, Ross A. / HONE, David W. E.: A review of two large Jurassic pterodactyloid specimens from Solnhofen of southern Germany. In: Palaeontologia Electronica 23 (1): 2020. palaeo-electronica.org
GALTON, Peter M.: A Rhamphorhynchoid Pterosaur from the Upper Jurassic of North America. In: Journal of Paleontology 55 (5): S. 117–122, 1981.
KUHN-SCHNYDER, Emil: Georges Cuvier 1969–1832. In: Festschrift anläßlich des 60. Geburtstages von Prof. Dr. Erwin Rutte. Weltenburger Akademie. Gruppe Geschichte.

S. 143–159, Kelheim/Weltenburg 1983.

PROBST, Ernst: Pioniere der Urzeitforschung: Georges Cuvier. In: Deutschland in der Urzeit. Von der Entstehung des Lebens bis zum Ende der Eiszeit. S. 383, München 1986.

WELLNHOFER, Peter: „*Pterodactylus*" *grandis* CUVIER, 1824. In: Die Pterodactyloidea (Pterosauria) der Oberjura-Plattenkalke Süddeutschlands. In: Bayerische Akademie der Wissenschaften. Mathematisch-Naturwissenschaftliche Klasse, Abhandlungen, Neue Folge, Heft 141, S. 81–82, München 1970.

WELLNHOFER, Peter: *Pterodactylus grandis* Cuvier 1824. In: Flugsaurier. S. 94. Wittenberg Lutherstadt 1980.

WELLNHOFER, Peter: *Comodactylus* und *Mesadactylus*. In: Die große Enzyklopädie der Flugsaurier. Illustrierte Naturgeschichte der fliegenden Saurier. 100 Arten auf über 400 Fotos und Illustrationen. S. 105–106, München 1993.

WELLNHOFER, Peter: *Huanhepterus*. In: Die große Enzyklopädie der Flugsaurier. Illustrierte Naturgeschichte der fliegenden Saurier. 100 Arten auf über 400 Fotos und Illustrationen. S. 104–105, München 1993.

Der Stein-Finger

Der Kurzschwanz-Flugsaurier *Petrodactyle wellnhoferi*

Im Juli 2023 beschrieben David W. E. Hone (London), René Lauer (Wheaton, Illinois), Bruce Lauer (Wheaton, Illinois) und Frederik Spindler (Denkendorf, Bayern) in „Palaeontologia Electronica" die neue Gattung und Art des Kurzschwanz-Flugsauriers *Petrodactyle wellnhoferi*. Mit einer geschätzten Flügelspannweite von 2,10 Metern gilt *Petrodactyle* („Stein-Finger") als einer der größten Flugsaurier aus dem Solnhofen-Archipel. Fundort ist ein Besucher-Steinbruch in Mülheim bei Mörnsheim (Kreis Eichstätt) in Oberbayern. Dort entdeckte im April 2010 der Fossiliensammler Günther Zehetner aus Raubling bei Rosenheim das Fossil aus dem Oberjura. Dieser Flugsaurier hat einen der größten Knochenkämme aller Flugsaurier aus dem Jura und eine ungewöhnliche Kombination aus kurzen und spitzen Zähnen mit einem ausgedehnten Kamm. Der Originalfund wurde im März 2015 von der Lauer Foundation in Wheaton (Illinois/USA) erworben.

Literatur
HONE, David W. E. / LAUER, René / LAUER, Bruce / SPINDLER, Frederik: *Petrodactyle wellnhoferi* gen. et. sp. nov.: A new and large ctenochasmatid pterosaur from the Late Jurassic of Germany. In: Palaeontologia Electronica, 26 (2) 2023. palaeo-electronica.org
DÖRR, Maximilian: Familienvater entdeckt Teile eines Flugsauriers. In: Augsburger Allgemeine, 12. September 2011.

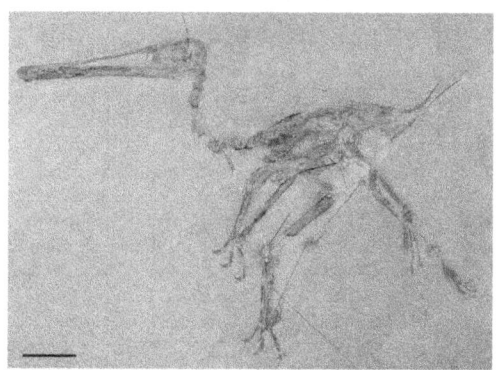

Holotypus anhand dessen der Kurzschwanz-Flugsaurier
Aerodactylus scolopaciceps beschrieben wurde.
Foto: Steven U. Vidovic, David M. Martill / CC BY 2.5
(via Wikimedia Commons),
lizensiert unter Creative Commons-Lizenz by-2.5,
https://creativecommons.org/licenses/by/2.5/legalcode

Der Luft-Finger

Der Kurzschwanz-Flugsaurier *Aerodactylus scolopaciceps*

Die an der University of Porthsmouth in England arbeiten-
den Paläontologen Steven U. Vidovic und David M. Martill
beschrieben 2014 in der Online-Fachzeitschrift „PloS" den
Kurzschwanz-Flugsaurier *Aerodactylus scolopaciceps* („Luft-
Finger") aus dem Oberjura von Bayern. Dies geschah nach
der wissenschaftlichen Neubetrachtung eines Fundes aus
Eichstätt in Oberbayern, den der Wirbeltier-Paläontologe
Hermann von Meyer (1801–1869) aus Frankfurt am Main
bereits 1860 als *Pterodactylus scolopaciceps* bezeichnet hatte.
Meyer hielt 1850 den Fund aus Eichstätt mit der Inventar-
Nummer BSP AS V29 a/b für ein Exemplar des bereits
1819 von Georges Cuvier beschriebenen Kurzschwanz-
Flugsauriers *Pterodactylus longirostris*. Aber 1860 erwähnte er
dieses Fossil in „Zur Fauna der Vorwelt. Reptilien aus dem
lithographischen Schiefer des Jura in Deutschland und
Frankreich" als *Pterodactylus scolopaciceps*.
Die Fachwelt reagierte unterschiedlich auf die neue Art
Pterodactylus scolopaciceps. Der Münchner Geologe und Palä-
ontologe Karl Alfred von Zittel (1839–1904) und der
Münchner Zoologe Johann Andreas Wagner (1797–1861)
betrachteten 1883 *Pterodactylus scolopaciceps* als Synonym der
1837 von Wagner aufgestellten Art *Pterodactylus kochi*. Der
Münchner Paläontologe Ferdinand Broili (1874–1946) er-
wähnte 1938 in den „Sitzungsberichten der Bayerischen
Akademie der Wissenschaften" ein zweites Exemplar von
Pterodactylus scolopaciceps und erkannte damit diese Art an.
Andere Experten dagegen bezweifelten weiterhin die Gül-
tigkeit jener Art

Lebensbild des Kurzschwanz-Flugsauriers
Aerodactylus scolopaciceps von Matthew Martyniuk.
Bild: Matthew Martyniuk / CC BY-SA 4.0
(via Wikimedia Commons),
lizensiert unter Creative Commons-Lizenz by-sa-4.0,
https://creativecommons.org/licenses/by-sa/4.0/legalcode

2014 trennten Steven U. Vidovic und David M. Martill die
Arten *Pterodactylus scolopaciceps* und *Pterodactylus kochi*. *Pterodactylus scolopaciceps* gaben sie den neuen Gattungsnamen
Aerodactylus (griechisch: aero = Wind, griechisch: dactylus =
Finger). Die Erstbeschreiber erkärten hierzu: „Der Name
leitet sich vom Nintendo-Pokémon Aerodactyl ab, eine
Fantasie-Kreatur, welche aus einer Kombination verschiedener Flugsaurier-Merkmale besteht. Es erschien ein ange-
messener Name für eine Gattung zu sein, die aufgrund
einer Kombination von Merkmalen für eine so lange Zeit
synonym mit *Pterodactylus* gewesen ist."
Vom Kurzschwanz-Flugsaurier *Aerodactylus scolopaciceps* liegen bisher aus den Solnhofener Plattenkalken sechs vollständige Skelette vor. Alle stammen von jugendlichen Tieren. An den Fossilien blieben teilweise Spuren von Weich-
teil-Gewebe erhalten. Diese erlaubten es, *Aerodactylus* zu
rekonstruieren.
Aerodactylus erreichte eine Flügelspannweite bis zu 1,50 Metern. Zu Lebzeiten wog er schätzungsweise zwei Kilogramm. An der Rückseite seines langen und schmalen Schädels trug er einen kleinen dreieckigen Weichteil-Kamm. Im
langen Schnabel befanden sich insgesamt etwa 64 Zähne,
die sich zu den Kieferspitzen hin stärker drängten. *Aerodactylus* hatte eine räuberische Lebensweise. Im Gegensatz
zu manchen verwandten Arten waren der Schädel und der
Oberkiefer leicht nach oben gebogen. An den Kieferspitzen befand sich ein kleiner, hakenartiger Schnabel. Sowohl
der obere als auch der untere Haken des Schnabels über-
ragten die benachbarten Zähne nicht.
Etwa von der Mitte des Unterkiefers bis zum oberen Teil
des Halses erstreckte sich ein Kehlsack. Der lange Hals war
mit borstenartigen Fasern bedeckt.

1938 entdeckte der Münchner Paläontologe Ferdinand Broili (1874–1946) bei einem *Pterodactylus scolopaciceps*, wie *Aerodactylus scolopaciceps* damals noch hieß, eine Schwimmhaut zwischen den Zehen. Darüber berichtete er in den „Sitzungsberichten der Bayerischen Akademie der Wissenschaften". Als mutmaßlicher Fundort des Flugsauriers mit Schwimmhaut gilt der Wintershof bei Eichstätt.

Wenn es nach dem an der Fort Hays State University (Kansas, USA) tätigen Paläontologen S. Christopher Bennett geht, hat *Aerodactylus scolopaciceps* überhaupt nicht existiert. 2018 stellte dieser amerikanische Flugsaurier-Forscher den Status von *Aerodactylus* aus mehreren Gründen in Frage. Unter anderem kritisierte er, die angeblichen Schädelmerkmale von *Aerodactylus* unterschieden sich nur geringfügig von denen von *Pterodactylus*. Bennett hält *Aerodactylus scolopaciceps* für ein Synonym des bereits 1812 von dem Münchner Anatom, Anthropologen und Paläontologen Samuel Thomas von Soemmering (1755–1830) beschriebenen und benannten Kurzschwanz-Flugsauriers *Pterodactylus antiquus*.

Literatur
BENNETT, S. Christopher: New smallest specimen of the pterosaur *Pteranodon* and ontogenetic niches in pterosaurs. In: Journal of Paleontology. 92 (2): S. 254–271, 2018.
BROILI, Ferdinand: Beobachtungen an *Pterodactylus*. In: Sitzungsberichte der Bayerischen Akademie der Wissenschaften, mathematisch-naturwissenschaftliche Abteilung: S. 139–154, München 1838.
DINODATA.DE: *Aerodactylus scolopaciceps*.
https://dinodata.de/animals/pterosaurs/pages_a/aerodactylus.php

FREY, Eberhard / TISCHLINGER, Helmut / BUCHY, Marie-Céline / MARTILL, David M. (2003): New specimens of Pterosauria (Reptilia) with soft parts with implications for pterosaurian anatomy and locomotion. In: BUFFETAUT, Eric / MAZIN, Jean-Michel (Herausgeber): Evolution and Palaeobiology of Pterosaurs. London: Geological Society 217 (1): S. 233–266, 2003.

MEYER, Hermann von: Zur Fauna der Vorwelt: Reptilien aus dem lithographischen Schiefer des Jura in Deutschland und Frankreich. Frankfurt am Main 1860.

PÖKÉWIKI. Die deutsche Pokemon-Enzyklopädie: Aerodactyl.
https://www.pokewiki.de/Aerodactyl

PREHISTORIC WILDLIFE: *Aerodactylus.*
http://www.prehistoric-wildlife.com/species/a/aerodactylus.html

VIDOVIC, Steven U. / MARTILL, David M.: *Pterodactylus scolopaciceps* Meyer, 1860 (Pterosauria, Pterodactyloidea) from the Upper Jurassic of Bavaria, Germany: The Problem of Cryptic Pterosaur Taxa in Early Ontogeny. In: PLOS ONE 9 (10): doi:10.1371/journal.pone.0110646. 2014.

WIKIPEDIA (Online-Lexikon): *Aerodactylus.*
https://en.wikipedia.org/wiki/Aerodactylus

ZITTEL, Karl Alfred von (1883). Über Flugsaurier aus dem lithographischen Schiefer Bayerns. In: Palaeontographica 29: S. 47–80, 1883.

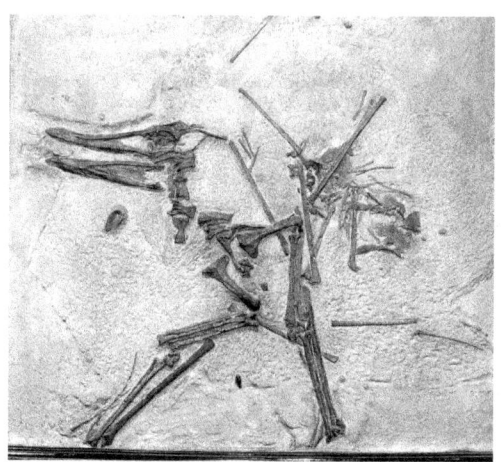

Jungtier von Cycnorhamphus suevicus (Inventar-Nummer: GPIT 80)
aus Nusplingen (Schwäbische Alb) in Württemberg
in der Paläontologischen Sammlung der Universität Tübingen.
Foto: Haplochromis / CC BY-SA 3.0 (via Wikimedia Commons),
lizensiert unter Creative Commons-Lizenz by-sa-3.0,
https://creativecommons.org/licenses/by-sa/3.0/legalcode

Der Schwanen-Schnabel

Der Kurzschwanz-Flugsaurier *Cycnorhamphus suevicus*

Erst hieß er „Württembergischer Flug-Finger", „Schwäbischer Flug-Finger", „Gallier-Finger" und dann „Schwanen-Schnabel". So kann man die Forschungsgeschichte eines Kurzschwanz-Flugsauriers aus dem Oberjura vor etwa 150 Millionen Jahren kurz beschreiben, der aus Solnhofen in Bayern, Nusplingen in Württemberg und Canjuers in Frankreich nachgewiesen ist. Jenes Tier hatte einen bis zu 15 Zentimeter langen Schädel und eine Flügelspannweite von maximal 1,50 Metern. Sein wissenschaftlicher Name ist heute *Cycnorhamphus suevicus* („Schwanen-Schnabel").

1854 machte der Tübinger Geologe, Paläontologe, Mineraloge und Kristallograph Friedrich August Quenstedt (1809–1889) den ersten Fund eines Flugsauriers aus Schwaben bekannt. Damals berichtete er im „Neuen Jahrbuch für Mineralogie" über ein 1853 gefundenes Fossil aus den Schieferkalk-Brüchen von Nusplingen auf der Schwäbischen Alb. Die Nusplinger Gesteine sind ähnlich alt wie die berühmten Solnhofener Plattenkalke aus dem Oberjura. Quenstedt bezeichnete den Flugsaurier aus Nusplingen 1854 in einer brieflichen Mitteilung an Professor Bronn, den Herausgeber des „Neuen Jahrbuchs für Mineralogie", zunächst als *Pterodactylus württembergicus* („Württembergischer Flug-Finger") Aber bereits im Folgejahr 1855 schlug Quenstedt für das Fossil aus Nusplingen den wissenschaftlichen Namen *Pterodactylus suevicus* („Schwäbischer Flug-Finger ") vor.

Ebenfalls 1855 befasste sich der Wirbeltier-Paläontologe Hermann von Meyer (1801–1869) aus Frankfurt am Main

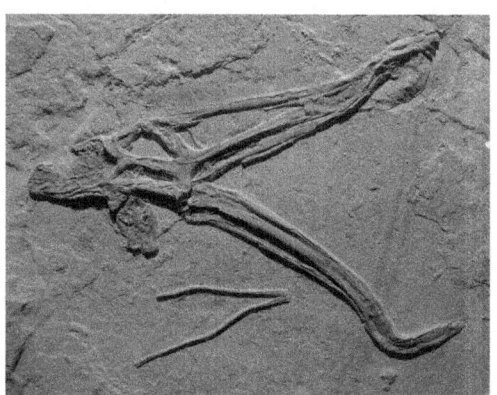

Schädel von Cycnorhamphus suevicus („Paintner Pelikan")
aus Painten (Niederbayern) im Museum Solnhofen
(früher: Bürgermeister-Müller-Museum).
Länge des Schädels 29,5 Zentimeter.
Foto: Ghedoghedo / CC BY-SA 4.0 (via Wikimedia Commons),
lizensiert unter Creative Commons-Lizenz by-sa-4.0,
https://creativecommons.org/licenses/by-sa/4.0/legalcode

im „Neuen Jahrbuch für Mineralogie" mit jenem Flugsaurier. Er trat dafür ein, wieder den zuerst von Quenstedt vorgeschlagenen Namen *Pterodactylus württembergicus* zu verwenden. Doch da mittlerweile in der Literatur nur noch der Name *Pterodactylus suevicus* gebräuchlich war, beließ man es bei dieser Bezeichnung.

Der 1855 von Quenstedt beschriebene *Pterodactylus suevicus* kam in den Nusplinger Schieferkalken aus dem Oberjura – genauer gesagt aus aus dem Malm, Zeta 1 – zum Vorschein. Es handelt sich um eine große Art von *Pterodactylus* mit dünnen, spitzen, langen Zähnen auf den vorderen Kieferabschnitten, geringer Größenabnahme vom ersten bis zum vierten Flugfinger-Glied und kurzen Halswirbeln. Die Mittelhand ist merklich länger als der Unterarm.

1858 schlug der Münchner Zoologe Johann Andreas Wagner (1797–1861) vor, *Pterodactylus suevicus* der Art *Pterodactylus eurychirus* oder der Unterart *Pterodactylus suevicus eurychirus* zuzuorden. Diese Namen beruhten auf einem fragmentarisch erhaltenen Fund aus Eichstätt in Oberbayern. Jener bestand im Wesentlichen aus den beiden Vordergliedmaßen, Schienbein und Hinterfuß. Der von Wagner untersuchte Fund wurde früher in München aufbewahrt, ging aber im Zweiten Weltkrieg bei einem Luftangriff im April 1944 verloren. *Pterodactylus eurychirus* gilt heute als Synonym von *Cycnorhamphus suevicus*.

Der englische Gelehrte Harry Govier Seeley (1839–1909), [`] Professor für Geologie am King's College in London, bezeichnete 1870 *Pterodactylus suevicus* als *Cycnorhamphus suevicus*. Sein Landsmann, der Naturforscher, Geologe und Paläontologe Richard Lydekker (1849–1915), sprach 1888 ebenfalls von *Cycnorhamphus suevicus*. Der deutsche Paläontologe und Geologe Felix Plieninger (1868–1954) wies

1907 darauf hin, dass die Begründung der neuen Gattung
Cycnorhamphus auf angeblichen Verschiedenheiten des
Skelettes beruhe, die für die Abtrennung von *Pterodactylus*
nicht ausreichten oder am Originalfund gar nicht existierten. Dagegen sprächen andere Merkmale für die Zugehörigkeit zur Art *suevicus* in die Gattung *Pterodactylus*.
Plieninger war Professor für Geologie an der Landwirtschaftlichen Hochschule Hohenheim und von 1927 bis
1928 deren Rektor. Er ist für Forschungen zu Flugsauriern
bekannt. Von ihm stammt die 1901 vornommene Unterteilung in Langschwanz-Flugsaurier und Kurzschwanz-Flugsaurier.
1974 prägte der französische Paläontologe Jacques Fabre
für einen Flugsaurier aus dem Oberjura von Canjuers (Département Var) in Südfrankreich den Artnamen *Gallodactylus
canjuersensis*. Der Gattungsname *Gallodactylus* besteht aus
dem Hinweis auf das Fundgebiet Gallien und dem griechischen Wort dáktylus für „Finger".
Bereits ab den späten 1960er Jahren beutete die Familie
Ghirardi die Kalksteinbrüche von Les Besson aus, die sich
auf dem französischen Armee-Stützpunkt Canjuers nahe
Aiguines befinden. Eines von vielen Fossilien, die dort zum
Vorschein kamen, ist eine Platte mit einem Flugsaurier. Die
genaue Fundzeit und der exakte Fundort sind unbekannt.
Der Flugsaurier von Canjuers wurde erstmals 1971 von
Léonard Ginsburg (1927–2009) und Guy Mennessier
(1928–1985) wissenschaftlich beschrieben. 1974 benannte
der Paläontologe Fabre basierend auf diesem Fossil mit der
Inventar-Nummer MNHN CNJ-71 die neue Art *Gallodactylus canjuersensis*. Fabre war davon überzeugt, es handle sich
um dieselbe Art wie *Pterodactylus suevicus*.
Den 1870 von dem englischen Paläontologen Harry Govier

Seeley vorgeschlagenen Gattungsnamen *Cycnorhamphus* („Schwanen-Schnabel") verwendete Fabre nicht wieder. Nach seiner Ansicht war der Name *Cycnorhamphus* aufgrund von Fehlern in der Diagnose von Seeley, auf die bereits der Stuttgarter Paläontologe Plieninger hingewiesen hatte, nicht verfügbar. Aus *Pterodactylus suevicus* wurde somit *Gallodactylus suevicus*. 1976 benannte Fabre die Art erneut, beschrieb sie detaillierter, erwähnte aber nicht seine frühere Veröffentlichung von 1974. Dies verwirrte spätere Forscher, die irrtümlich annahmen, 1976 sei das offizielle Namensdatum von *Gallodactylus*. Tatsächlich enthält schon das Papier von 1974 eine ausreichende Erstbeschreibung, und die Art wurde in jenem Jahr gültig benannt. 1983 verkauften die Ghirardis ihre gesamte Fossiliensammlung an das Muséum national d'histoire naturelle in Paris.

1996 wies der amerikanische Paläontologe S. Christopher Bennett darauf hin, dass solche Fehler, wie sie Seeley 1870 unterliefen, einen wissenschaftlichen Namen nicht ungültig machten. Daher habe der Gattungsname *Cycnorhamphus* Vorrang, was *Gallodactylus canjuersensis* zu *Cycnorhamphus canjuersensis* mache. 2010 und 2012 veröffentlichte Bennett erneute Studien und zog den Schluss, die Unterschiede zwischen *Gallodactylus canjuersensis* und *Cycnorhamphus canjuersensis* könnten durch Alter, Geschlecht oder individuelle Variation erklärt werden. Bennett betrachtete nun *Cycnorhamphus canjuersensis* und *Cycnorhamphus suevicus* als Synonyme. Wegen seines bis zu 15 Zentimeter langen Schädels und seiner Flügelspannweite bis zu 1,50 Metern gilt *Cycnorhamphus suevicus* als großer Flugsaurier. Seine Kennzeichen sind der langgestreckte Schädel, wenige auf den vorderen Kieferabschnitt beschränkte, dünne, spitze und lange Zähne sowie ein kurzer Knochenkamm auf dem Schädel. Das

Ende seiner Schnauze ist löffelartig verbreitert und vorne gerundet. Die Zähne im Greif- und Reusengebiss sitzen seitlich im Kiefer und sind nach vorne gerichtet. In jeder Unterkieferhälfte sind 32 Zähne vorhanden Insgesamt trug dieser Flugsaurier wohl 128 Zähne. Gelegentlich existieren Keime von Ersatzzähnen dicht hinter den Hauptzähnen. Die Halswirbel von *Cycnorhamphus suevicus* sind kurz. Gering ist die Größenabnahme vom ersten bis zum vierten Flugfinger-Glied.

Literatur

BENNETT, S. Christopher: On the taxonomic status of *Cycnorhamphus* and *Gallodactylus* (Pterosauria: Pterodactyloidea). In: Journal of Paleontology 70 (2): S. 335–338, 1996.

BENNETT, S. Christopher: The morphology and taxonomy of the Pterosaur *Cycnorhamphus*. In: Neues Jahrbuch für Geo-logie und Paläontologie. Abhandlungen 267: S. 23–41, 2013.

DINODATA.DE: *Cycnorhamphus suevicus*.
https://dinodata.de/animals/pterosaurs/pages_c/cycnorhamphus.php

DINOSAUR WIKI: *Cycnorhamphus*.
https://dinosaurier.fandom.com/de/wiki/Cycnorhamphus

FABRE, Jacques: Un noveau pterodactyloidea sur le gisement „Portlandien" de Canjuers (Var): *Galodactylus canjuersensis* nov. gen. nv. sp. In: Annales de Paléontologia. (Vertebres) 62 (1): S. 35–70, Paris 1974.

FRAAS, Oscar: Über *Pterodactylus suevicus*, Qu., von Nusplingen. In: Palaeontographica 25: S. 163–174, 1878.

PLIENINGER, Felix: Die Pterosaurier der Juraformation Schwabens. In: Palaeontographica 53: S. 209–313, 1907.

PREHISTORIC WILDLIFE: *Cycnorhamphus*.

http://www.prehistoric-wildlife.com/species/c/cycnorhamphus.html

QUENSTEDT, Friedrich August: Über *Pterodactylus Suevicus* im lithographischen Schiefer Württembergs. Tübingen 1855.

WELLNHOFER, Peter: *Pterodactylus suevicus* QUEN-STEDT, 1855. In: Die Pterodactyloidea (Pterosauria) der Oberjura-Plattenkalke Süddeutschlands. Bayerische Akademie der Wissenschaften. Mathematisch-Naturwissenschaftliche Klasse, Abhandlungen, Neue Folge, Heft 141, S. 55–56, München 1970.

WELLNHOFER, Peter: *Gallodactylus suevicus* Quenstedt 1855. In: Flugsaurier. S. 93–94, Wittenberg Lutherstadt 1980.

WELLNHOFER, Peter: *Gallodactylus.* In: Solnhofener Plattenkalk: Urvögel und Flugsaurier. Herausgegeben von Dr. Theo Kress, Freunde des Museums beim Solenhofer Aktien-Verein e.V. S. 49, Maxberg 1983.

WELLNHOFER, Peter: *Gallodactylus.* In: Die große Enzyklopädie der Flugsaurier. Illustrierte Naturgeschichte der fliegenden Saurier. 100 Arten auf über 400 Fotos und Illustrationen. S. 96–77, München 1993.

WIKIPEDIA (Online-Lexikon): *Cycnorhamphus.* https://en.wikipedia.org/wiki/Cycnorhamphus

WIKIPEDIA (Online-Lexikon): Felix Plieninger. https://de.wikipedia.org/wiki/Felix_Plieninger

WIKIPEDIA (Online-Lexikon): Friedrich August Quenstedt. https://de.wikipedia.org/wiki/Friedrich_August_Quenstedt

WIKIPEDIA (Online-Lexikon): Harry Govier Seeley. https://de.wikipedia.org/wiki/Harry_Govier_Seeley

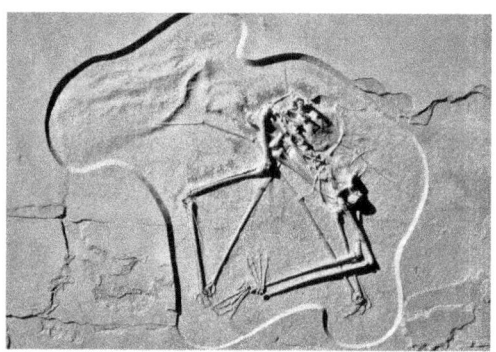

*Kurzschwanz-Flugsaurier Aurorazhdarcho micronyx
aus dem Steinbruch Blumenberg, drei Kilometer
nordwestlich von Eichstätt in Oberbayern.
Foto: Dr. h. c. Helmut Tischlinger, Stammham*

Kleine Klauen

Der Kurzschwanz-Flugsaurier *Aurorazhdarcho micronyx*

1999 entdeckte der Hobby-Paläontologe Peter Katschme-
kat im Steinbruch Blumenberg, drei Kilometer nordwestlich von Eichstätt (Oberbayern), in den Solnhofener Plattenkalken das Skelett eines Kurzschwanz-Flugsauriers aus
dem Oberjura. Das Fossil wurde von Gerd Stübener präpariert und vom Schweizerischen Naturhistorischen Museum Basel erworben. Anhand dieses Holotypus mit der Inventar-Nummer NMB Sh 110 beschrieben 2011 Eberhard
Frey (Karlsruhe), Christian A. Meyer (Basel) und Helmut
Tischlinger (Stammham) den Flugsaurier *Aurorazhdarcho
primordius*. Der Gattungsname *Aurorazhdarcho* besteht aus
dem lateinischen Wort Aurora („Morgendämmerung") und
dem kasachischen Namen Azhdarcho für einen mythischen
Drachen.
Die 2011 erfolgte wissenschaftliche Beschreibung von *Aurorazhdarcho primordius* beruht auf einem fast vollständigen,
sehr gut erhaltenen Skelett eines erwachsenen Tieres. Der
Flugsaurier-Experte Helmut Tischlinger erkannte unter UV-
Licht Weichteil-Erhaltung aus winzigen Flocken im Bereich
des nur sehr schemenhaft als schwacher Abdruck erkenn-
baren Schädels und im Halsbereich mutmaßliche Überreste
der Haut. Der gewölbte Rand des Schädelabdrucks in der
Steinplatte könnte ein Indiz dafür sein, dass *Aurorazhdarcho*
einen Kopfkamm besaß. Dinodata.de erwähnt eine Flügelspannweite von einem Meter.
2013 verglich der amerikanische Paläontologe S. Christopher Bennett das Fossil, anhand dessen *Aurorazhdarcho primordius* beschrieben worden war, mit den Exemplaren der

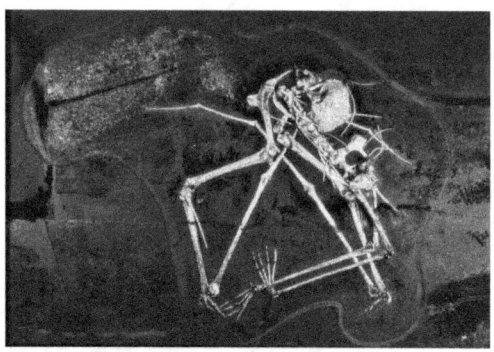

Kurzschwanz-Flugsaurier Aurorazhdarcho micronyx
aus dem Steinbruch Blumenberg, drei Kilometer nordwestlich
von Eichstätt in Oberbayern,
unter ultraviolettem Licht.
Foto: Dr. h. c. Helmut Tischlinger, Stammham

1856 von Hermann von Meyer (1801–1869) benannten Art
Pterodactylus micronyx. Dabei stellte er fest, dass bei diesen
Exemplaren einige der art- und gattungstypischen Merkmale von *Aurorazhdarcho primordius* vorhanden waren. Bennett folgerte, *Aurorazhdarcho primordius* und *Pterodactylus micronyx* seien identisch. Er betrachtete *Aurorazhdarcho* als eine
von *Pterodactylus* verschiedene Gattung, aber den Artnamen
primordius als Junior-Synonym des Artnamens *micronyx*.
Der am 8. November 1856 von Hermann von Meyer beschriebene Kurzschwanz-Flugsaurier *Pterodactylus micronyx*
aus den Solnhofener Plattenkalken hieß ab 2013 *Aurorazhdarcho micronyx*. Den Artnamen *micronyx* hatte Meyer wegen
der Kleinheit der Klauen der Hand gewählt. Das Skelett
dieses Flugsauriers befand sich zunächst in der privaten
Fossiliensammlung der Erzherzogin Maria Anna von Österreich (1738–1789), der zweiten Tochter von Maria Theresia
(1717–1780). Maria Anna erkrankte 1757 an einer Lungen-
entzündung, bekam die Sterbesakramente, wurde wieder
gesund, litt aber unter ständiger Atemnot und einer Ver-
wachsung der Wirbelsäule. Fortan entwickelte sie eine enge
Beziehung zu ihrem Vater, Franz I. Stephan (1708–1765),
und teilte mit ihm seine naturwissenschaftlichen Interessen.
Ab 1871 befand sich der Solnhofener Flugsaurier in der
Königlich Ungarischen Universität von Buda und danach in
der Sammlung der Universität Pest. Der Fund wurde Meyer
von den Professoren Langer und Peters in Pest zur Untersuchung anvertraut.
Das Skelett des in Pest aufbewahrten jugendlichen Flugsauriers hing noch zusammen, aber sein Kopf fehlte. Die
Füße waren mit seltener Deutlichkeit überliefert. Größen-
mäßig entsprach das Skelett demjenigen von *Pterodactylus
kochi*. Beim ersten Anblick glaubte Meyer, die selbe Spezies

Erzherzogin Maria Anna von Österreich (1738–1789),
die zweite Tochter von Maria Theresia (1717–1780),
besaß eine Fossiliensammlung, in der sich ein Flugsaurier befand.
Bild: Martin van Meytens (1695–1770),
(via Wikimedia Commons),
Lizenz: gemeinfrei, Public domain

vor sich zu haben. Doch Meyer fiel auf, dass bei beiden Flugsaurier-Arten das Größenverhältnis zwischen Mittelhand und Vorderarm verschieden sei. Bei *Pterodactylus kochi* betrage es 2 : 3. Beim *Pterodactylus micronyx* aus Pest seien beide Knochen gleich lang. Am Ende seiner Mitteilung kündigte Meyer an, eine genaue Beschreibung und Abbildung von *Pterodactylus micronyx* sei seinem Werk über die Reptilien des lithographischen Schiefers vorbehalten.

Vor Meyer hatten sich bereits andere renommierte Gelehrte mit vergleichbaren Flugsaurier-Funden aus den Solnhofener Plattenkalken befasst. Samuel Thomas Soemmering bezeichnete 1817 den Fund eines Jungtieres *als Ornithocephalus brevirostris*, Lorenz Oken 1819 einen anderen Fund als *Pterodactylus brevirostris* und Johann Andreas Wagner 1851 nach einem Fund (Inventar-Nummer: BMNH 42735) aus der Sammlung dses Arztes Hugo Redenbacher (heute: Humboldt-Muse-um Berlin) *als Ornithocephalus Redenbacheri*. Nachforschungen der Paläontologin Ilona Csepreghyné Meznerics (1906–1977) vom Naturhistorischen Museum Budapest von 1968 erbrachten das Ergebnis, dass der Originalfund, nach dem *Pterodactylus micronyx* 1856 beschrieben worden war, verschollen ist. Er befand sich weder in den Sammlungen der Universität Budapest, noch denen des Naturhistorischen Museums Budapest.

Funde von *Aurorazhdarcho micronyx* sind aus den Solnhofener Schichten, Malm Zeta 2, von Eichstätt (Oberbayern), Schernfeld bei Eichstätt und Solnhofen (Mittelfranken) bekannt. Aufbewahrungsorte sind die Bayerische Staatssammlung, München, das Senckenberg-Museum in Frankfurt am Main, das Naturhistorische Museum Wien, das Naturhistorische Museum Basel und das Carnegie-Museum in Pittsburgh (Pennsylvania, USA).

Einer der am besten erhaltenen Funde von *Pterodactylus micronyx*, wie *Aurorazhdarcho micronyx* damals noch hieß, wurde 1912 von dem Münchner Geologen und Paläontologen Ferdinand Broili (1874–1946) beschrieben. Dieses in Eichstätt entdeckte Fossil mit einem 5,7 Zentimeter langen Schädel sowie jeweils 18 Zähnen in jeder Oberkiefer- und Unterkiefer-Hälfte liegt in der Bayerischen Staatssammlung für Paläontologie und Geologie in München (Inventar-Nummer: 1911 I 31).

Aurorazhdarcho micronyx gilt als mittelgroße Art der Gattung *Aurorazhdarcho*. Ein erwachsenes Exemplar aus Mörnsheim bei Solnhofen (Mittelfranken) hat eine Schädellänge von 8,4 Zentimetern und eine Flügelspannweite von 48 Zentimetern. Bemerkenswert ist ein Fund von *Aurorazhdarcho* mit einer Schädellänge von 5,5 Zentimetern aus Eichstätt. Ungewöhnlich an ihm sind beiderseits der Halswirbelsäule haarähnliche, teilweise büschelförmige Fasern der Körperbehaarung.

In „Wikibrief" werden folgende Arten als Synonyme von *Aurorazhdarcho micronyx* erwähnt:

Pterodactylus redenbacheri Wagner 1851

(Dr. Hugo Redenbacher (1805–1861) war Landgerichtsarzt und Fossiliensammler in Pappenheim, bevor er 1855 nach Hof versetzt wurde),

Pterodactylus micronyx Meyer 1856,

Pterodactylus pulchellus Meyer 1861.

Literatur

BROILI, Ferdinand: Über *Pterodactylus micronyx* H. v. MEYER. In: Zeitschrift der Deutschen Geologischen Gesellschaft 64: S. 492–500, 1912.
DINODATA.DE: *Aurorazhdarcho primordius.*

https://dinodata.de/animals/pterosaurs/pages_a/
aurorazhdarcho.php

FREY, Eberhard / MEYER, Christian A. / TISCHLIN-
GER, Helmut: The oldest azhdarchoid pterosaur from the
Late Jurassic Solnhofen Limestone (Early Tithonian) of
Southern Germany. In: Swiss Journal of Geosciences 104
(1): S. 35–55, 2011.

WELLNHOFER, Peter: *Pterodactylus micronyx* H. v. Meyer,
1856. In: Die Pterodactyloidea (Pterosauria) der Oberjura-
Plattenkalke Süddeutschlands. Bayerische Akademie der
Wissenschaften. Mathematisch-Naturwissenschaftliche
Klasse, Abhandlungen, Neue Folge 141: S. 35–47, Mün-
chen 1970.

WELLNHOFER, Peter: *Pterodactylus micronyx* H. v. Meyer,
1856. In: Flugsaurier. S. 91. Wittenberg Lutherstadt 1980.

WIKIPEDIA (Online-Lexikon): Maria Anna von Österreich.

https://de.wikipedia.org/wiki/
Maria_Anna_von_%C3%96sterreich_(1738%E2%80%931789)

WIKIPEDIA (Online-Lexikon): *Aurorazhdarcho.*

https://en.wikipedia.org/wiki/Aurorazhdarcho

WIKIPEDIA (Online-Lexikon): Ilona Csepreghyné-Mez-
nerics.

https://en.wikipedia.org/wiki/
Ilona_Csepreghyn%C3%A9-Meznerics

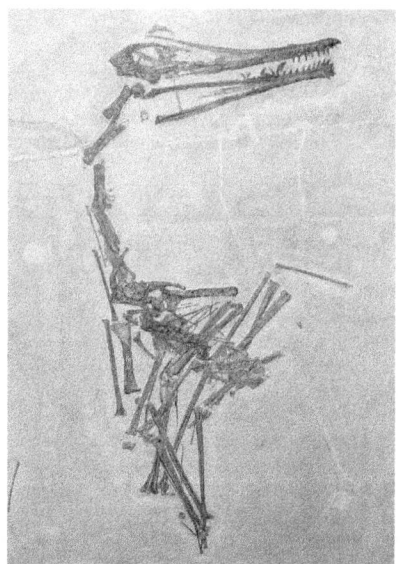

*Kurzschwanz-Flugsaurier Ardeadactylus longicollum
im Staatlichen Museum für Naturkunde Stuttgart.
Foto: Ghedoghedo / CC BY-SA 3.0 (via Wikimedia Commons),
lizensiert unter Creative Commons-Lizenz by-sa-3.0,
https://creativecommons.org/licenses/by-sa/3.0/legalcode*

Der Reiher-Finger

Der Kurzschwanz-Flugsaurier *Ardeadactylus longicollum*

159 Jahre lang trug ein 1854 von dem Wirbeltier-Paläontologen Hermann von Meyer (1801–1869) in Frankfurt am
Main beschriebener Kurzschwanz-Flugsaurier aus Süddeutschland den wissenschaftlichen Namen *Pterodactylus
longicollum* („Langhalsiger Flug-Finger"). Doch dann prägte
2013 der amerikanische Paläontologe S. Christopher Bennett für *Pterodactylus longicollum* den neuen Gattungsnamen
Ardeadactylus („Reiher-Finger"). Nun hieß dieser Flugsaurier
Ardeadactylus longicollum.
Zur großwüchsigen Gattung *Ardeadactylus* rechnet man bisher nur eine einzige Art namens *Ardeadactylus longicollum*.
Der Artname *longicollum* (longis = lang, Collum = Hals) beruht auf dem langen Hals dieses Kurzschwanz-Flugsauriers aus dem Oberjura.
Von *Ardeadactylus* liegen nur wenige Funde aus Süddeutschland vor. 1853 entdeckte man in den Solnhofener Plattenkalken bei Eichstätt (Oberbayern) den Schädel, den Hals
und Teile des Vorderkörpers eines Flugsauriers. Die Fossilien (Schädel, Flugarm, Schultergürtel und Brustbein) von
zwei Flugsauriern, anhand deren Hermann von Meyer 1854
die neue Art *Pterodactylus longicollum* beschrieb und benannte, stammten aus der Herzoglich Leuchtenberg'schen
Sammlung in Eichstätt. Mit ihr gelangten 1858 jene Fossilien in den Besitz des Münchner Paläontologischen Museums. Vermutlich gingen diese wissenschaftlich wertvollen
Stücke 1944 im Zweiten Weltkrieg verloren. Der Fund aus
Eichstätt, anhand dessen Meyer *Pterodactylus longicollum* beschrieb, hatte eine Schädellänge von 14,7 Zentimetern.

1858 glaubte der Münchner Zoologe Johann Andreas Wagner (1797–1861), *Pterodactylus longicollum* sei als langhalsige Art der Gattung *Pterodactylus* unnötig und daher ungültig. 1874 kam in den Schieferkalken bei Nusplingen (Schwäbische Alb) in Württemberg ein weiteres Exemplar von *Pterodactylus longicollum* zum Vorschein. Dieses Fossil wurde 1878 von dem Stuttgarter Paläontologen Oscar Fraas (1821–1897) beschrieben und *Pterodactylus suevicus* genannt. Der Schädel aus Nusplingen ist 21,5 Zentimeter lang, einer aus dem Ortsteil Schamhaupten von Altmannstein (Oberbayerm) 20 Zentimeter und einer aus Eichstätt 14,7 Zentimeter. Der Nusplinger Flugsaurier hatte eine Flügelspannweite von 1,45 Metern. Diese Flügelspannweite entspricht derjenigen einer heutigen Silbermöwe *(Largus argentavus)*.
Weil der Holotypus, anhand dessen Hermann von Meyer 1854 die Art *Pterodactylus longicollum* erstmals beschrieben hatte, nicht mehr vorhanden ist, riet 1970 der Münchner Paläontologe Peter Wellnhofer dazu, nach einem Exemplar Ausschau zu halten, welches als Neotypus geeignet erscheine. Hierfür böte sich der Originalfund an, anhand dessen 1907 der Paläontologe Felix Plieninger (1868–1954) *Pterodactylus longicollum* beschrieben hatte. Neben bruchstückhaften und unvollkommenen Resten von Eichstätt und Solnhofen sei dies das einzige vollständige Exemplar seiner Art. Es entstamme allerdings den Schieferkalken von Nusplingen in Württemberg und damit einem stratigraphischen Horizont (Malm Zeta 1), der etwas älter als die Solnhofener Schichten (Malm Zeta 2) sei.
Der Nusplinger *Ardeadactylus longicollum* hat in jeder der vier Kieferhälften von den Kieferspitzen bis fast zur Hälfte der Schädellänge von 21,5 Zentimetern etwa 15 kräftige, vorne gekrümmte Zähne. Seine Halswirbel sind stark verlängert.

Sein Schädel ist kürzer als der Hals. Der Nusplinger Fund wird im Staatlichen Museum für Naturkunde Stuttgart (Ludwigsburg) aufbewahrt.

Bereits vor der Umbenennung von *Pterodactylus longicollum* zu *Ardeadactylus longicollum* im Jahre 2013 wurde dieser Flugsaurier von verschiedenen Paläontologen mit einem anderen Namen bedacht. Georg Graf zu Münster sprach 1836 und 1839 von *Pterodactylus longipes*, Johann Andreas Wagner 1857 von *Pterodactylus (Ornithocephalus) vulturinus* n. sp. und 1858 von *Pterodactylus longicollis*, Harry Govier Seeley 1871 von *Diopecephalus longicollum* und 1901 von *Cycnorhamphus fraasi* und Oscar Fraas 1878 von *Pterodactylus suevicus*.

Das Georg Graf zu Münster vorliegende, 1839 als *Pterodactylus longipes* publizierte Fossil aus Solnhofen wird im Paläontologischen Museum der Humboldt-Universität Berlin aufbewahrt. Der Flugsaurier aus den Mörnsheimer Schichten von Daiting bei Monsheim (Schwaben), den Johann Andreas Wagner 1857 als *Pterodactylus vulturinus* beschrieb, wurde früher in München aufbewahrt und ging verloren.

Ein Flugsaurier-Fossil aus Schamhaupten in Oberbayern südwestlich von Riedenburg dürfte vollständig eingebettet worden sein. Fehlende Teile sind angeblich bei der Bergung aus Unachtsamkeit verloren gegangen. Die Gesamtlänge des Schädels wird auf ungefähr 20 Zentimeter geschätzt. Das Fossil aus Schamhaupten befindet sich in der Philosophisch-Theologischen Hochschule Eichstätt. Die vorhandenen Plattenstücke jenes Flugsauriers sind in einen Holzrahmen eingelassen. Die nicht ausgefüllte Fläche hat man mit Gips ergänzt,. Ein Etikett erwähnt unter anderem: „*Pterodactylus rhamphastinus* Wag.".

Als Synonyme von *Ardeadactylus longicollum* gelten folgende Arten:

Pterodactylus longipes Münster 1836,
Pterodactylus vulturinus Wagner 1857,
Pterodactylus suevicus Fraas 1878,
Pterodactylus fraasi Seeley 1901.

Literatur
DINODATA.DE: *Ardeadactylus longicollum.*
https://dinodata.de/animals/pterosaurs/pages_a/
ardeadactylus.php?q=ardeadactylus
FORTEHAYS STATE UNIVERSITY: Dr. Chris Bennett
homepage.
https://www.fhsu.edu/biology/faculty-and-staff/
cbennett/
FRAAS, Oscar: Über *Pterodactylus suevicus*, Qu., von Nusp-
lingen. In: Palaeontographica 25: S. 163–174, 1878.
MEYER, Hermann von: Mittheilungen an Professor Bronn:
Pterodactylus longicollum n. sp. in Solenhofener Schiefer. In:
Neues Jahrbuch für Mineralogie, Geognosie, Geologie und
Petrefaktenkunde 1854.
PLIENINGER, Felix: Pterosaurier Schwabens 58: S. 278,
Taf. 19, 1907.
SEELEY, Harry Govier: Dragons, S. 169, Fig. 63–64
(Rekonstruktionen) 1901.
VIDOVIC, Steven U. / MARTILL, David M.: *Pterodactylus
scolopaciceps* Meyer, 1860 (Pterosauria, Pterodactyloidea)
from the Upper Jurassic of Bavaria, Germany: The Problem
of Cryptic Pterosaur Taxa in Early Ontogeny. In: PLoS
ONE 9(10): doi:10.1371/journal.pone.0110646, 2014.
VIDOVIC, Steven U. / MARTILL, David M.: The taxo-
nomy and phylogeny of *Diopecephalus kochi* (Wagner, 1837)
and „*Germanodactylus rhamphastinus*" (Wagner, 1851). In:
Geological Society, London, Special Publications. 455 (1):

S. 125–147, 2017.
WAGNER, Andreas: Neue Beiträge zur Kenntnis der ur-
weltlichen Fauna des lithographischen Schiefers. 1. Abteilung Saurier. In: Abhandlungen der Bayerischen Akademie
der Wissenschaften, mathematisch-physikalische Klasse 8:
S. 417–528, München 1858.
WAGNER, Andreas: Neue Beiträge zur Kenntnis der ur-
weltlichen Fauna des lithographischen Schiefers. 2. Abteilung Schildkröten und Saurier. In: Abhandlungen der Bayerischen Akademie der Wissenschaften, mathematisch-physikalische Klasse 9: S. 67–124, München 1861.
WELLNHOFER, Peter: *Pterodactylus longicollum* H. v. MEY-
ER, 1854. In: Die Pterodactyloidea (Pterosauria) der Oberjura-Plattenkalke Süddeutschlands. In: Bayerische Akademie der Wissenschaften. Mathematisch-Naturwissenschaftliche Klasse, Abhandlungen, Neue Folge, Heft 141, S. 56–
63, München 1970.
WELLNHOFER, Peter: *Pterodactylus longicollum* (Wagner
1837). In: Flugsaurier. S. 92–93. Wittenberg Lutherstadt
1980.
WIKIPEDIA (Online-Lexikon): *Ardeadactylus*.
https://en.wikipedia.org/wiki/Ardeadactylus

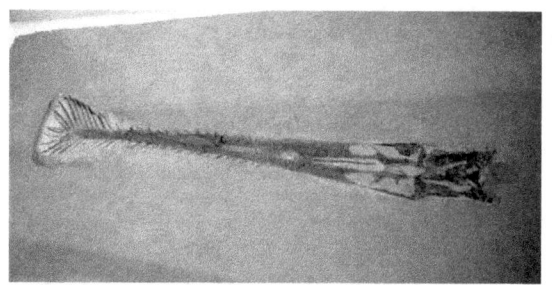

Schädel des Kurzschwanz-Flugsauriers Gnathosaurus subulatus
(„Kiefer-Echse") aus Eichstätt in Oberbayern.
Foto: Joerim / CC BY-SA 3.0 (via Wikimedia Commons),
lizensiert unter Creative Commons-Lizenz by-sa-3.0,
https://creativecommons.org/licenses/by-sa/3.0/legalcode

Die Kiefer-Echse

Der Kurzschwanz-Flugsaurier *Gnathosaurus subulatus*

Lediglich aus den Solnhofener Plattenkalken von Solnhofen und Eichstätt ist der große Kurzschwanz-Flugsaurier *Gnathosaurus subulatus* bekannt. Diese nur durch zwei Funde nachgewiesene Art mit einem bis zu 28 Zentimeter langen Schädel und einer geschätzten Flügelspannweite bis zu 1,70 Metern wurde 1834 von dem Wirbeltier-Paläontologen Hermann von Meyer (1801–1869) aus Frankfurt am Main erstmals wissenschaftlich beschrieben. Meyer stellte fest: „Der Unterkiefer dieses neuen fossilen Sauriers zeichnet sich aus: durch die grosse Zahl der in Alveolen steckenden, glatten, pfriemenförmigen Zähne, welche nach hinten allmählich kleiner werden, durch die starke Bewaffnung des Vordertheils des Kiefers und ohne dass derselbe an dieser Stelle besonders aufgetrieben wäre, durch die Vereinigung der Kieferhälften auf eine grosse Strecke, durch die vielen Zähne auf den getrennten Kieferästen und durch die gerade Richtung oder geringe Entfernung der beiden Kieferäste von einander."
Der Gattungsname *Gnathosaurus* bedeutet „Kiefer-Echse", der Artname *Gnathosaurus subulatus* heißt – laut Meyer – „Kiefer-Saurus mit pfriemenartigen Zähnen".
Das 1832 entdeckte Fossil, anhand dessen Meyer die Art *Gnathosaurus subulatus* beschrieb und benannte, ist ein unvollständiger Unterkiefer aus Solnhofen (Mittelfranken). Dieses Fossil befand sich zuvor in der Sammlung von Georg Graf zu Münster (1776–1844) in Bayreuth. Der adelige Fossiliensammler erwähnte den Fund 1832 im „Neuen Jahrbuch für Mineralogie", verkannte ihn aber als

Krokodil und bezeichnete ihn „vorläufig" als *Crocodylus multidens*. Die wenigen Angaben von Münster reichten – nach heutiger Ansicht – für die Aufstellung einer neuen Art eigentlich nicht aus. Der von Münster vorgeschlagene Artname „multidens" wird deshalb als Nomen nudum („nackter Name") betrachtet. Ein „Nomen nudum" bezeichnet – laut Online-Lexikon „Wikipedia" – in der biologischen Nomenklatur den vorgeblichen Namen eines Taxons, der bei der wissenschaftlichen Erstbeschreibung die Anforderungen des jeweiligen Nomenklatur-Codes an seine Verfügbarkeit nicht erfüllt.

Zusammen mit der Sammlung des Grafen zu Münster gelangte das Unterkiefer-Fragment zwischen 1843 und 1846 nach München. Dort wird das Fossil mit der Inventar-Nummer AS VII 369 noch heute aufbewahrt.

1855 erwähnte der Tübinger Paläontologe Friedrich August Quenstedt (1809–1889) den unvollständigen Unterkiefer aus Solnhofen als *Gavialis priscus*. Der Jenaer Paläontologe Johannes Walther (1860–1937) bezeichnete jenes Fossil 1904 als *Gnathosaurus multidens*.

In den 1860er Jahren verglichen Wissenschaftler wie der Münchner Paläontologe Albert Oppel (1831–1865) das Kieferfragment von *Gnathosaurus subulatus* mit damals bekannten Flugsauriern wie *Pterodactylus* und *Ctenochasma*. Dabei kamen sie zu dem Schluss, es handle sich vernutlich eher um ein „fliegendes Reptil" als um ein Krokodil.

1964 berichtete der Professor für Chemie, Biologie, Anthropologie und Geologie an der Philosophisch-Theologischen Hochschule Eichstätt, Franz Xaver Mayr (1887–1974), über einen 1951 entdeckten, 28 Zentimeter langen Schädelfund ohne Unterkiefer von *Gnathosaurus subulatus* aus den Solnhofener Schichten von Eichstätt. Der Flugsaurier-Schädel mit der Inventar-Nummer 1951.84 befindet sich in der Philosophisch-Theologischen Hochschule Eichstätt. Seine rekonstrierte Schädellänge erreichte vermutlich 28 Zentimeter. Die Flügelspannweite schätzte man auf 1,70 Meter. An den Seiten einer löffelartigen Schnabelspitze waren bis zu 130 nadelartige Zähne angeordnet. Vermutlich führte *Gnathosaurus* einen Lebensstil, der dem moderner Löffler ähnelte. Er watete mit geöffnetem Maul im Wasser und schloss es, wenn er kleine Beute berührte. Erst der Fund von 1951 aus Eichstätt bewies, dass es sich bei *Gnathosaurus* um einen Flugsaurier handelt. Vom restlichen Skelett entdeckte man bisher nichts.

Gnathosaurus trug einen niedrigen Knochenkamm auf dem Schädel. Er besaß – wie *Ctenochasma* – ein merkwürdiges Reusengebiss. Laut dem Münchner Paläontologen Peter Wellnhofer trug *Gnathosaurus subulatus* in jeder seiner vier Kieferhälften 32 bis 34 Zähne. *Gnathosaurus und Ctenochasma* werden zur Familie Ctenochasmatidae gerechnet.

Möglicherweise handelt es sich bei mehreren Skeletten, die als *Pterodactylus micronyx* bezeichnet worden sind, um Jungtiere von *Gnathosaurus subulatus* Diese Exemplare wurden teilweise der Gattung *Aurorazhdarcho* zugeordnet, die ein Synonym für *Gnathosaurus* sein könnte. Da von *Gnathosaurus subulatus* nur Schädel und Kiefer vorliegen und von *Aurorazhdarcho micronyx* nur das Skelett eines einzigen erwachsenen Tieres ohne Schädel bekannt ist, können die beiden Flugsaurier nicht sicher derselben Art zugeordnet werden.

Ein weiteres großes Exemplar mit dem ursprünglichen Namen *Pterodactylus macrurus* aus der Purbeck-Kalkstein-Formation in England wird *Gnathosaurus macrurus* zugerechnet. Von ihm sind nur ein Teil des Unterkiefers und Halswirbel bekannt.

350

Literatur

DINOSAUR WIKI: *Gnathosaurus*.
https://dinosaurier.fandom.com/de/wiki/Gnathosaurus
MAYR, Franz Xaver: Die Naturwissenschaftlichen Sammlungen der Philosophisch-Theologischen Hochschule Eichstätt. In: Festschrift 400 Jahre Collegium Willibaldinum Eichstätt. S. 302–334, Eichstätt 1964.
MEYER, Hermann von: *Gnathosaurus subulathus*, ein Saurus aus dem lithographischen Schiefer von Solenhofen. In: Museum Senckenbergianum I (3): Frankfurt 1834.
PREHISTORIC WILDLIFE: *Gnathosaurus*.
http://www.prehistoric-wildlife.com/species/g/gnathosaurus.html
PROBST, Ernst: Pioniere der Urzeitforschung. Albert Oppel. In. Deutschland in der Urzeit. Von der Entstehung des Lebens bis zum Ende der Eiszeit. S. 386, München 1986.
WALTHER, Johannes: Die Fauna der Solnhofener Plattenkalke. In: Denkschriften der Medicinisch-Naturwissenschaftlichen Gesellschaft zu Jena 11 (Haeckel-Festschrift): S. 133–214, Jena 1904.
WELLNHOFER, Peter: *Gnathosaurus subulatus* H. v. MEYER, 1834. In: Die Pterodactyloidea (Pterosauria) der Oberjura-Plattenkalke Süddeutschlands. In: Bayerische Akademie der Wissenschaften. Mathematisch-Naturwissenschaftliche Klasse, Abhandlungen, Neue Folge 141: S. 74–80, München 1970.
WELLNHOFER, Peter: *Gnathosaurus subulatus* H. v. MEYER, 1834. In: Flugsaurier. S. 101. Wittenberg Lutherstadt 1980.
WELLNHOFER, Peter: *Gnathosaurus*. In: Solnhofener Plattenkalk: Urvögel und Flugsaurier. Herausgegeben von

Dr. Theo Kress, Freunde des Museums beim Solenhofer Aktien-Verein e.V. S. 50, Maxberg 1983.

WELLNHOFER, Peter: *Gnathosaurus*. In: Die große Enzyklopädie der Flugsaurier. Illustrierte Naturgeschichte der fliegenden Saurier. 100 Arten auf über 400 Fotos und Illustrationen. S. 99–100, München 1993.

WIKIPEDIA (Online-Lexikon): *Gnathosaurus*. https://en.wikipedia.org/wiki/Gnathosauurs

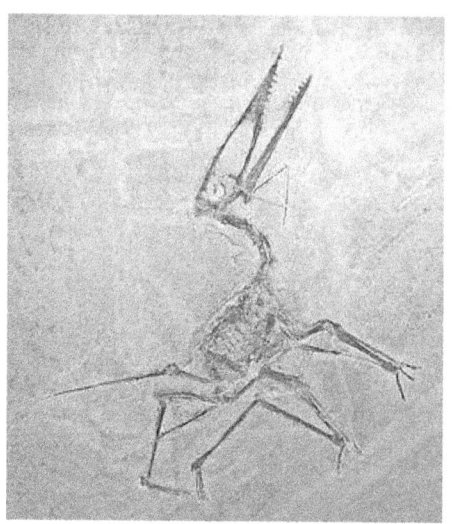

Kurzschwanz-Flugsaurier Germanodactylus aus Eichstätt.
im Staatlichen Museum für Naturkunde Karlsruhe,
Foto: H. Zell / CC BY-SA 3.0 (via Wikimedia Commons),
lizensiert unter Creative Commons-Lizenz by-sa-3.0,
https://creativecommons.org/licenses/by-sa/3.0/legalcode

Kleiner Germanen-Finger

Der Kurzschwanz-Flugsaurier *Germanodactylus cristatus*

Fast 40 Jahre lang trug eine Art der Kurzschwanz-Flugsaurier aus den Solnhofener Plattenkalken den wissenschaftlichen Namen *Pterodactylus cristatus* („*Pterodactylus* mit Kamm"). Diesen Namen hatte 1925 der schwedische Paläontologe Carl Wiman (1867–1944) vorgeschlagen. Wiman war Gründer des Paläontologischen Museums in Uppsala und 1910 der erste Professor für Paläontologie an der Universität Uppsala.

Vor Wiman bezeichnete 1901 der deutsche Paläontologe und Geologe Felix Plieninger (1868–1954) einen Flugsaurier aus Eichstätt in Oberbayern als *Pterodactylus kochi*. Der von ihm untersuchte Originalfund stammt aus der Bayerischen Staatssammlung für Paläontologie und Geologie, München (Inventar-Nummer: 1892 IV 1) und wird heute als *Germanodactylus cristatus* betrachtet.

1964 führte der chinesische Paläontologe Chung Chien Young (1897–1979), in der Fachliteratur oft als C C. Young zitiert, eigentlich Yang Zhongjian, für die Art *Pterodactylus cristatus* den Gattungsnamen *Germanodactylus* („Germanen-Finger" oder „Deutscher Finger") ein. *Pterodactylus cristatus* hieß fortan *Germanodactylus cristatus*.

Chung Chien Young vermutete 1964, dass es sich bei dem 1901 von Plieninger als *Pterodactylus kochi* beschriebenen Exemplar um eine mögliche Vorläuferform des Kurzschwanz-Flugsauriers *Dsungaripterus weii* („Junggar-Flügel") aus der Unterkreide von Sinkiang (China) handle. Beide besaßen einen Schädelkamm sowie zahnlose Kieferspitzen. Young promovierte 1927 an der Ludwig-Maximilians-Uni-

Schwedischer Paläontologe
Carl Wiman (1867–1944).
Foto: Aufnahme eines unbekannten Fotografen
(via Wikimedia Commons),
Lizenz: gemeinfrei (Public domain)

Chinesischer Paläontologe
Chung Chien Young (1897–1979).
Foto: Aufnahme eines unbekannten Fotografen
(via Wikimedia Commons),
Lizenz: gemeinfrei (Public domain)

versität München in Wirbeltier-Paläontologie. Ab 1928 arbeitete er für das von dem kanadischen Arzt, Anatom und
Paläanthropologen Davidson Black (1884–1934) gegrün-
dete Cenozoic Research Laboratory des Geological Survey
of China und war an Ausgrabungen des Peking-Menschen
in Zhoukoudian beteiligt. Er war der Gründer des Instituts
für Wirbeltier-Paläontologie und Paläoanthropologie der
Chinesischen Akademie der Wissenschaften in Peking,
leitete das Pekinger Naturhistorische Museum und gilt als
Begründer der Wirbeltier-Paläontologie in China.
1967 verwendete der Münchner Paläontologe Oskar Kuhn
(1908–1990) den Artnamen *Diopecephalus kochi*. Dies setzte
sich aber in der Fachwelt nicht durch.
Als typisch für *Germanodactylus* gilt ein niedriger, sägezahnartig gezackter Knochenkamm auf der Mitte des Schädels.
Der Knochenkamm beginnt über den Nasenlöchern und
endet über den Augen bzw. am Hinterkopf.
Auch die Kurzschwanz-Flugsaurier *Ctenochasma* und *Gnathosaurus* aus den Solnhofener Plattenkalken hatten einen langen, niedrigen Knochenkamm auf der Schädelmitte. Der
Knochenkamm könnte ein Geschlechtsmerkmal und vielleicht ein Schauobjekt männlicher Tiere bei der Balz gewesen sein. Denkbär wäre auch eine Stabilisierung des großen
und langen Schädels während des Fluges. Möglicherweise
bildete der Knochenkamm ein Gegengewicht zum langen
Schnabel. So könnte bei den Halsmuskeln Gewicht einge-
spart worden sein.
Germanodactylus cristatus besaß einen bis zu 13 Zentimeter
langen Schädel und in jeder der vier Kieferhälften 13 kräftige, relativ kurze Zähne. Die Schnauzenspitze war zahnlos
und endete vielleicht mit einem Hornschnabel. Die Flügelspannweite erreichte bis zu 98 Zentimeter..

Geologisch etwas älter als *Germanodactylus cristatus* sind Wirbel, Ellen, Speichen, Schien- und Wadenbeine sowie einige Fingerglieder des Flugknochens der Gattung *Germanodactylus* aus Südwest-England. Sie wurden in Kimmeridge an der Jurassic Coast entdeckt. Die englischen Fossilien von *Germanodactylus* gelten als die ältesten Kurzschwanz-Flugsaurier der Erde.

Etwas größer als *Germanodactylus cristatus* war die Art *Germanodactylus rhamphastinus* in vielleicht teilweise geologisch gleichaltrigem und sicher jüngerem Gestein.

1871 glaubte der englische Paläontologe Harry Govier Seeley (1839–1909), *Pterodactylus longicollum, Pterodactylus kochi* und *Pterodactylus rhamphastinus* sollten in einer Gattung namens *Diopecephalus* zusammengefasst werden. Seine Ansicht setzte sich aber nicht durch.

Im Prachtband „Solnhofen. Ein Fenster in die Jurazeit 2" ist ein Jungtier des Kurzschwanz-Flugsauriers *Germanodactylus cristatus* aus Workerszell bei Eichstätt (Oberbayern) abgebildet. Der Winzling wurde früher der Art *Pterodactylus kochi* zugerechnet und hat eine Schädellänge von nur 2,7 Zentimetern. Jungtiere von Flugsauriern erkennt man am verhältnismäßig großen Kopf, an der großen Augenöffnung im Schädel und am kurzen Schwanz.

Literatur

BENNETT, S. Christopher: Soft tissue preservation of the cranial crest of the pterosaur *Germanodactylus* from Solnhofen. In: Journal of Vertebrate Paleontology 22 (1): S. 43–48, 2002.

BENNETT, S. Christopher (2006): Juvenile specimens of the pterosaur *Germanodactylus cristatus*, with a review of the genus. In: Journal of Vertebrate Paleontology. 26 (4): S. 872–878, 2006.

DINODATA.DE: *Germanodactylus cristatus*
https://dinodata.de/animals/pterosaurs/pages_g/
germanodactylus.php
DINOSAUR WIKI: *Germanodactylus.*
https://dinosaurier.fandom.com/de/wiki/
Germanodactylus
PREHISTORIC WILDLIFE: *Germanodactylus.*
http://www.prehistoric-wildlife.com/species/g/
germanodactylus.html
WELLNHOFER, Peter: *Germanodactylus cristatus* (Wiman
1925). In: Die Pterodactyloidea (Pterosauria) der Oberjura-
Plattenkalke Süddeutschlands. In: Bayerische Akademie der
Wissenschaften. Mathematisch-Naturwissenschaftliche
Klasse, Abhandlungen, Neue Folge (141): S. 64–65,
München 1970.
WELLNHOFER, Peter: *Germanodactylus cristatus* (Wiman
1925). In: Flugsaurier. S. 97–98. Wittenberg Lutherstadt
1980.
WELLNHOFER, Peter: *Germanodactylus.* In: Solnhofener
Plattenkalk: Urvögel und Flugsaurier. Herausgegeben von
Dr. Theo Kress, Freunde des Museums beim Solenhofer
Aktien-Verein e.V. S. 49, Maxberg 1983.
WELLNHOFER, Peter: *Germanodactylus.* In: Die große
Enzyklopädie der Flugsaurier. Illustrierte Naturgeschichte
der fliegenden Saurier. 100 Arten auf über 400 Fotos und
Illustrationen. S. 95–96, München 1993.
WIKIPEDIA (Online-Lexikon): *Germanodactylus.*
https://de.wikipedia.org/wiki/Germanodactylus
WIKIPEDIA (Online-Lexikon): Oskar Kuhn.
https://de.wikipedia.org/wiki/Oskar_Kuhn
WIKIPEDIA (Online-Lexikon): Yang Zhongjian.
https://de.wikipedia.org/wiki/Yang_Zhongjian

WIMAN, Carl: Über *Pterodactylus Westani* und andere Flugsaurier. In: Bulletin of the Geological Institute of the University Uppsala 20: S. 1–38, Uppsala 1925.
YOUNG, Chung Chien: On a new pterosaur from Sinkiang,
China. In: Vertebrate Palasiatica 8: S. 221–256, Peking
1964.

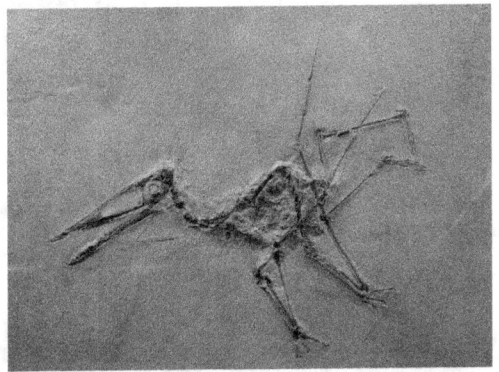

Kurzschwanz-Flugsaurier Germanodactylus cristatus.
Foto: Tylwth Eldar / CC BY-SA 4.0
(via Wikimedia Commons),
lizensiert unter Creative Commons-Lizenz by-sa-4.0,
https://creativecommons.org/licenses/by-sa/4.0/legalcode

*Kurzschwanz-Flugsaurier Altmuehlopterus rhamphastinus
im Jura-Museum, Eichstätt.*

Flügel aus der Altmühl

Der Kurzschwanz-Flugsaurier *Altmuehlopterus rhamphastinus*

Beim Kurzschwanz-Flugsaurier *Altmuehlopterus rhamphasti-nus* aus den Solnhofener Plattenkalken hat es lange gedau-ert, bis dieser 2017 seinen heute gültigen wissenschaftli-chen Namen bekam. Es begann damit, dass 1851 der Münchner Zoologe Johann Andreas Wagner (1897–1861) einen Fund aus Daiting bei Monheim in Schwaben als neue Art beschrieb, die er als *Ornithocephalus dubius* bezeichnete. Den Originalfund hat man früher in München aufbewahrt. Dort ging er aber verloren.

Vor Wagner hatten andere Forscher fossile Funde der er-wähnten Art aus den Solnhofener Plattenkalken von Soln-hofen (Malm Zetra 2) in Mittelfranken und aus den Mörns-heimer Schichten von Daiting (Malm Zeta 3) in Schwaben unter anderen Namen erwähnt.

1834 informierte der Bayreuther Fossiliensammler Georg Graf zu Münster (1776–1844) über einen jüngeren *Ptero-dactylus medius* aus Daiting, der verloren ging. 1843 erwähnte der Frankfurter Wirbeltier-Paläontologe Hermann von Mey-er (1801–1869) einen *Pterodactylus dubius*. Letzterer Fund bestand aus einem Schädelfragment, fast der gesamten Wir-belsäule, Brustbein, Oberarmbein-Knochen, Becken, Ober-schenkeln und einem Schienbein. 1851 verwendete Wagner die wissenschaftlichen Namen *Ornithocephalus dubius* und *Ornithocephalus rhamphastinus*. 1858 sprach er von *Pterodac-tylus medius*. Meyer schlug 1859 den Namen *Pterodactylus rhamphastinus* vor, Wagner 1861 *Pterodactylus rhamphastinus dubius*, Harry Govier Seeley 1871 *Diopecephalus rhamphasti-nus*, um nur einige weitere Beispiele zu nennen.

Lebensbild des Kurzschwanz-Flugsauriers
Altmuehlopterus rhamphastinus von Dmitry Bogdanov.
Bild: Dmitry Bogdanov / CC BY-SA 3.0
(via Wikimedia Commons),
lizensiert unter Creative Commons-Lizenz by-sa-3.0,
https://creativecommons.org/licenses/by-sa/3.0/legalcode

Der Originalfund, anhand dessen Wagner 1851 *Ornithocephalus dubius* und *Ornithocephalus rhamphastinus* beschrieb, wird in der Bayerischen Staatssammlung für Paläontologie und Geologie in München aufbewahrt (Inventar-Nummer: AS I 745). Fundort ist Daiting bei Monheim. Fundschicht sind die Mörnsheimer Schichten (Malm Zetra 3).

Wie erwähnt, hat 1964 der chinesische Paläontologe Chung Chien Young (1897–1979) für *Ornithocephalus dubius* und *Ornithocephalus rhamphastinus* den neuen Gattungsnamen *Germanodactylus* („Germanen-Finger" oder „Deutscher Finger") eingeführt.

Im Vergleich mit dem Schädel von *Germanodactylus cristatus* wirkt derjenige von *Germanodactylus rhamphastinus* länglicher. Den niedrigen, sägezahnartig gezackten Knochenkamm auf der Mitte des Schädels bemerkte Wagner 1851 nicht. Im Oberkiefer befinden sich 16, im Unterkiefer 13 Zähne je Kieferseite. Insgesamt verfügte dieser Flugsaurier über 116 Zähne. Die Zähne sind spitzkegelig, mit ovalem Querschnitt und seitlich gerundeten Kanten. Möglicherweise mit einem Hornschnabel endete die zahnlose Schnauzenspitze. Der aus sieben Wirbeln bestehende Hals ist 13 Zentimeter lang, der Rumpf mit 13 Wirbeln 7,8 Zentimeter. Der Flugfinger hat eine Länge von 30,2 Zentimetern.

1938 beobachtete der Münchner Paläontologe Ferdinand Broili (1874–1946) bei einem *„Pterodactylus propinquus",* der heute als mögliches Synonym von *Altmuehlopterus rhamphastinu7s* gilt, Anhaltspunkte für die Nahrung jenes Flugsauriers. Im Bereich des Kehlsack-Abdruckes befanden sich ein zehn Millimeter langer Flossenstachel, Fischwirbel und Fischflossen-Reste. Broili deutete diese Fischreste nicht für zufällig angeschwemmte, sondern für im Kehlsack zurückgebliebene Teile der Beute.

2017 informierten die Paläontologen Steven U. Vidovic und David Martill aus Portsmouth (England) über ihre Neubetrachtung der seit längerem bekannten Kurzschwanz-Flugsaurier *Germanodactylus rhamphastinus* und *Pterodactylus kochi* aus den Solnhofener Plattenkalken. Die beiden Experten betrachteten *Germanodactylus rhamphastinus* nicht mehr als eine Art der 1964 beschriebenen Gattung *Germanodactylus*, sondern als eine neue Gattung, die sie als *Altmuehlopterus* („Flügel aus der Altmühl") bezeichneten. Der Artname *rhamphastinus* blieb erhalten. *Pterodactylus kochi* erhielt von Vidovic und Martill den neuen wissenschaftlichen Namen *Diopecephalus kochi*.

Literatur
ENCYCLOPEDIA.COM: Yang Zhongjian.
https://www.encyclopedia.com/science/dictionaries-thesauruses-pictures-and-press-releases/yang-zhongjian
HESS, Wilhelm: Wagner, Andreas. In: Allgemeine Deutsche Biographie 41: S. 776–777, 1896.
https://www.deutsche-biographie.de/pnd104136308.html#adbcontent
PRIESNER, Claus: Meyer, Christian Erich Hermann von. In: Neue Deutsche Biographie 17: S. 292–293, 1994.
https://www.deutsche-biographie.de/pnd117555983.html#ndbcontent
VIDOVIC, Steven U. / MARTILL, David M.: Resurrecting *Diopecephalus* Seeley, 1871 as a replacement genus for ‘*Germanodactylus*' *rhamphastinus* (Wagner, 1851) and ‘*Pterodactylus*' *kochi* (Wagner, 1837).
VIDOVIC, Steven U. / MARTILL, David M.: The taxonomy and phylogeny of *Diopecephalus kochi* (Wagner, 1837) and *Germanodactylus rhamphastinus* (Wagner, 1851). In: Geological

Society, London, Special Publications 455: 27 June 2017.
https://doi.org/10.1144/SP455.12
VIOHL, Günter: Münster, Georg Graf zu. In: Neue Deutsche Biographie 18: S. 537–538, 1997.
https://www.deutsche-biographie.de/
pnd12053343X.html#ndbcontent
WELLNHOFER, Peter: *Germanodactylus rhamphastinus* (Wagner 1851). In: Die Pterodactyloidea (Pterosauria) der Oberjura-Plattenkalke Süddeutschlands. In: Bayerische Akademie der Wissenschaften. Mathematisch-Naturwissenschaftliche Klasse, Abhandlungen, Neue Folge (141): S. 66–70, München 1970.
WELLNHOFER, Peter: *Germanodactylus rhamphastinus* (Wagner 1851). In: Flugsaurier. S. 90–91. Wittenberg Lutherstadt 1980.

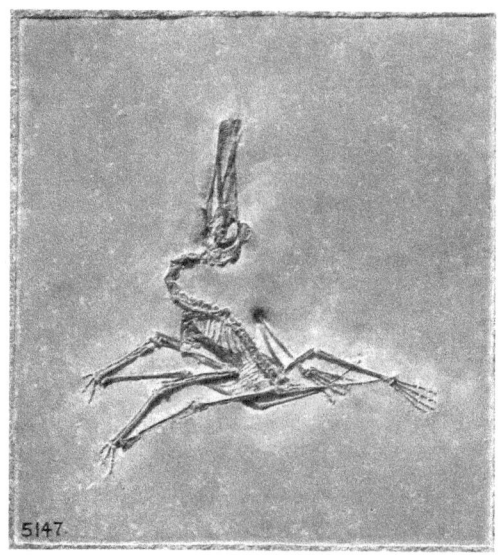

Jungtier von Ctenochasma elegans („Kamm-Maul"),
Inventar-Nummer: AMNH 5147,
im American Museum of Natural History in New York.
Foto: Tom Cat X / CC SA 1.0 (via Wikimedia Commons),
lizensiert unter Creative Commons-Lizenz by-sa-1.0,
https://creativecommons.org/licenses/by-sa/1.0/legalcode

Das Kamm-Maul

Der Kurzschwanz-Flugsaurier *Ctenochasma elegans*

Einer der eigenartigsten Kurzschwanz-Flugsaurier aus dem
Oberjura in Deutschland ist *Ctenochasma* („Kamm-Maul").
Fossilien dieses Tieres kamen in Norddeutschland, Süddeutschland und Frankreich zum Vorschein. Jener Flugsaurier trug Hunderte von dünnen und langen Zähnen, die
ein Reusengebiss bildeten.
Der erste Fund gelang in Meeresablagerungen aus dem
Oberjura (Stufe Purbeck) im Höhenzug Deister bei Hannover in Niedersachsen. Dabei handelt es sich um den acht
Zentimeter langen vorderen Teil eines Unterkiefers mit
zahlreichen, langen, kräftigen und pfriemenförmigen Zähnen. Dieses Fossil wurde 1851 in „Palaeontographica"
durch den Wirbeltier-Paläontologen Hermann von Meyer
(1801–1869) aus Frankfurt am Main erstmals wissenschaftlich beschrieben und *Ctenochasma roemeri* genannt.
1861 stellte der Münchner Zoologe Johann Andreas Wagner
(1797–1861) anhand eines Fundes aus den Solnhofener
Plattenkalken die Art *Pterodactylus elegans* (später *Ctenochasma elegans* genannt) auf. Jener Wissenschaftler hatte bereits
1837 den Flugsaurier *Pterodactylus kochi* aus den Mörnsheimer Schichten von Kelheim (Niederbayern) erstmals beschrieben.
Wagner wurde in Nürnberg geboren, war ab 1832 Adjunkt
der Zoologischen Staatssammlung in München, später
zweiter Konservator der Zoologischen Staatsammlung in
München. 1839 entdeckte er in Griechenland die Fundstelle Pikermi mit fossilen Säugetieren aus dem Miozän vor
etwa sieben Millionen Jahren. 1859 beschrieb er den 89

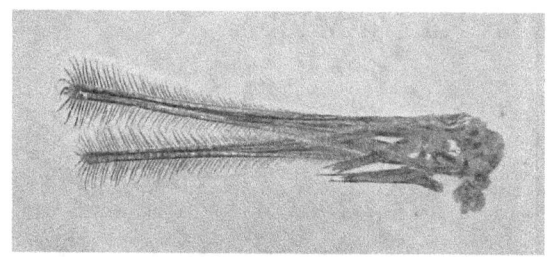

Schädel von Ctenochasma elegans
(Inventar-Nummer: SMNS 81803) mit borstenförmigen Zähnen
im Staatlichen Museum für Naturkunde Stuttgart.
Foto: Ghedoghedo / CC BY-SA 3.0 (via Wikimedia Commons),
lizensiert unter Creative Commons-Lizenz by-sa-3.0,
https://creativecommons.org/licenses/by-sa/3.0/legalcode

Landarzt Carl Friedrich
Häberlein (1787–1871)
aus Pappenheim.
Seine Patienten bezahlten ihn
teilweise mit Fossilien aus den
Solnhofener Plattenkalken.
Reproduktion eines Fotos
vor 1871

Zentimeter langen, kleinen Raubdinosaurier *Compsognathus longiceps* („Langbeiniger Zartkiefer") aus Kelheim oder Jachenhausen bei Riedenburg kurz und 1861 länger. Von Wagner kennt man kein Porträt, weder als Zeichnung noch als Gemälde oder als Foto.

Der Holotypus, nach dem Wagner 1861 *Pterodactylus elegans* („Eleganter Flug-Finger"), wie *Ctenochasma elegans* damals hieß, beschrieben hat, ging vermutlich 1944 im Zweiten Weltkrieg verloren. Dieses Fossil wurde nie abgebildet. Es liegen nur eine kurze Beschreibung durch Wagner und die 1882 von dem Münchner Paläontologen Karl Alfred von Zittel (1839–1904) erwähnten Maße vor.

Zittel war ab 1863 Professor an der Polytechnischen Schule in Karlsruhe, ab 1866 ordentlicher Professor an der Universität in München sowie ab 1899 Präsident der Bayerischen Akdemie der Wissenschaften und Generalkonservator der wissenschaftlichen Sammlungen Bayerns. Er gilt als Begründer der Paläontologie in Bayern.

Auf einen weiteren Fund von *Ctenochasma* stieß man in den Plattenkalken der Gegend von Solnhofen (Mittelfranken) in Bayern. Diesmal war es ein Oberkiefer-Fragment. Jener Fund wurde 1862 von dem Münchner Paläontologen Albert Oppel (1831–1865) erstmals wissenschaftlich beschrieben und *Ctenochasma gracile* genannt. Die Erstbeschreibung von *Ctenochasma gracile* erfolgte ohne Abbildung des erwähnten Oberkiefer-Fragments. Erst der Münchner Paläontologe Ferdinand Broili (1874–1946) fügte 1919 seiner ausführlichen Beschreibung jenes Fundes eine Abbildung des Oberkiefer-Fragments bei. Der in Platte und Gegenplatte überlieferte Flugsaurier stammt aus der Sammlung des Landarztes Carl Friedrich Häberlein (1787–1871) aus Pappenheim, die 1857 von König Max II. von Bayern (1811–

1864) für die Münchner Paläontologische Sammlung erworben wurde. Das Fossil mit der Inventar-Nummer AS VI 30 befindet sich noch heute in dieser Sammlung. Über den Fundort des 1862 von Oppel beschriebenen Flugsauriers liegen verschiedene Angaben vor. Ältere Etiketten auf der Rückseite der in einen Rahmen gefassten Platten erwähnen die „Gegend von Solnhofen" als Fundort. Oppel sprach 1862 nur von „lithographischem Schiefer". Ein handschriftlicher Vermerk lautet: „Nicht Solnhofen, sondern wohl Eichstättt F. Mayr 1934". Im Laufe der Zeit barg man ganze Skelette von *Ctenochasma*.

In einem Steinbruch von Eichstätt (Oberbayern) kam ein Flugsaurier-Schädel mit porösem Knochenkamm und vorderem Teil der Bezahnung zum Vorschein. Jenem Fund gab der niederländische Paläontologe Paul de Buisonje 1981 den wissenschaftlichen Namen *Ctenochasma porocristata*.

2007 erklärte der amerikanische Paläontologe S. Christopher Bennett, bei den unter den Bezeichnungen *Ctenochasma elegans*, *Ctenochasma gracile* und *Ctenochasma porocristata* beschriebenen Fossilien handle es sich um Exemplare von *Ctenochasma elegans* in unterschiedlichen Wachstumsstadien. *Ctenochasma gracile* und *Ctenochasma porocristata* hielt er für Jungtiere von *Ctenochasma elegans*.

Als Synonyme von *Ctenochasma elegans* gelten heute folgende Arten:

Pterodactylus brevirostris Soemmering 1817,
Pterodactylus longirostris Cuvier 1819,
Pterodactylus elegans Wagner 1861.

Ctenochasma elegans existierte in der Stufe Tithonium des Oberjura vor etwa 152 Millionen Jahren. Man kennt Funde aus den Solnhofener Plattenkalken, der Painten-Formation, Zandt-Subformation, Altmühltal-Formation und der Eichstätt-Subformation. Anhand verschieden großer Tiere gewann man Einblicke in das Wachstum und die Entwicklung dieser Flugsaurier.

Die Angaben über die Größe von *Ctenochasma* variieren. *Ctenochasma elegans* gilt mit einer Flügelspannweite von 25 Zentimetern als kleine Art. Wenn man die 1862 von Oppel beschriebene Art *Ctenochasma gracile* als Synonym von *Ctenochasma elegans* betrachtet, ergeben sich Schädellängen der Fossilien zwischen 3,3 und 30 Zentimetern und Flügelspannweiten von 25 bis zu 120 Zentimetern.

Der Münchner Paläontologe und Flugsaurier-Experte Peter Wellnhofer erwähnte 1970 vier Exemplare von *Ctenochasma* mit Schädellänge und Gesamtzahl der Zähne:

Exemplar 65 aus Wintershof bei Eichstätt, Aufbewahrung: Bayerische Staatssammlung München, Inventar-Nummer 1935 I 24, Schädellänge 104 Millimeter, 192 Zähne.

Exemplar 66 aus Solnhofen, Aufbewahrung: Philosophisch-Theologische Hochschule Eichstätt, Schädellänge 130 Millimeter, 234 Zähne.

Exemplar 67 aus Solnhofen, Aufbewahrung: Bayerische Staatssammlung München, Inventar-Nummer 1920 I 57, Schädellänge 160 Millimeter, 284 Zähne.

Exemplar 68 aus Solnhofen, Langenaltheimer Haardt, Aufbewahrung: Philosophisch-Theologische Hochschule Eichstätt, Schädellänge 200 Millimeter, 36 Zähne.

Der Gattungsname *Ctenochasma* („Kamm-Maul") wurde wegen der eigenartigen Bezahnung gewählt. Das Gebiss besteht aus vielen, langen, dünnen und einwärts gebogenen Zähnen. Jene sind wie die Zähne eines Kammes im Oberkiefer- und Unterkiefer in dichter Reihe angeordnet. Mit diesem Reusengebiss bzw. Seihapparat filterte *Ctenochasma* kleine Krebse oder Larven aus dem Wasser. Jungtiere besaßen gegenüber erwachsenen Tieren ein reduziertes Gebiss. Während des Aufwachsens stieg die Zahl der Zähne von 60 auf über 400.

Die Struktur der Augenringe (Scleralringe) von *Ctenochasma elegans* deutet auf eine nachtaktive Lebensweise hin. *Ctenochasma elegans* suchte den Uferbereich von Gewässern nach Krebstieren ab, welche nachts dem Phytoplankton aufwärts folgend aus tieferen Wasserschichten hervorkamen und fraß sie Dieses Ernährungsverhalten von *Ctenochasma* wird oft mit demjenigen von Flamingos verglichen, welche ebenfalls Planktonfiltrierer sind.

1925 publizierte der Münchner Geologe und Paläontologe Ferdinand Broili (1874–1946) in den „Sitzungsberichten der Mathematisch-Naturwissenschaftlichen Abteilung der Bayerischen Akademie der Wissenschaften" einen *Pterodactylus elegans* (heute: *Ctenochasma elegans*) aus den Solnhofener Plattenkalken vom Winterberg bei Eichstätt (Oberbayern) mit Resten der Flughaut. Damit wurde erstmals Flughaut an einem *Pterodactylus* aus der Staatssammlung für Paläontologie und Geologie in München nachgewiesen! Dieser Flugsaurier mit 3,7 Zentimeter langem Schädel und lediglich drei Zentimeter langem Rumpf war „vor kurzem" in den Besitz der Staatssammlung gelangt. Die Aufnahmen von jenem wissenschaftlich wertvollen Fossil fertigte der Münchner Zoologe Ludwig Döderlein (1855–1936) an. Durch Ungeschicklichkeit des ungenannten Entdeckers war ausgerechnet die Platte zerbrochen, auf der sich die meisten Knochen des Flugsauriers befanden. Die Bruchstücke wurden beseitigt. Deshalb liegt größtenteils nur noch das Negativ der Skelettes auf der anderen Platte vor. Das Skelett ist vermutlich bald nach dem Tod des Flugsauriers im Schlamm eingebettet worden. Die beiden

Schwingen sind eingeschlagen, die rechte mit der Spitze nach unten gekehrt, die linke unvollständig erhalten neben dem Körper. Zwischen den Rippen erscheint links im vorderen Abschnitt des Rumpfes unterhalb des Brustbeins eine bräunlich gefärbte Fläche, bei der es sich um den mutmaßlichen Rest der Körperhaut handelt. Flughaut ist an anderen Stellen erkennbar. Knochenreste haben eine dunkel ocker-gelbe Farbe.

Bei einem in der Bayerischen Staatssammlung für Paläontologie und Geologie in München aufbewahrten Fund von *Ctenochasma elegans* aus Eichstätt (Oberbayern) wurde der Hals nach dem Tod durch den Zug von Bändern zwischen den Halswirbeln nach hinten gekrümmt.

Der Fund eines Jungtieres von *Ctenochasma elegans* aus Eichstätt hat eine Schädellänge von 3,3 Zentimetern und eine Flügelspannweite von 25 Zentimetern. Dieses kleine Exemplar wird in der Bayerischen Staatssammlung für Paläontologie und Geologie, München, aufbewahrt.

Literatur

BENNETT, S. Christopher: A review of the pterosaur *Ctenochasma*: taxonomy and ontogeny. In: Neues Jahrbuch für Geologie und Paläontologie. Abhandlungen 245 (1): S. 23–31, 2007.

BROILI, Ferdinand: *Ctenochasma* ist ein Flugsaurier. In: Sitzungsberichte der Bayerischen Akademie der Wissenschaften, Mathematisch-Naturwissenschaftliche Abteilung. S. 22, München 1924.

BUISONJÉ, Paul de: *Ctenochasma porocristata* nov. sp. from the Solnhofen Limestone with some remarks on other Ctenochasmatidae. In: Proceedings of the Koninklijke Nederlands Academie van Wetenschapen, B 84: S. 411–

436, Amsterdam 1981.

DINOSAUR WIKI: *Ctenochasma.*
https://dinosaurier.fandom.com/de/wiki/Ctenochasma

PREHISTORIC WILDLIFE: *Ctenochasma.*
http://www.prehistoric-wildlife.com/species/c/
ctenochasma.html

PROBST, Ernst: Pioniere der Urzeitforschung. Carl Friedrich Häberlein. In: Deutschland in der Urzeit. Von der Entstehung des Lebens bis zum Ende der Eiszeit. S. 384, München 1986.

PROBST, Ernst: Pioniere der Urzeitforschung. Hermann von Meyer. In: Deutschland in der Urzeit. Von der Entstehung des Lebens bis zum Ende der Eiszeit. S. 386, München 1986.

PROBST, Ernst: Pioniere der Urzeitforschung. Albert Oppel. In: Deutschland in der Urzeit. Von der Entstehung des Lebens bis zum Ende der Eiszeit. S. 386, München 1986.

PROBST, Ernst: Pioniere der Urzeitforschung. Karl Alfred von Zittel. In: Deutschland in der Urzeit. Von der Entstehung des Lebens bis zum Ende der Eiszeit. S. 388, München 1986.

TISCHLINGER, Helmut / VIOHL, Günter: Die Häberlein-Sammlungen. In: ARRATIA FUENTES, Gloria / SCHULTZE, Hans-Peter / TISCHLINGER, Helmut / VIOHL, Günter: Solnhofen – Ein Fenster in die Jurazeit. Band 1: S. 49–50, München 1975.

WAGNER, Johann Andreas: Charakteristik einer neuen Flugeidechse, *Pterodactylus elegans.* In: Sitzungsberichte der Bayerischen Akademie der Wissenschaften. Mathematisch-Naturwissenschaftliche Abteilung 1: S 363–365, München 1861.

WELLNHOFER, Peter: *Ctenochasma gracile* Oppel, 1862.
In: Die Pterodactyloidea (Pterosauria) der Oberjura-Plattenkalke Süddeutschlands. In: Bayerische Akademie der Wissenschaften, Mathematisch-Naturwissenschaftliche Klasse,
Abhandlungen, Neue Folge 141: S. 66–70, München 1970.

WELLNHOFER, Peter: *Ctenochasma gracile* OPPEL 1862.
In: Flugsaurier. S. 99. Wittenberg Lutherstadt 1980.

WELLNHOFER, Peter: *Ctenochasma roemeri* H. v. MEYER
1852. In: Flugsaurier. S. 90. Wittenberg Lutherstadt 1980.

WELLNHOFER, Peter: *Pterodactylus elegans* Wagner 1861.
In: Flugsaurier. S. 92, Wittenberg Lutherstadt 1980.

WELLNHOFER, Peter: *Ctenochasma*. In: Solnhofener
Plattenkalk: Urvögel und Flugsaurier. Herausgegeben von
Dr. Theo Kress, Freunde des Museums beim Solenhofer
Aktien-Verein e.V. S. 50, Maxberg 1983.

WELLNHOFER, Peter: *Ctenochasma*. In: Die große Enzyklopädie der Flugsaurier. Illustrierte Naturgeschichte der
fliegenden Saurier. 100 Arten auf über 400 Fotos und Illustrationen. S. 97–99, München 1993.

WIKIPEDIA (Online-Lexikon): Ferdinand Broili.
https://de.wikipedia.org/wiki/Ferdinand_Broili

WIKIPEDIA (Online-Lexikon): *Ctenochasma elegans*.
https://de./wikipedia.org/wiki/Ctenochasma_elegans

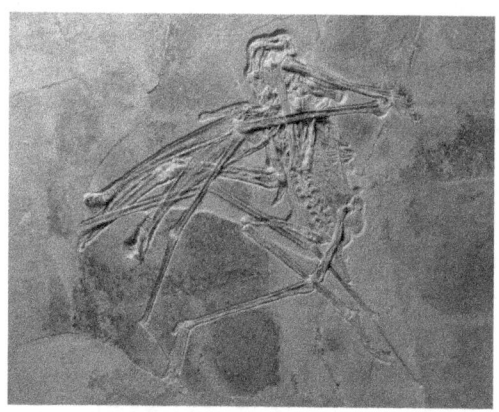

Kurzschwanz-Flugsaurier Balaenognathus maeuseri
aus der Gegend bei Wattendorf nahe Bamberg in Oberfranken.
Der Artname maeuseri ehrt den Paläontologen
Matthias Mäuser (1957–2021),
seit 1988 Leiter des Naturkunde-Museums Bamberg,
der dem Untersuchungsteam angehörte
und sich um die Erforschung von Fossilien im Steinbruch
bei Wattendorf verdient gemacht hat.
Foto: Dr. h. c. Helmut Tischlinger, Stammham

Flugsaurier mit Walgebiss

Der Kurzschwanz-Flugsaurier *Balaenognathus maeuseri*

Mit einer großen Neuigkeit überraschte am 21. Januar 2023 die „Paläontologische Zeitschrift" ihre Leser/innen im Internet. Im Steinbruch der Andreas Schorr GmbH & Co. bei Wattendorf nahe Bamberg in Oberfranken (Bayern) hatte man schon vor Jahren einen bis dahin unbekannten Kurzschwanz-Flugsaurier mit langen Beinen und Reusengebiss entdeckt, der nun erstmals wissenschaftlich beschrieben wurde. Er stammt aus dem Oberjura vor etwa 155 Millionen Jahren. Die Autoren des Berichtes über den bemerkenswert vollständigen Flugsaurier mit ungewöhnlicher Bezahnung sind David M. Martill (University of Portsmouth, England), Eberhard Frey (Pforzheim, früher Naturkundemuseum Karlsruhe), Helmut Tischlinger (Jura-Museum Eichstätt), der 2021 verstorbene Matthias Mäuser (Naturkunde-Museum Bamberg), Hector E. Rivera-Sylva (Museo del Desierto, Saltillo, Mexiko) und Steven U. Vidovic (University of Southampton, England).

Der Neufund erhielt den wissenschaftlichen Namen *Balaenognathus maeuseri*. Der Artname *maeuseri* erinnert an den in Bad Kissingen geborenen Paläontologen Matthias Mäuser (1957–2021), seit 1988 Leiter des Naturkunde-Museums Bamberg, der dem Untersuchungsteam angehörte und sich um die Erforschung von Fossilien im Steinbruch bei Wattendorf verdient gemacht hat. Ab 2004 unternahm Mäuser dort Ausgrabungen. Die bei Wattendorf geborgenen Fossilien sind wenige Millionen Jahre oder mindestens rund 100.000 Jahre älter als die Pflanzen- und Tierreste aus den Solnhofener Plattenkalken.

Paläontologe Matthias Mäuser (1957–2021),
von 1988 bis zu seinem frühen Tod
Leiter des Naturkunde-Museums Bamberg.
Er hat sich um die Erforschung von Fossilien
im Steinbruch bei Wattendorf nahe Bamberg
verdient gemacht.
Foto: Dr. Matthias Mäuser, Privatarchiv

Im Steinbruch bei Wattendorf wird hochreiner Kalkstein (Wattendorfer Kalk) und Dolomit aus dem Oberjura (Kimmeridgium) abgebaut. 2002 stieß Thomas Bechmann, der Präparator des Naturkunde-Museums Bamberg, dort auf Fossilien von Krebsen und Fischen. Seit 2004 führt das Naturkunde-Museum Bamberg im Steinbruch bei Wattendorf Grabungskampagnen durch. Ein Teil des fossilführenden Schichtpakets wird für die Grabung durch einen Bagger von den auflagernden, fossilarmen Schichten befreit und dann im Laufe mehrerer Wochen komplett abgebaut. Aus Sicherheitsgründen ist das Betreten des Steinbruches durch unbefugte Personen strengstens verboten. Von 2010 bis 2012 förderte die EU die Grabungen im Steinbruch bei Wattendorf. Dabei barg man rund 5000 Fossilien, darunter Schnecken, Muscheln, Seeigel, Fische (Haie, Quastenflosser), Schlangensaurier, Schildkröten und Krokodilreste. Die Wattendorfer Plattenkalke werden als lagunäre Ablagerungen gedeutet. Sie sind auf ähnliche Weise entstanden wie die Solnhofener Plattenkalke. Nach bisherigen Erkenntnissen weist die Lagerstätte bei Wattendorf eine wesentlich größere Fossiliendichte auf als die weltberühmte Fossillagerstätte in Solnhofen. Präparierte Fundstücke werden im Naturkunde-Museum Bamberg präsentiert. Der Steinbruch der Andreas Schorr GmbH & Co., in welchem der Flugsaurier zum Vorschein kam, befindet sich am Nordende der Hochfläche der Fränkischen Alb (Obermain-Alb) nordwestlich des Dorfes Wattendorf und bedeckt eine Fläche von etwa 0,3 Quadratkilometer. In dem Horizont aus der Stufe Kimmeridgium des Jura, aus dem der Flugsaurier stammt, kommt auch der Ammonit *Aulacostephanus* vor.

Im September 2011 entdeckte man zufällig nahe dem Zentrum einer wissenschaftlichen Ausgrabung im Steinbruch auf einer Abraumhalde das erste handtellergroße Fragment mit einem Flugsaurier-Rest. Bei der Betrachtung unter schwachem UV-Licht war zwischen Mittelhand und Flügelfinger-Glied ein Gelenk zu erkennen. Weitere Fragmente mit Flugsaurier-Knochen barg man nachts mit Hilfe einer UV-Lampe. Zum Zeitpunkt der Entdeckung war die Platte mit den Flugsaurier-Knochen in 17 Stücke zerbrochen. Die Teile wurden von den professionellen Präparatoren Pino Völkl-Costantini und Paul Völkl zusammengesetzt und freigelegt. Die Studien unter UV-Licht erfolgten durch Helmut Tischlinger aus Stammham, einem ehrenamtlichen Mitarbeiter des Jura-Museums Eichstätt.

Der Wattendorfer Kurzschwanz-Flugsaurier *Balaenognathus maeuseri* mit der Inventar-Nummer NKMB P2011-633 befindet sich im Naturkunde-Museum Bamberg. Am 26. Mai 2014 hat man das seltene Fossil unter der Nummer 02925 als deutsches Kulturerbe von nationaler Bedeutung angemeldet. Damit erreichte man, dass dieses Fossil für die Wissenschaft auf Dauer verfügbar ist. Der bayerische Staat wird einen möglichen Verkauf verhindern.

Der Gattungsname *Balaenognathus* des neuen Flugsauriers ist von demjenigen des Grönlandwals *Balaeno mysticetus* und dem lateinischen Wort *gnathus* für Kiefer abgeleitet. Jener Wal verfügt über ein ähnliches Reusengebiss wie einst der Flugsaurier aus dem Oberjura bei Wattendorf nahe Bamberg. Mit dem Artnamen *maeuseri* ehren die Erstbeschreiber von *Balaenognathus* den Co-Autor und guten Freund Matthias Mäuser, der während des Verfassens des Textes über den neu entdeckten Flugsaurier im Alter von 64 Jahren gestorben ist. Das neue Exemplar wird der 1928 von dem

ungarisch-österreichischen Paläontologen und Geologen
Franz von Nopcsa (1877–1933) beschriebenen Familie
Ctenochasmatidae zugeordnet.

Bereits am 24. August 2012, als der Flugsaurier-Fund bei
Wattendorf noch keinen wissenschaftlichen Namen hatte,
berichtete das Hamburger Nachrichten-Magazin „Der Spiegel" über den spektakulären Fund. „Er hatte sehr lange
Arme und sehr lange Beine, fast wie Stelzen. Das hat ihm
einen Vorteil gebracht beim Waten im Wasser", erklärte
Matthias Mäuser, der damals seit acht Jahren Grabungen
bei Wattendorf leitete. Der Flugsaurier habe in seichten
Gezeitentümpeln mit seinen schnabelartig verlängerten
Kiefern und dem Reusengebiss Kleinlebewesen aus dem
Wasser gefiltert. Das Tier ernährte sich vermutlich von
kleinen Fischen, Krebsen und anderen Lebewesen. Fischreste im Bauch stammen von der letzten Mahlzeit.

Bei der Sonderausstellung „Frankenland am Jurastrand" im
Naturkunde-Museum Bamberg ab Spätsommer 2012 konnte man den Flugsaurier-Neufund bestaunen. Bereits damals
vermutete das Forscherteam, dass es sich um eine neue Art
und Gattung handelt. Der Paläontologe und Flugsaurier-
Experte Helmut Tischlinger aus Stammham, der das Fossil
unter UV-Licht untersuchte und dokumentierte, erklärte
gegenüber dem „Spiegel", der Fund sei der älteste Flugsaurier aus den süddeutschen Oberjura-Plattenkalken. Tischlinger schwärmte über das sensationelle Stück in jeder Beziehung, das weltweit für die Flugsaurier-Forschung bedeutsam sei.

Der 2012 noch am Naturkundemuseum Karlsruhe arbeitende Paläontologe und Saurier-Experte Eberhard Frey
betrachtete den Wattendorfer Flugsaurier als mögliches
Bindeglied zwischen den bisher bekannten Flugsauriern aus

dem Jura und den späteren Riesen-Flugsauriern aus der Kreide, die mit mehr als zehn Metern Flügelspannweite die größten Tiere waren, die jemals geflogen sind. Vom Rumpf her ähnle der Wattendorfer Flugsaurier einem anderen Flugsaurier aus den Solnhofener Plattenkalken ohne Kopf. Mit seinen langen Hinterbeinen und dem im Verhältnis zum Arm recht kurzen Flugfinger habe der neue Flugsaurier eine Flügelkonfiguration, wie sie später in der Kreide bei Riesen-Flugsauriern vorgekommen sei. Das Wattendorfer Exemplar belege, dass diese Riesen-Flugsaurier ihren Ursprung in der Jurazeit hätten.

Balaenognathus maeuseri trug einen etwa 17 Zentimeter langen Schädel und hatte eine Flügelspannweite von schätzungsweise 117 Zentimetern. Sein Schnabel verbreitert sich nach vorne zu einem spachtelartigen Gebilde mit Zähnen nur an den Seitenrändern. Insgesamt befinden sich mehr als 480 in zwei Reihen angeordnete Zähne in den Kiefern. Die langen Zähne sind nicht spitz, sondern wie kleine Keulen verdickt. Mit ihnen hat der Wattendorfer Flugsaurier Beute nicht gekaut oder festgehalten, sondern aus dem Wasser gefiltert, wie es Wale mit ihren Barten und Flamingos mit Lamellen im Schnabel tun.

Der vordere Rand des Schnabels ist frei von Zähnen, so dass planktonreiches Wasser ins Maul einströmen konnte, während die Zähne ineinandergriffen und eine Maschenfalle bildeten. Ein leicht nach oben geschwungenes Podest unterstützte das Filtern durch vermutlich pulsierende Bewegungen des langen Halses beim Waten oder Schwimmen durch seichtes Wasser.

Literatur

MARTILL, David M. / FREY, Eberhard / TISCHLIN-
GER, Helmut / MÄUSER, Matthias / RIVERA-SYLVA,
Héctor / VIDOVIC, Steven U.: A new pterodactyloid pterosaur with a unique filter-feeding apparatus from the Late
Jurassic of Germany. In: Paläontologische Zeitschrift, PalZ
.
https://doi.org/10.1007/s12542-022-00644-4, 21. Januar
2023.
https://link.springer.com/article/10.1007/s12542-022-
00644-4
SPIEGEL WISSENSCHAFT: Bayern: Forscher feiern
sensationellen Flugsaurier-Fund. 24. August 2012.
https://www.spiegel.de/wissenschaft/natur/wattendorf-
forschern-gelingt-sensationeller-flugsaurier-fund-a-
851928.html
WIKIPEDIA (Online-Lexikon): Eberhard Frey (Paläontologe).
https://de.wikipedia.org/wiki/
Eberhard_Frey_(Pal%C3%A4ontologe)
WIKIPEDIA (Online-Lexikon): Franz von Nopcsa.
https://de.wikipedia.org/wiki/Franz_von_Nopcsa
WIKIPEDIA (Online-Lexikon): Naturkunde-Museum
Bamberg.
https://de.wikipedia.org/wiki/Naturkunde-
Museum_(Bamberg)
WIKIPEDIA (Online-Lexikon): Helmut Tischlinger.
https://de.wikipedia.org/wiki/Helmut_Tischlinger
WIKIPEDIA (Online-Lexikon): Wattendorf.
https://de.wikipedia.org/wiki/Wattendorf

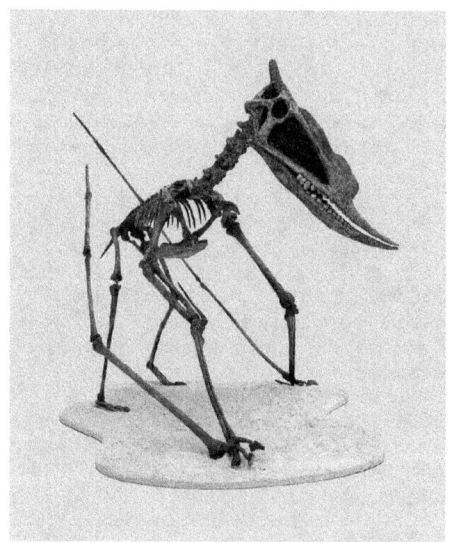

Rekonstruktion des Skelettes von Dsungaripterus weii
aus der Unterkreide vor etwa 120 Millionen Jahren
aus dem Junggar-Becken in China.
Foto: H. Zell / CC BY-SA 3.0 (via Wikimedia Commons),
lizensiert unter Creative Commons-Lizenz by-sa-3.0,
https://creativecommons.org/licenses/by-sa/3.0/legalcode

Dsungaripterus im Harz?

Der Sensationsfund in Niedersachsen

Der 8. August 2001 war für das Grabungsteam des Dinosaurier-Freilichtmuseums Münchehagen ein Glückstag. Damals entdeckte das Team-Mitglied Werner Fricke im Kalksteinbruch Langenberg zwischen den Ortsteilen Harlingerode und Göttingerode der Stadt Bad Harzburg und dem Ortsteil Oker der Stadt Goslar in Niedersachsen einen Sensationsfund. Nach dem gezielten Schlag von Fricke mit einem Geologenhammer enthüllte ein gespaltener, etwa 40 mal 40 Zentimeter großer Steinbrocken aus einem Abraumhaufen des Steinbruches im Harz das Teilskelett eines unbekannten Flugsauriers.

Der Fund wurde nach dem Entdecker Werner Fricke scherzhaft „Werner" genannt. Das kopf- und flügellose Fossil stammt aus der Stufe Kimmeridgium (157,3 bis 152,1 Millionen Jahre) des Oberjura. Erhalten geblieben sind die untere Wirbelsäule, das Becken, die Oberschenkel sowie ein Unterschenkel. Die meisterhafte Präparation des Fundes erfolgte durch den Präparator des Dinosaurier-Freilichtmuseums Münchehagen, Nils Knötschke.

2005 beschrieb der Mainzer Paläontologe Michael Fastnacht in „Acta Palaeontologica Polonica" den Flugsaurier aus dem Kalksteinbruch Langenberg. Er erkannte, dass dieser Fund der Gattung *Dsungaripterus* („Junggar-Flügel") aus der Unterkreide von China ähnelte. Der Kurzschwanz-Flugsaurier *Dsungaripterus* aus dem Junggar-Becken war 1964 von dem chinesischen Paläontologen Chung Chien Young (1897–1979) erstmals wissenschaftlich beschrieben worden.

Zur Gattung *Dsungaripterus* gehören zwei Arten. Nämlich *Dsungaripterus weii* aus der Unterkreide von China sowie *Dsungaripterus brancai* aus dem Oberjura von Tansania. *Dsungaripterus weii* erreichte eine Flügelspannweite von etwa 3,50 Metern und eine Schädellänge von rund 50 Zentimetern. Die Gattung *Dsungaripterus* besaß einen Schädelkamm, der von der Mitte des Schnabels bis zur Höhe der Augen verlief. Am Hinterkopf befand sich ein kurzer, knöcherner Fortsatz. Die Augenhöhlen sind relativ klein und sitzen hoch. Die nach oben gebogene, zahnlose Spitze des Schnabels erinnert an eine große Pinzette. Im hinteren Schnabel saßen stumpfe, knopfartige Zähne. *Dsungaripterus* grub vielleicht mit seinen spitzen Schnabel im Sand, im Schlamm und in Felsspalten nach Würmern und Krustentieren, die er mit seinen Zähnen zermahlen haben könnte.

Der Paläontologe Michael Fastnacht identifizierte das Fossil aus dem Steinbruch Langenhagen als den ersten und ältesten Nachweis der Familie Dsungaripteridae in Mitteleuropa. Die Konstruktion der Langknochen des Dsungaripteriden aus Niedersachsen zeigt, dass diese einen geringeren Widerstand gegen Biegung und Verwindung besaßen als jene von anderen Flugsauriern. Hingegen verfügten sie über eine größere Festigkeit gegen Zusammenpressung und Knicken.

Der Kalksteinbruch Langenberg gilt als eine der wichtigsten Fundstellen von Fossilien aus dem Erdmittelalter in Europa. Dort hat man außer dem erwähnten Flugsaurier-Fund von 2001 auch Reste von mindestens 21 Langhals-Dinosauriern der Art *Europasaurus holgeri* (benannt nach dem Entdecker Holger Lüdtke aus Gifhorn), nur 20 Zentimeter langen Kleinkrokodilen und Fußabdrücke von Raubdinosauriern entdeckt.

Literatur

FASTNACHT, Michael: The first dsungaripterid pterosaur from the Kimmeridgian of Germany and the biomechanics of pterosaur long bones. In: Acta Palaeontologica Polonica 50 (2): S. 273–288, 2005.

WIKIPEDIA (Online-Lexikon): *Dsungaripterus.* https://de.wikipedia.org/wiki/Dsungaripterus

WIKIPEDIA (Online-Lexikon): Kalksteinbruch Langenberg. https://de.wikipedia.org/wiki/ Kalksteinbruch_Langenberg

YUMPU: Fundchronik. Die Dinosaurier-Grabungen des Dinosaurer-Freilichtmuseums Münchehagen im Harz 1999–2006.
file:///C:/Users/Ernst/Downloads/Eine%20ausf%C3% BChrlichere%20Fundchronik%20des%20Langenberg%20 Steinbruchs%20....pdf

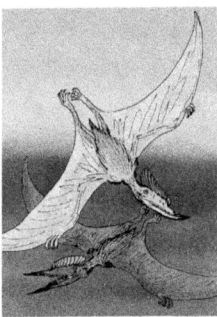

Lebensbild der Flugsaurier Dsungaripterus weii (oben) und Noripterus complidens. Bild: Apokryltaros / CC BY-SA 3.0 (via Wikimedia Commons), lizensiert unter Creative Commons-Lizenz by-sa-3.0, https://creativecommons.org/ licenses/by-sa/3.0/legalcode

Lebensbild von Dimorphodon macronyx von Mark P. Witton.
Bild: Mark P. Witton / https://peerj.com/articles/1018 /
CC BY 4.0 (via Wikimedia Commons),
lizensiert unter Creative Commons-Lizenz by-4.0,
https://creativecommons.org/licenses/by/4.0/legalcode

Jura-Flugsaurier

Unterjura (etwa 201 bis 174 Millionen Jahre)
Allkaruen (Unterjura/Mitteljura), Codorniú, Carabajal, Pol,
Unwin, Rauhut 2016, Südamerika (Argentinien)
Campylognathoides, Strand 1928, Europa (Württemberg)
Dimorphodon, Owen 1859, Europa (England)
Dorygnathus, Wagner 1860, Europa (Württemberg, Bayern)
Parapsicephalus, von Arthaber 1919, Europa
Rhamphinion, Padian 1984, Nordamerika

Mitteljura (etwa 174 bis 163,5 Millionen Jahre)
Angustinaripterus, He, Xinlu und andere 1983, Asien (China)
Archaeoistiodactylus, Lü, Fucha 2011, Asien
Cascocauda (Mitteljura/Oberjura), Yang und andere 2022,
Asien (China)
Changchengopterus, Lü 2009, Asien (China)
Darwinopterus, Lü, Unwin und andere 2009, Asien (China)
Dearc, Jagielska und andere 2022, Europa (Isle of Skye)
Fenghuangopterus, Lü, Fucha, Chen 2010, Asien (China)
Jeholopterus (Mitteljura/Unterkreide), Wang X., Zhou 2002,
Asien (China)
Jianchangnathus, Cheng, Wang X., Jiang, Kellner 2012, Asien
(China)
Jianchangopterus, Lü, Bo 2011, Asien (China)
Klobiodon, O'Sullivan, Martill, 2018, Europa (England)
Kryptodrakon (Mitteljura/Oberjura), Andrés, Clark, Xu
2014, Asien (China)
Kunpengopterus, Wang X., Kellner und andere 2010, Asien
(China)
Qinglongopterus, Lü, Unwin und andere 2012, Asien (China)

Sinomacrops (Mitteljura/Oberjura), Wei und andere 2021, Asien (China)
Wukongopterus, Wang X., Kellner und andere 2009, Asien (China)

Oberjura (etwa 163,5 bis 145 Millionen Jahre)
Aerodactylus, Vidovic, Martill 2014, Europa (Bayern)
Altmuehlopterus, Vidovic, Martill 2017, Europa (Bayern)
Anurognathus, Döderlein 1923, Europa (Bayern)
Ardeadactylus, Bennett 2013, Europa (Bayern)
Aurorazhdarcho, Frey, Meyer, Tischlinger 2011, Europa (Bayern)
Balaenognathus, Martill, Frey, Tischlinger, Mäuser, Rivera-Sylva, Vidovic 2023, Europa (Bayern)
Batrachognathus, Rjabinin 1948, Asien (Kasachstan)
Bellubrunnus, Hone, Tischlinger, Frey, Röper 2012, Europa (Bayern)
Cacibupteryx, Gasparini, Fernández, de la Fuente 2004, Kuba
Ctenochasma, von Meyer 1852, Europa (Bayern, Niedersachsen)
Cuspicephalus, Martill, Etches 2013, Europa (England)
Cycnorhamphus, Seeley 1870, Europa (Württemberg)
Daohugoupterus, Cheng und andere 2015, Asien (China)
Dendrorhynchoides (Oberjura/Unterkreide), Ji S.-A., Ji Q., Padian 1999, Asien (China)
Diopecephalus, Seeley 1871, Europa (Bayern)
Douzhanopterus, Wang X. und andere 2017, Asien
Dsungaripterus (Oberjura/Unterkreide), Young 1964, Afrika (Tansania), Asien (China)
Germanodactylus, Young 1964, Europa (Bayern)
Gnathosaurus, von Meyer 1883, Europa (Bayern)

Harpactognathus, Carpenter, Unwin und andere 2003, Nordamerika (Wyoming/USA)
Herbstosaurus, Casamiquela 1974, Südamerika (Argentinien)
Huanhepterus, Dong 1982, Asien (China)
Kepodactylus, Harris, Carpenter 1986, Nordamerika (Colorado/USA)
Liaodactylus, Zhou C.-F. und andere 2017, Asien (China)
Luopterus, Hone 2020, Asien (China)
Mesadactylus, Jensen, Padian 1989, Nordamerika, (Colorado/USA)
Nesodactylus, Colbert 1969, Kuba
Normannognathus, Buffetaut, J.-J. Lepage, G. Lepage 1998, Europa (Frankreich)
Orientognathus, Lü, Pu, Xu, Wei, Chang, Kundrát 2015, Asien (China)
Plataleorhynchus, (Oberjura/Unterkreide), Howse, Milner 1995, Europa
Pterodactylus, Cuvier 1809, Europa (Bayern, Württemberg, Frankreich, England)
Pterorhynchus, Czerkas, Ji Q. 2002, Asien (Mongolei, China)
Puntanipterus, (Oberjura/Unterkreide), Bonaparte, Sanchez 1975, Südamerika (Argentinien)
Rhamphorhynchus, von Meyer 1846, Afrika, Europa (Bayern, Württemberg, England)
Scaphognathus, Wagner 1861, Europa (Bayern)
Sericipterus, Andrés, Clark, Xing X. 2010, Asien (China)
Serradraco, Rigal, Martill, Sweetman 2017, Europa (England)
Skiphosoura, Hone, Fitch, Seltzer, Lauer R., Lauer B. 2024, Europa (Bayern)
Sordes, Sharov 1971, Asien (Kasachstan)
Tacuadactylus, Soto und andere 2021, Südamerika (Uruguay)

Tendaguripterus, Unwin, Heinrich 1999, Afrika (Tansania)
Utahdactylus, Czerkas, Mickelson 2002, Nordamerika
(Utah/USA)
Wenupteryx, Codomiú, Gasparini 2013, Südamerika
(Argentinien)

Literatur
DINODATA.DE von Uwe Jelting:
Pterosaurier Arten / Pterosaur species.
https://dinodata.de/animals/pterosaurs/index.php
DINOSAUR WIKI: Liste aller Flugsaurier.
https://dinosaurier.fandom.com/de/wiki/
Liste_aller_Flugsaurier
PTEROSAUR DATABASE: Early Jurassic.
https://dinoanimals.com/pterosaurdatabase/category/
early-jurassic/
PTEROSAUR DATABASE: Middle Jurassic.
https://dinoanimals.com/pterosaurdatabase/category/
middle-jurassic/
PTEROSAUR DATABASE: Late Jurassic.
https://dinoanimals.com/pterosaurdatabase/category/
late-jurassic/
TISCHLINGER, Helmut /FREY, Eberhard: Flugsaurier
(Pterosauria). In: ARRATIA, Gloria / SCHULTZE, Hans-
Peter / TISCHLINGER, Helmut / VIOHL, Günter (Herausgeber): Solnhofen. Ein Fenster in die Jurazeit 2, S. 459–
480, München 2015.
WELLNHOFER, Peter: Die Pterodactyloidea (Pterosauria)
der Oberjura-Plattenkalke Süddeutschlands. In: Bayerische
Akademie der Wissenschaften. Mathematisch-Naturwissenschaftliche Klasse, Abhandlungen, Neue Folge, Heft 141,
München 1970.

WELLNHOFER, Peter: Rhamphorhynchoidea (Pterosauria) der Oberjura-Plattenkalke Süddeutschlands. In: Palaeontographica, Abteilung A, Band A 148: S. 1–33, 132–186, Band A 149: S. 1–30, 1975.
WELLNHOFER, Peter: Flugsaurier. Wittenberg Lutherstadt 1980.
WELLNHOFER, Peter: Übersicht über die Flugsaurier des Unteren Jura. In: Die große Enzyklopädie der Flugsaurier. Illustrierte Naturgeschichte der fliegenden Saurier. 100 Arten auf über 400 Fotos und Illustrationen. S. 79, München 1993.
WELLNHOFER, Peter: Übersicht über die Flugsaurier des Mittleren Jura. In: Die große Enzyklopädie der Flugsaurier. Illustrierte Naturgeschichte der fliegenden Saurier. 100 Arten auf über 400 Fotos und Illustrationen. S. 81, München 1993.
WELLNHOFER, Peter: Übersicht über die Flugsaurier des Oberen Jura. In: Die große Enzyklopädie der Flugsaurier. Illustrierte Naturgeschichte der fliegenden Saurier. 100 Arten auf über 400 Fotos und Illustrationen. S. 107, München 1993.
WIKIPEDIA (Online-Lexikon): List of pterosaur genera. https://en.wikipedia.org/wiki/List_of_pterosaur_genera

Lebensbild von drei riesigen Flugsauriern der Art Quetzalcoatlus northropi in vierbeiniger Körperhaltung mit einer Flügelspannweite bis zu zwölf Metern. Einer davon hat einen jugendlichen Titanosaurier erbeutet.

Flugsaurier in der Kreidezeit

In der Kreidezeit vor etwa 145 bis 65 Millionen Jahren beherrschten – wie in der Jurazeit – weiterhin die Flugsaurier den Luftraum der Erde. Flugsaurier aus diesem Zeitabschnitt des Erdmittelalters existierten – mit Ausnahme der Antarktis – auf allen Kontinenten. Fossile Reste von ihnen hat man vor allem in Meeresablagerungen entdeckt. Anders als in der Jurazeit lebten in der Kreidezeit keine Langschwanz-Flugsaurier mehr, sondern nur noch Kurzschwanz-Flugsaurier. Die langschwänzigen Flugsaurier haben die Wende vom Jura zur Kreide nicht überlebt. Dagegen brachten die Kurzschwanz-Flugsaurier in der Kreidezeit riesige Formen hervor. In der Unterkreide gab es bereits Flugsaurier mit einer Flügelspannweite bis zu sechs Metern, in der Oberkreide sogar wahre Riesen mit einer Flügelspannweite bis zu zwölf Metern.

Flugsaurier erreichten in der Oberkreide ihre weiteste Verbreitung. Fundstellen sind in England, Frankreich, Tschechien (Böhmen), Österreich, Rumänien, Russland. Jordanien, dem Kongo, Japan, Nordamerika und Südamerika bekannt.

Die Entdeckungsgeschichte des damals größten Flugsauriers aller Zeiten begann 1971, als der amerikanische Student Douglas A. Lawson im Big Bend Nationalpark in Texas (USA) einen noch im Gestein steckenden, ungefähr einen Meter langen Knochen fand. Als er ein Stück davon seinem Professor Wann Langston junior (1921–2013) in Austin zeigte, stellte dieser nach gründlicher Untersuchung fest, dass es sich um den Flügelknochen eines Flugsauriers handelte. Professor Langston und sein Student Lawson

Lebensbild des riesigen Kurzschwanz-Flugsauriers
Azhdarcho lancicollis aus Usbekistan.
Bild: PaleoEquii / CC BY-SA 4.0 (via Wikimedia Commons),
lizensiert unter Creative Commons-Lizenz by-sa-4.0,
https://creativecommons.org/licenses/by-sa/4.0/legalcode

gruben an der Fundstelle alle dort vorhandenen Knochen aus. Ihre Hoffnung, ein komplettes Skelett bergen zu können, erfüllte sich nicht. Sie bargen nur Teile eines Flügels, der sich offenbar nach dem Tod des Flugsauriers vom Körper gelöst hatte. Das restliche Skelett wurde wohl weiter entfernt an unbekannter Stelle eingebettet.

1975 berichtete Lawson in der amerikanischen Wissenschaftszeitschrift „Science" kurz über die Entdeckung eines riesigen Flugsauriers im Big Bend Natonalpark mit einer unglaublichen Flügelspannweite von mehr als 15 Metern. Lawson gab dem gigantischen Flugsaurier den wissenschaftlichen Namen *Quetzalcoatlus northropi*. Der Gattungsname *Quetzalcoatlus* erinnert an den mexikanischen Gott Quetzalcoatl, der von den Azteken in Gestalt einer gefiederten Schlange verehrt wurde. Der Artname *northropi* erinnert an das amerikanische Flugzeug Northrop YB-49.

Später fand man an anderer Stelle im Nationalpark fossile Knochen kleinerer Flugsaurier mit einer Flügelspannweite bis zu 5,50 Metern, die 2021 als neue Arten namens *Quetzalcoatlus dawsoni* und *Wellnhopterus brevirostris* beschrieben wurden. Die wahrscheinliche Flügelspannweite des riesigen *Quetzalcoatlus northropi* wurde auf bis zu zwölf Meter korrigiert. Der riesige Flugsaurier war möglicherweise ein Aasfresser, der sich von Überresten verendeter Tiere ernährte.

Später beschrieb man in anderen Ländern weitere Flugsaurier mit einer Flügelspannweite wie *Quetzalcoatlus northropi:* 1984 *Azhdarcho lancicollis* aus Usbekistan, 1989 *Arambourgiania philadelphiae* aus Jordanien und 2002 *Hatzegopteryx thambema* aus Rumänien.

In den USA hatte man bereits in den 1870er Jahren – hundert Jahre vor der Entdeckung von *Quetzalcoatlus* – riesige Flugsaurier nachgewiesen. 1870 barg der amerikanische

Lebensbild des riesigen Kurzschwanz-Flugsauriers
Arambourgiania philadelphiae aus Jordanien.
Bild: Mark Witton / CC BY-SA 4.0 (via Wikimedia Commons),
lizensiert unter Creative Commons-Lizenz by-sa-4.0,
https://creativecommons.org/licenses/by-sa/4.0/legalcode

Lebensbild des riesigen Kurzschwanz-Flugsauriers
Hatzegopteryx thambema aus Rumänien.
Bild: Mark Witton / CC BY-SA 4.0 (via Wikimedia Commons),
lizensiert by Creative Commons-Lizenz by-sa-4.0,
https://creativecommons.org/licenses/by-sa/4.0/legalcode

Teilnehmer der Expedition des amerikanischen Paläontologen
Othniel Charles Marsh (1831–1899),
zweiter in der hinteren Reihe, von 1872.
Zur Ausrüstung der Expedition im Indianergebiet gehörten
auch Gewehre.
Foto: (via Wikimedia Commons),
Lizenz: gemeinfrei (Public domaini)

Paläontologe Othniel Charles Marsh (1831–1899) während einer Expedition des Yale College (New Haven) im Kansas Chalk der Niobrara-Formation aus der Oberkreidezeit am Smoky Hill River einen halben Mittelhand-Knochen eines Flugsauriers. Anhand dieses Fossils errechnete Marsh vorläufig eine Flügelspannweite von sechs Metern. Im Sommer 1872 fand er auch die fehlende zweite Hälfte des Mittelhandknochens, dessen Gesamtlänge nun 40 Zentimeter betrug. Später barg man dort zahlreiche weitere Flugsaurier-Reste, darunter einen Schädel. 1871 bezeichnete Marsh die ersten Reste nordamerikanischer Flugsaurier als *Pterodactylus oweni*. 1872 änderte er jenen Namen in *Pterodactylus occidentalis* um. Denn der Artname *oweni* war schon 1870 von dem englischen Paläontologen Harry Govier Seeley (1839–1909) für den Flugsaurier *Ornithocheirus* aus England vergeben worden. Der Fundort am Smoky Hill River in Kansas lag in den 1870er Jahren im Indianergebiet. Deshalb gehörten Gewehre zur Ausrüstung der Expeditionen von Marsh. Irgendwann stellte sich heraus, dass die nordamerikanischen Riesen-Flugsaurier sich von den englischen Flugsauriern unterschieden. Daher bezeichnete Marsh 1876 die riesigen zahnlosen Kurzschwanz-Flugsaurier aus Kansas nicht mehr als *Pterodactylus*, sondern als *Pteranodon* („Zahnloser Flügel"). Anhand der Form der Knochenkämme auf dem Hinterhaupt unterschied er mehrere Arten. *Pteranodon sternbergi* erreichte eine Flügelspannweite von etwa neun Metern, *Pteranodon ingens* von ungefähr sieben Metern. Zusammen mit dem Knochenkamm war der Schädel von *Pteranodon ingens* 1,79 Meter lang. Der Unterkiefer von *Pteranodon sternbergi* hatte eine Länge von 1,20 Metern. *Pteranodon* besaß außer dem erwähnten Knochenkamm am Hinterhaupt lange, spitze Kiefer, einen relativ kurzen Hals

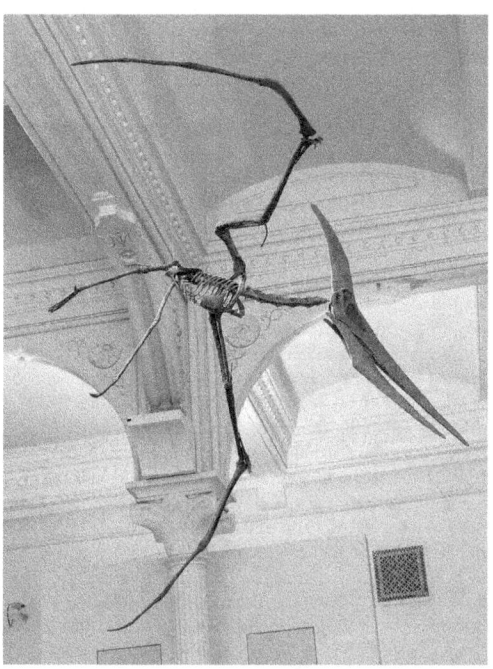

Skelett eines Kurzschwanz-Flugsauriers der Gattung Pteranodon im American Museum of Natural History, New York.
Foto: Matt Martyniuk / CC BY 3.0 (via Wikimedia Commons), lizensiert unter Creative Commons-Lizenz by-3.0,
https://creativecommons.org/licenses/by/3.0/legalcode

und extrem dünnwandige Knochen. Das Lebendgewicht einer Art wurde auf ungefähr 17 Kilogramm geschätzt. Über die Funktion des langen Knochenkammes am Hinterhaupt wird spekuliert. Möglicherweise diente er als Stabilisator oder Steuerruder beim Flug oder als Gegengewicht zum schweren Kopf. Der zahnlose *Pteranodon* verzehrte vermutlich wie ein heutiger Pelikan vor allem Fische, die er aus dem Wasseer schöpfte und unzerkaut verschluckte. Bis 1910 hat man in Kansas fossile Reste von 465 Flugsauriern der Gattung *Pteranodon* gefunden. 1974 berechneten die englische Zoologin, Paläontologin und Fledermaus-Expertin Cherrie Bramwell sowie der Luftfahrt-Ingenieur George Whitfield für *Pteranodon* die Fluggeschwindigkeit. Die höchste Geschwindkeit betrug 50 km/h, die niedrigste 24 km/h. Zwei Naturforscher aus Bayern entdeckten im April 1819 bei einer Expedition eine der wichtigsten und ergiebigsten Fossil-Fundstellen der Erde. Die beiden Entdecker waren der Zoologe Johann Baptist von Spix (1781–1826) und der Botaniker Carl Friedrich Philipp Martius (1794–1868). Bei dem von ihnen aufgespürten Fundgebiet mit Weltrang handelt es sich um die Santana-Formation aus der Oberkreide am Araripe-Plateau in Nordost-Brasilien. Dort hat 1971 der brasilianische Paläontologe Llellewyn I. Price (1905–1980) das erste Skelett eines Flugsauriers geborgen. Bis 1993 sind in der Santana-Formation neun Gattungen und vierzehn Arten von Flugsauriern nachgewiesen worden. Zu ihnen würden noch weitere Flugsaurier hinzukommen, vermutete damals der Münchner Paläontologe Peter Wellnhofer in seinem Werk „Die große Enzyklopädie der Flugsaurier" (1993). Unter den Flugsauriern aus der Santana-Formation befinden sich etliche große Formen mit Flügelspannweiten von 2,90 bis 6,20 Metern: 1977 beschrieb Peter Wellnhofer

Zoologe Johann Baptist von Spix (1781–1826),
Entdecker der Santana-Formation aus der Oberkreide
am Araripe-Plateau in Nordost-Brasilien,
einer der wichtigsten und ergiebigsten Fossil-Fundstellen der Erde.
Bild: Hanfstaengl (via Wikimedia Commons),
Lizenz: gemeinfrei (Public domain)

Botaniker Carl Friedrich Philipp Martius (1794–1868),
Entdecker der Santana-Formation aus der Oberkreide
am Araripe-Plateau in Nordost-Brasilien,
einer der wichtigsten und ergiebigsten Fossil-Fundstellen der Erde.
Bild: Stich von J. Kuhn (via Wikimedia Commons),
Lizenz: gemeinfrei (Public domain)

anhand eines 55 Zentimeter langen Flugfinger-Gliedes den Flugsaurier *Araripedactylus dehmi* mit einer Flügelspannweite von schätzungsweise fünf Metern. Der Gattungsname *Araripedactylus* heißt „Araripe-Finger".

1980 beschrieb der niederländische Paläontologe Paul de Buisonjé den Flugsaurier *Santanadactylus* („Santana-Finger"). Zu dieser Gattung gehören bis zu vier Arten namens *Santanadactylus araripensis, Santanadactylus brasiliensis, Santanadactylus spixi* und *Santanadactylus pricei.* Die Flügelspannweiten reichen von 2,90 bis zu 5,70 Metern.

1985 beschrieben Diogenes A. Campos und Alexander Wilhelm Armin Kellner den Flugsaurier *Anhanguera* („Alter Teufel") mit einer Flügelspannweite von mehr als vier Metern und einer Schädellänge von etwa 50 Zentimetern. *Anhanguera* ist ein Name aus der indianischen Tupi-Kultur. Bekannt sind zwei Arten namens *Anhanguera blittersdorffi* und *Anhanguera santanae. Anhanguera* ernährte sich vermutlich von Fischen. Ebenfalls 1985 beschrieben Giuseppe Leonardi und Guido Borgomanero den Flugsaurier *Cearadactylus* („Ceará-Flügel") mit einer Flügelspannweite von etwa 5,50 Metern und einer geschätzten Schädellänge von 57 Zentimetern.

1987 beschrieb der Münchner Paläontologe Peter Wellnhofer den Flugsaurier *Tropeognathus* („Kiel-Kiefer"). Der Gattungsname *Tropeognathus* beruht auf der Form des Oberkiefer-Knochens in Gestalt eines umgekehrten Schiffskiels (griechisch: tropis = Schiffskiel). Von dieser Gattung sind zwei Arten namens *Tropeognathus robustus* und *Tropeognathus mesembrinus* bekannt. Ihre Schädellänge beträgt 63 und 67 Zentimeter. Mit einer Flügelspannweite von 6,20 Metern gilt *Tropeognathus robustus* als der größte Flugsaurier der Santana-Formation in Brasilien.

Eine respektable Flügelspannweite von etwa 3,50 Metern erreichte der Flugsaurier *Nyctosaurus lamegoi* aus der Oberkreide von Paraiba in Brasilien. Der Gattungsname *Nyctosaurus* („Nacktsaurier") wurde bereits 1876 von dem amerikanischen Paläontologen Othniel Charles Marsh für Funde aus Kansas vorgeschlagen. Den Artnamen *Nyctosaurus lamegoi* für den ersten südamerikanischen Flugsaurier prägte 1953 der brasilianische Paläontologe LLellewyn I. Price. Einen 13 Zentimeter langen Halswirbel aus der Unterkreidezeit, der dem des Riesen-Flugsauriers *Quetzalcoatlus northropi* aus Texas ähnelte, hat man im Purbeck-Kalkstein bei Swanage an der Küste von Dorset in England gefunden. Der englische Paläontologe Harry Govier Seeley (1839–1909) berichtete 1875, an Weihnachten 1868 habe ihm bei einem Aufenthalt in Swanage ein Steinbrucharbeiter einen langen Wirbel und den Teil eines großen Unterkiefers überlassen. Seeley deutete den Wirbel als Schwanzwirbel eines großen Langschwanz-Flugsauriers, den er 1875 als *Doratorhynchus* („Speer-Schnauze") bezeichnete. Dieser Flugsaurier hatte einen 56 Zentimeter langen Schädel und eine Flügelspannweite von fünf Metern. 1986 wies der englische Paläontologe S. C. B. Howse auf die große Ähnlichkeit des *Doratorhynchus*-Wirbels mit dem fünften Halswirbel des Riesen-Flugsauriers *Quetzalcoatlus* hin. Es wird spekuliert, *Doratorhynchus* aus der Unterkreide von England könne ein Vorfahre des Riesen-Flugsauriers *Quetzalcoatlus northropi* aus der Oberkreide von Texas sein. *Doratorhynchus* gilt heute als zweifehafter Name.

Eine Flügelspannweite bis zu fünf Metern erreichte der Flugsaurier *Criorhynchus* („Widder-Schnauze"), den 1874 der englische Mediziner, Zoologe, Anatom, Physiologe und Paläontologe Richard Owen (1804–1892) beschrieb und

Lebensbild von Flugsauriern ähnlich der Gattung Ornithocheirus
(„Vogel-Hand") von Dmitry Bogdanov.
Bild: Dmitry Bogdanov / CC BY 3.0 (via Wikimedia Commons),
lizensiert unter Creative Commons-Lizenz by-3.0,
https://creativecommons.org/licenses/by/3.0/legalcode

benannte. *Criorhynchus* hatte einen ungefähr 50 Zentimeter langen Schädel, eine am Vorderende stumpfe und plumpe Schnauze, vorne am Kiefer einen Knochenkamm und im vorderen Schnauzen-Ende kräftige, steil stehende und leicht nach hinten gekrümmte Zähne. Von *Criorhynchus* hat man zahlreiche fossile Reste im Grünsandstein von Cambridge geborgen. Dieses Gestein entstand zu Beginn der Oberkreidezeit bei einem Meeresvorstoß.

Vom europäischen Festland sind nur wenige Flugsaurier aus der Kreidezeit bekannt. Dabei handelt es sich um Einzelknochen und Bruchstücke, die meist mit dem aus England nachgewiesenen Flugsaurier *Ornithocheirus* in Verbindung gebracht wurden. Die erste Erwähnung des Namens *Ornithocheirus* („Vogel-Hand") erfolgte 1869 durch den englischen Paläontologen Harry Govier Seeley in dessen „Index to the fossil remains of Aves, Ornithosauria and Reptilia". Seeley hatte zuvor die mehr als tausend Knochen umfassende Flugsaurier-Sammlung des Woodwardian Museum (heute: Sedgwick-Museum) der Universität Cambridge untersucht. Die meisten dieser Knochen stammten aus dem Grünsandstein von Cambridge. *Ornithocheirus* soll eine Flügelspannweite bis zu 2,50 Metern erreicht haben.

Obwohl man keine kompletten Skelette, sondern nur Kieferbruchstücke, Einzelknochen oder Wirbel barg, beschrieb man insgesamt 36 Arten der Gattung *Ornithocheirus*. Die meisten davon basieren auf Fossilien aus dem Grünsandstein von Cambridge, der mit Phosphoritknollen gespickt ist. Das Kalkphosphat baute man in Gruben ab. Die oft abgerollt und abgerieben wirkenden Flugsaurierknochen könnten von der vorrückenden Meeresbrandung aus älteren Schichten der obersten Unterkreide freigespült und in jüngeren Schichten der Oberkreide abgelagert worden sein.

Mit englischen *Ornithocheirus*-Arten verglich der französische Paläontologe, Ichthyologe und Herpetologe Henri-Emile Sauvage (1842–1917) die 1882 in Schichten des Pariser Beckens aus der Unterkreidezeit (Stufe Gault) gefundenen fossilen Reste eines Flugsauriers. Dabei handelt es sich um einen fraglichen Halswirbel und um Zähne. Zur Gattung *Ornithocheirus* rechnete man 1983 auch das obere Ende eines Ellenbogens aus der Unterkreidezeit (Stufe Hauterive) von Haute-Marne. Die Größe der Knochen ließ auf eine respektable Flügelspannweite von etwa 3,70 Metern schließen.

In Niederösterreich hat man beim Abbau von Steinkohle in Muthmannsdorf fossile Reste von Flugsauriern aus der Oberkreidezeit gefunden. Diese Steinkohle war vor etwa 80 bis 75 Millionen Jahren in einem Mündungsgebiet entstanden. Die Ablagerungen, in denen sich die Kohlenflöze befinden, gehören zur Gosau-Formation (Stufe Campan), die in den Nördlichen Kalkalpen weit verbreitet ist. 1871 veröffentlichte der österreichische Mediziner und Amateur-Paläontologe Emanuel Bunzel (1828–1895) sein Werk „Reptilienfauna der Gosau-Formation in der Neuen Welt bei Wiener Neustadt".

Bunzel hat vermutlich 1854 an der Deutschen Universität Prag zum Dr. med. et chir. promoviert. Er praktizierte in Wien als Arzt und wurde bis 1881 im Wiener Adressbuch erwähnt. Von 1872 bis 1895 war er Kurarzt in Bad Gastein. 1871 beschrieb er anhand eines Fundes bei Winzendorf-Muthmannsdorf in Niederösterreich den Vogelbecken-Dinosaurier *Struthiosaurus austriacus*. Bunzel vermachte per Testament den Wohltätigkeitseinrichtungen seiner Geburtsstadt Prag 250.000 Gulden, die gleichmäßig zwischen jüdischen und christlichen Institutionen verteilt werden sollten.

1881 unterzog der englische Paläontologe Harry Govier Seeley die von Bunzel beschriebene Fauna von Muthmannsdorf einer kritischen Revision. Neben Dinosauriern, Krokodilen, Schildkröten und Echsen wies er auch ein Unterkiefer-Gelenk eines Flugsauriers nach, den er *Ornithocheirus bunzeli* nannte. Weitere Flugsaurier-Reste aus Muthmannsdorf waren ein Oberarmbein-Fragment und Bruchstücke von Fingergliedern, die auf eine Flügelspannweite von 1,50 bis 1,75 Metern schließen lassen. Die Flugsaurier aus der Gosau-Kreide von Niederösterreich ähnelten Arten der Gattung *Ornithocheirus* („Vogel-Hand") aus dem Grünsandstein von Cambridge in England.

1980 beschrieb der Münchner Paläontologe Peter Wellnhofer Flugfinger-Glieder und ein Oberarmbein-Fragment von *Ornithocheirus* sp. sowie ein Articulare von *Ornithocheirus bunzeli* aus Muthmannsdorf neu. Ein Articulare ist ein Ersatzknochen des Unterkiefers, der zusammen mit einem Knochen des Oberkiefers bei Fischen, Amphibien, Reptilien und Vögeln das Kiefergelenk bildet. Die besondere Konstruktion des Unterkiefer-Gelenks von *Ornithocheirus* lässt ein weites Aufklappen des Schnabels zu. *Ornithocheirus* hat vermutlich bei weit geöffnetem Schnabel mit der Unterkiefer-Spitze das Wasser durchpflügt und Beute aus dem Wasser gefischt.

1881 beschrieb der tschechische Zoologe und Paläontologe Anton Fritsch (1832–1913) aus Iser-Schichten (Stufe Turonium der Oberkreide) von Zárecká Lhota bei Chotzen in Böhmen (Tschechien) fossile Knochen eines vermeintlichen Vogels, den er als *Cretornis* („Kreide-Vogel") bezeichnete. Später identifizierte man die kleinen Fügelknochen als solche eines Flugsauriers. Das 7,4 Zentimeter lange Oberarm-Bein erinnert sehr an *Ornithocheirus clifti* aus der

Tschechischer Zoologe und Paläontologe
Anton Fritsch (1832–1913).
Foto: Aufnahme eines unbekannten Fotografen
(via Wikimedia Commons),
Lizenz: gemeinfrei (Public domain)

Unterkreide (Wealden) von England. Das Wealden ist eine nach der südostenglischen Landschaft Weald bezeichnete Abfolge von Ablagerungen des Festlandes sowie von Flüssen und Seeen. Ablagerungen des Wealden kommen in Deutschland im Teutoburger Wald, in den Bückebergen am Wiehengebirge, im Wesergebirge, im Deister und im Osterwald zum Vorschein. Es handelt sich um mehrere hundert Meter mächtige Schichten aus Sand- und Tonsteinen. Sie wechseln mit Steinkohlenflözen, die mitunter schon seit Jahrhunderten abgebaut wurden.

Zu den wenigen Funden von Flugsauriern aus der Unterkreidezeit in Deutschand gehören Skelettreste aus einer Tongrube in Hannover (*Targaryendraco wiedenrothi*), aus einer Tongrube in Sachsenhagen und bei Sehnde in Niedersachsen, Zahnfunde aus Karstfüllungen unweit von Balve in Nordrhein-Westfalen und ein in den 1930er Jahren entdeckter Fußabdruck bei Bückeburg in Niedersachsen.

In den frühen 1940er Jahren gelang bei Arbeiten an der Bahnstrecke von Amman (Jordanien) nach Damaskus (Syrien) bei Russeifa nahe Amman die Entdeckung eines 62 Zentimeter langen Halswirbels des Flugsauriers *Titanopteryx* („Titanen-Flügel") aus der Oberkreide. Das Tier, von dem der Wirbel stammt, soll ähnlich groß wie der Riesen-Flugsaurier *Quetzalcoatlus northropi* aus Texas (USA) mit einer Flügelspannweite von zwölf Metern gewesen sein. Der 1955 von Camille Arambourg (1885–1969) beschriebene *Titanopteryx* wurde 1989 von Lev A. Nessov (1947–1995) in *Arambourgiania* umbenannt.

Eine Flügelspannweite von drei bis dreieinhalb Metern hatte ein Kurzschwanz-Flugsaurier aus der Unterkreide, der 1964 im Junggar-Becken (Provinz Xinjang) in China gefunden wurde. Entdecker und Erstbeschreiber war der chinesische Paläontologe Chung Chien Young (1897–1979), im Westen als C. C. Young bekannt. Er gab dem Flugsaurier den Gattungsnamen *Dsungaripterus* („Junggar-Flügel") und den Artnamen *weii*. Es war der erste Flugsaurier, der in China geborgen wurde. *Dsungaripterus weii* hatte einen 50 Zentimeter langen Schädel, ein kleines Auge, einen langgezogenen Knochenkamm auf der Schnauze und zahnlose Kieferspitzen. Eine weitere Art dieses Flugsauriers in Tansania stammt aus der Oberjurazeit und heißt *Dsungaripterus brancai*.

Bereits 1848 beschrieb der schottische Paläontologe William Elgin Swinton (1900–1994) einen unvollständigen, 36 Zentineter langen Mittelhand-Knochen eines großen Flugsauriers aus Ablagerungen der Kreidezeit (Stufe Cenoman oder Turon) in Zaire. Angeblich wurden Ähnlichkeiten mit *Ornithocheirus*-Arten festgestellt. Die Flügelspannweite dieses Flugsauriers wurde auf vier bis fünf Meter Länge geschätzt.

Literatur

BUISONJÉ, Paul de: *Santanadactylus brasiliensis* nov. gen., nov. sp., a longnecked, large pterosaurier from the Aptian of Brazil. In: Proceedings of the Koninklijke Nederlandse Akademie van Wetenschapen, B 83 (2): S. 145–172, Amsterdam 1980.

CAMPOS, Diogenes A. / KELLNER, Alexander Wilhelm Armin: Panorama of the Flying Reptiles Study in Brazil and South America (Pterosauria/Pterodactyloidea/Anhangueridae). In: Anais da Academia Brasileira Ciencias 57 (4): S. 141–142 und 453–466, 1985.

LANGSTON Jr., Wann: The Great Pterosaur. In: Discovery 2 (3): S. 20–23, Austin 1978.

LANGSTON Jr., Wann: Pterosaurs. In: Scientific American 224 (2): S. 122–136, 1981.

LAWSON, Douglas A.: Pterosaur from the Latest Cretaceous of West-Texas. Discovery of the Largest Flying Creature. In: Science 187: S. 947–948, 1975.

LEONARDO, Giuseppe / BORGOMANERO, Guido: *Cearadactylus atrox* nov. gen., nov. sp.: Novo Pterosauria (Pterodactyloidea) da Chapada do Araripe, Ceara, Brasil. In: Resumos dos communicaçoes VIII Congresso bras. de Paleontologia e Stratigrafia 27: S. 75–80, 1985.

MARSH, Othniel Charles: Note on a new and giantic species
of Pterodactyle. In: American Journal of Science 1: S. 472, 1871.

MARSH, Othniel Charles: Discovery of additional remains of Science 3: S. 241, 1872.

PRICE, Llellewyn I: A presença de Pterosauriano Cretáceo Inferior da Chapada do Araripe, Brasil. In: Anais Academia Brasileira Ciencias 43: S. 451–461, 1971.

SEELEY, Harry Govier: The Reptile Fauna of the Gosau Formation preserved in the Geological Museum of the University of Vienna. In: Quarterly Journal of the Geological Society London 37: S. 620–704, London 1881.

SPIX, Johann Baptist von / MARTIUS, Carl Friedrich Philipp: Reise in Brasilien, 3 Bände, München 1828.

WELLNHOFER, Peter: *Araripedactylus dehmi* nov. gen., nov. sp., ein neuer Flugsaurier aus der Unterkreide von Brasilien. In: 17. Mitteilungen der Bayerischen Staatssammlung für Paläontologie und historische Geologie. S. 157–167, 1977.

WELLNHOFER, Peter: Flugsaurier aus der Gosau-Kreide von Muthmannsdorf (Niederösterreich) – ein Beitrag zur

Kiefermechanik der Pterosaurier. In: Mitteilungen der Bayerischen Staatssammlung für Paläontologie und historische Geologie 20: S. 95–112, München 1980.

WELLNHOFER, Peter: New Crested Pterosaurs from the Lower Cretaceous of Brazil. In: Mitteilungen der Bayerischen Staatssammlung für Paläontologie und historische Geologie 27: S. 175–186, München 1987.

WELLNHOFER, Peter: Die Santana-Flugsaurier. In: Die große Enzyklopädie der Flugsaurier. Illustrierte Naturgeschichte der fliegenden Saurier. 100 Arten auf über 400 Fotos und Illustrationen. S. 123–124, München 1993.

WELLNHOFER, Peter: *Anhanguera*. In: Die große Enzyklopädie der Flugsaurier. Illustrierte Naturgeschichte der fliegenden Saurier. 100 Arten auf über 400 Fotos und Illustrationen. S. 124–126, München 1993.

WELLNHOFER, Peter: *Cearadactylus und Tropeognathus*. In: Die große Enzyklopädie der Flugsaurier. Illustrierte Naturgeschichte der fliegenden Saurier. 100 Arten auf über 400 Fotos und Illustrationen. S. 126–128, München 1993.

WELLNHOFER, Peter: *Nyctosaurus*. In: Die große Enzyklopädie der Flugsaurier. Illustrierte Naturgeschichte der fliegenden Saurier. 100 Arten auf über 400 Fotos und Illustrationen. S. 137–140, München 1993.

WELLNHOFER, Peter: *Pteranodon*. In: Die große Enzyklopädie der Flugsaurier. Illustrierte Naturgeschichte der fliegenden Saurier. 100 Arten auf über 400 Fotos und Illustrationen. S. 134–136, München 1993.

WELLNHOFER, Peter: *Quetzalcoatlus*. In: Die große Enzyklopädie der Flugsaurier. Illustrierte Naturgeschichte der fliegenden Saurier. 100 Arten auf über 400 Fotos und Illustrationen. S. 140–145, München 1993.

WELLNHOFER, Peter: Übersicht über die Flugsaurier der

417

Kreide. In: Die große Enzyklopädie der Flugsaurier. Illustrierte Naturgeschichte der fliegenden Saurier. 100 Arten auf über 400 Fotos und Illustrationen. S. 145, München 1993.

WIKIPEDIA (Online-Lexikon): *Anhanguera.*
https://de.wikipedia.org/wiki/Anhanguera
WIKIPEDIA (Online-Lexikon): Emanuel Bunzel.
https://de.wikipedia.org/wiki/Emanuel_Bunzel
WIKIPEDIA (Online-Lexikon): Antoín Fric.
https://de.wikipedia.org/wiki/
Anton%C3%ADn_Fri%C4%8D
WIKIPEDIA (Online-Lexikon): Gosau-Gruppe.
https://de.wikipedia.org/wiki/Gosau-Gruppe
WIKIPEDIA (Online-Lexikon): Douglas A. Lawson.
https://en.wikipedia.org/wiki/Douglas_A._Lawson
WIKIPEDIA (Online-Lexikon): Carl Friedrich Philipp von Martius.
https://de.wikipedia.org/wiki/
Carl_Friedrich_Philipp_von_Martius
WIKIPEDIA (Online-Lexikon): *Santanadactylus.*
https://de.wikipedia.org/wiki/Santanadactylus
WIKIPEDIA (Online-Lexikon): Johann Baptist von Spix.
https://de.wikipedia.org/wiki/Johann_Baptist_von_Spix

Im Mai 1935 schenkte der Gymnasiallehrer und Fossiliensammler
Max Ballerstedt (1857–1945) aus Bückeburg dem damals in
Göttingen arbeitenden Paläontologen Othenio Abel (1875–1946)
den Abguss eines Saurier-Fußabdrucks, den er im Harrl nahe
Bückeburg entdeckt hatte. Dieser im Zentrum für Geowissenschaften
der Universität Göttingen aufbewahrte Abdruck wurde 2013 von
den Paläontologen Jahn J. Hornung und Mike Reich als erster
Flugsaurier-Fußabdruck in Deutschland und zugleich als zweiter
Nachweis der Fährtengattung Purbeckopus vorgestellt.
Foto: Dr. Jahn J. Hornung, Diplom-Geologe, Hamburg,
Dr. Mike Reich, Direktor des Staatlichen Naturhistorischen
Museums in Braunschweig

Kreide-Flugsaurier in Deutschland

Dank zahlreicher Funde aus den ungefähr 150 Millionen Jahre alten Solnhofener Plattenkalken in Bayern ist Deutschland mit Flugsauriern aus dem Oberjura (163,5 bis 145 Millionen Jahre) reich gesegnet. Erstaunlicherweise sind dagegen Flugsaurier-Fossilien aus der folgenden Kreidezeit (etwa 145 bis 65 Millionen Jahre) in deutschen Landen selten.

Die auffällige Armut an Flugsauriern aus der Kreide in Deutschland steht in krassem Gegensatz zu manchen anderen Ländern der Erde, wo ein regelrechter Reichtum an Flugsauriern aus jener Zeit herrscht. Besonders viele Flugsaurier aus der Kreide kennt man aus der Santana-Formation in Brasilien, aus China und aus England (Wealden und Cambridge Greensand). Unter den Flugsauriern aus der Santana-Formation befinden sich imposante Formen wie *Tropeognathus* mit Flügelspannweiten bis zu 6,20 Metern.

2013 berichteten Jahn J. Hornung und Mike Reich in „Ichnos" über den ersten Flugsaurier-Fußabdruck in Deutschland, der zugleich der zweite Nachweis der Fährtengattung *Purbeckopus* ist. Der Fußabdruck stammt von einem sehr großen Kurzschwanz-Flugsaurier mit einer geschätzten Flügelspannweite von ungefähr sechs Metern und wurde in der Stufe Berriasium der Unterkreide vor 145 bis 139 Millionen Jahren hinterlassen.

Jahn J. Hornung wies 2013 auch auf ein fragmentarisches Fingerglied und Kiefer-Elemente eines Flugsauriers aus der Stufe Berriasium bei der Stadt Sehnde in Niedersachsen

*Unterkiefer-Fragment eines Kurzschwanz-Flugsauriers
ähnlich der Gattung Anhanguera aus der Stufe Valanginium
(139 bis 134 Millionen Jahre) der Unterkreide von Sachsenhagen
in Niedersachsen.
Foto: Dr. Pascal Abel, Tübingen, Dr. Jahn H. Hornung, Hamburg,
Dr. Benjamin P. Kear, Uppsala, Dr. Sven Sachs, Bielefeld*

hin. Die Stufe Berriasium ist nach dem Ort Berrias im französischen Département Ardèche benannt. Stufe und Name wurden 1869 von dem französischen Geologen und Paläontologen Henri Coquand (1813–1881) eingeführt. 2015 informierte der Paläontologe Klaus-Peter Lanser aus Münster in „Geologie und Paläontologie in Westfalen" über Zahnfunde von Flugsauriern aus Karstfüllungen der Unterkreide unweit der Stadt Balve im Sauerland. Bei einer jahrelang durchgeführten Grabung hatte man Fossilien von Fischen, Amphibien, Eidechsen, Schildkröten, Krokodilen, Dinosauriern, Säugetieren und Flugsauriern geborgen. 2019 benannten Rodrigo V. Pêgas, Borja Holgado und Maria Eduarda C. Leal den Flugsaurier *Ornithocheirus wiedenrothi* aus der Unterkreide von Hannover in *Targaryendraco wiedenrothi* um. Dieser stammte aus der Stufe Hauterive (134 bis 130 Millionen Jahre) der Unterkreide. Jene Stufe ist nach einem Fundort nahe des Orts Hauterive in der Schweiz benannt und wurde 1873 von dem Geologen und Paläontologen Eugène Renevier (1831–1906) eingeführt. Den wissenschaftlichen Namen für den Flugsaurier *Ornithocheirus wiedenrothi* hat 1990 der Stuttgarter Wirbeltier-Paläontologe Rupert Wild geprägt. Der Artname *wiedenrothi* erinnert an den Entdecker des Holotypus, Kurt Wiedenroth aus Garbsen bei Hannover.

2021 beschrieben Pascal Abel, Jahn J. Hornung, Benjamin P. Kear und Sven Sachs in „Acta Palaeontologica Polonica" das Unterkiefer-Fragment eines Kurzschwanz-Flugsauriers aus der Stufe Valanginium (139 bis 134 Millionen Jahre) der Unterkreide von Sachsenhagen in Niedersachsen. Die ursprüngliche Typlokalität des Valanginium liegt in der Seyon-Schlucht nahe Valangin in der Schweiz. Die Stufe und der Name Valanginium wurden 1853 von dem schweizerischen Geologen und Politiker Édouard Desor (1811–1882) eingeführt. Das Fossil aus Sachsenhagen ähnelt der 2013 von Diogenes A. Campos und Alexander Wilhelm Armin Kellner beschriebenen Gattung *Anhanguera* („Alter Teufel") mit einer Flügelspannweite bis zu vier Metern aus Brasilien.

Literatur

ABEL, Pascal / HORNUNG, Jahn J. / KEAR, Benjamin P. / SACHS, Sven: An anhanguerian pterodactyloid mandible from the lower Valanginian of Northern Germany, and the German record of Cretaceous pterosaurs. In: Acta Palaeontologica Polonica 66: S. 5–12, 2021.

CAMPOS, Diogenes A. / KELLNER, Alexander Wilhelm Armin: Panorama of the Flying Reptiles Study in Brazil and South America (Pterosauria/Pterodactyloidea/Anhangueridae): In: Anais da Academic Brasileira Ciencias 57 (4): S. 141–142 und 453–464, 1995.

DINOSAUR WIKI: *Targaryendraco.*
https://dinosaurier.fandom.com/de/wiki/Targaryendraco

HORNUNG, Jahn J.: Contributions to the Paleobiology of the Archosaurs (Reptilie: Diapsida) from the Bückeburg Formation („Northwest German Wealden" – Berriasian-Valanginian, Lower Cretaceous of northern Germany. Unpublished Thesis, Georg August University Göttingen 2013.

HORNUNG, Jahn J. / REICH, Mike: The First Record of the Pterosaur Ichnogenus *Purbeckopus* in the Late Berriasian (Early Cretaceous) of Northwest Germany. In: Ichnos. An International Journal for Plant and Animal Traces 20: S. 164–172, 2013.

LANSER, Klaus-Peter: Nachweise von Pterosauriern aus

einer unterkreidezeitlichen Karstfüllung im nördlichen
Sauerland (Rheinisches Schiefergebirge, Deutschland). In:
Geologie und Paläontologie in Westfalen 87: S. 93–117,
Münster 2015.

WIKIPEDIA (Online-Lexikon): Berriasium.
https://de.wikipedia.org/wiki/Berriasium

WIKIPEDIA (Online-Lexikon): Hauterive.
https://de.wikipedia.org/wiki/Hauterive

WIKIPEDIA (Online-Lexikon): Valanginium.
https://de.wikipedia.org/wiki/Valanginium

WRIGHT, J. L. / UMWIN, David M. / LOCKLEY, Martin
G. / RAINFORTH, Emma C.: Pterosaur tracks from the
Purbeck Limestone Formation of Dorset, England. In:
Proceedings of the Geologists' Association 108 (1): S. 39–
48, 1997.

*Im Herbst 1802 vom Farmersohn Pliny Moody (1790–1868)
beim Pflügen eines Feldes im Tal des Connecticut River entdeckt:
Dinosaurier-Spuren von South Hadley in Massachusetts (USA).
Bild: „Ichnology of New England: A Report on the Sandstone
of the Connecticut Valley, especially its Fossil Footmarks' (1858)
by US geologist Edward Hitchcock (1793–1864), state geologist
of Massachusetts".*

Unterkreide-Kurzschwanz-Flugsaurier in Deutschland

Der Targaryen-Drache

Der Flugsaurier *Targaryendraco wiedenrothi*

Wissenschaftler, die das Leben in der Urzeit erforschen, sind vor mehr oder minder peinlichen Irrtümern nicht gefeit. Diese traurige Erfahrung musste schon mancher renommierte Paläontologe oder andere Gelehrte machen. Nachfolgend einige Beispiele.

Im Herbst 1802 stieß der amerikanische Farmersohn Pliny (1790–1868) Moody beim Pflügen eines Feldes im Tal des Connecticut River bei South Hadley (Massachusetts/USA) auf einen Stein mit dreizehigen Fußabdrücken. Diese wurden 1836 von dem amerikanischen Geologen und Paläontologen Edward Hitchcock (1793–1864) als Spuren von großen Vögeln *(Ornithichnites)* und von anderen Zeitgenossen als Spuren von Noahs Raben gedeutet, die nach der Sintflut nach Land Ausschau hielten. Heute weiß man, dass es sich um Dinosaurier-Spuren handelt, die in Schichten der Obertrias und des Unterjura überliefert sind. Im 19. Jahrhundert deutete man bestimmte Fährten auf Solnhofener Plattenkalken als Hüpfspuren von Urvögeln der Gattung *Archaeopteryx* oder als Fußspuren von Flugsauriern. Der Münchner Paläontologe Albert Oppel (1831–1865) bildete 1866 eine Darstellung des Langschwanz-Flugsauriers *Rhamphorhynchus* als Urheber solcher vermeintlicher Trittsiegel ab. Erst 1940 erkannte der amerikanische

Der amerikanische Geologe und Paläontologe
Edward Hitchcock (1793–1864)
schrieb die 1802 beim Pflügen vom Farmersohn Pliny Moody
in South Hadley (Massachusetts)
entdeckten Dinosaurier-Spuren irrtümlich
großen Vögeln (Ornithichnites) zu.
Bild: William Tyler (via Wikimedia Commons),
Lizenz: gemeinfrei (Public domain)

*Rekonstruktion eines vierbeinig gehenden Flugsauriers
der Gattung Rhamphorhynchus von 1863.
Diese Darstellung beruht auf Solnhofener Fährten,
die später als solche des Pfeilschwanz-Krebses Mesolimulus
erkannt wurden.
Bild: Louis Figuier (1819–1894),
(via Wikimeda Commons),
Lizenz: gemeinfrei (Public domain)*

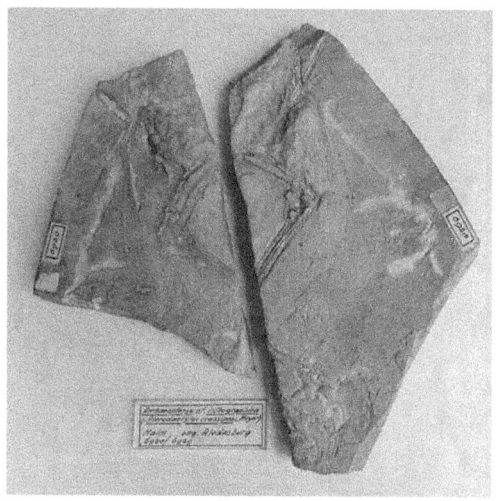

*Ein im Teylers Museum in Haarlem (Niederlande) aufbewahrter
kleiner Raubdinosaurier aus Jachenhausen bei Riedenburg (Niederbayern) wurde 1857 als Kurzschwanz-Flugsaurier, 1970 als
Langschwanz-Flugsaurier und wenig später ebenfalls 1970 als
Urvogel der Gattung Archaopteryx fehlgedeutet.*
*Foto: Ghedoghedo / CC BY-SA 4.0 (via Wikimedia Commons),
lizensiert unter Creative Commons-Lizenz by-sa-4.0,
https://creativecommons.org/licenses/by-sa/4.0/legalcode*

Paläontologe Kenneth E. Caster (1909–1992), dass die rätselhaften Spuren von kriechenden Pfeilschwanzkrebsen *(Kouphichnium walchi)* unter Wasser erzeugt worden sind. Ein 1855 in einem Steinbruch bei Jachenhausen unweit von Riedenburg (Niederbayern) entdeckter kleiner Raubdinosaurier wurde lange Zeit nicht als solcher identifiziert. Bei diesem Fund handelte es sich um ein fragmentarisch erhaltenes Skelett ohne Kopf auf zwei Platten. Der damals führende Wirbeltier-Paläontologe Hermann von Meyer (1801–1869) in Frankfurt am Main beschrieb dieses Fossil 1857 kurz und deutete es irrtümlich als Kurzschwanz-Flugsaurier, den er *Pterodactylus crassipes* nannte. Den Artnamen *crassipes* („Dickfuß") wählte er wegen der dicken Füße des Fossils. 1859 veröffentlichte Meyer eine genauere Beschreibung. 1860 verkaufte er den Fund an das Teylers Museum in der niederländischen Stadt Haarlem. Im Teylers-Museum war der Fund aus Jachenhausen mit der Inventar-Nummer „TM 6928" mehr als ein Jahrhundert lang unter falschem Namen als Flugsaurier ausgestellt.

1966 untersuchte der Münchner Paläontologe Peter Wellnhofer im Teylers Museum gründlich das Fossil aus Jachenhausen. Dabei gewann er die Überzeugung, es handle sich nicht um einen Kurzschwanz-Flugsaurier (Pterodactyloidea) der Art *Pterodactylus crassipes*, sondern um einen seltenen Langschwanz-Flugsaurier (Rhamphorhynchoidea) der Art *Scaphognathus crassipes*. Dies berichtete er 1970 in seinem Werk „Die Pterodactylen (Pterosauria) der Oberjura-Plattenkalke Süddeutschlands". Wellnhofer glaubte, die kurze Mittelhand (Metacarpus), der lange Mittelfuß (Metatarsus), die Form des Beutelknochens (Praepubis) und die auffallend großen Krallen an Händen und Füßen erlaubten es,

Wirbeltier-Paläontologe Christian Foth,
einer der beiden Erstbeschreiber von Ostromia crassipes.
Foto: Dr. Christian Foth,
Department für Geowissenschaften der Universität Freiburg,
Schweiz

den Fund bei Jachenhausen den Langschwanz-Flugsauriern zuzuordnen.

Am 8. September 1970 nahm der amerikanische Wirbeltier-Paläontologe John H. Ostrom (1928–2005) im Teylers Museum den angeblichen Flugsaurier aus Jachenhausen genau in Augenschein. Ihm erschienen die Knochen der Hinterbeine für einen kurzschwänzigen Flugsaurier der Gattung *Pterodactylus* zu kräftig. Außerdem erkannte er bei schräger Beleuchtung schwache Feder-Eindrücke. Nach Vergleichen mit Urvogel-Funden war ihm klar, dass es sich bei dem in Haarlem aufbewahrten Fossil nach damaligem Kenntnisstand um einen Urvogel der Gattung *Archaeopteryx* handeln müsse. Nach den Prioritätsregeln bei der Benennung von Fossilien hätte der 1861 von Hermann von Meyer für einen Urvogel geprägte Artname *lithographica* durch den bereits 1857 von ihm vorgeschlagenen älteren Artnamen *crassipes* ersetzt werden müssen. Doch dank des energischen Einsatzes von John H. Ostrom wurde dies verhindert. Beim sogenannten „Haarlemer Exemplar" sind Knochen oder Abdrücke der linken Hand und des Unterarmes, des Beckens, beider Hinterbeine und Füße sowie einige Bauchrippen erhalten. Weil dieses Fossil erst 1970 als *Archaeopteryx* identifiziert wurde, bezeichnet man es als viertes Exemplar, obwohl es – damals gesehen – eigentlich der erste Fund war.

2017 warteten die deutschen Paläontologen Oliver Walter Mischa Rauhut und Christian Foth in der Fachzeitschrift „BMC Evolutionary Biology" nach einer taxonomischen Untersuchung mit der überraschenden Erkenntnis auf, das 1855 bei Jachenhausen gefundene Teilskelett unterscheide sich von *Archaeopteryx*. Stattdessen gehöre das Fossil aus

Lebensbild des vogelähnlichen Raubdinosauriers Anchiornis
(„Nahe bei den Vögeln") aus der Oberjurazeit von China.
Bild: Matt Martyniuk / CC BY 3.0 (via Wikimedia Commons),
lizensiert unter Creative Commons-Lizenz by-3.0,
https://creativecommons.org/licenses/by/3.0/legalcode

Jachenhausen zu einer Gruppe vogelähnlicher Raubdinosaurier, nämlich den Anchiornithiden, die vor wenigen Jahren erstmals in China identifiziert wurden. Bei den Anchiornithiden handelt es sich um eher kleine, vogelähnliche
Raubdinosaurier mit Federn an Armen und Beinen. Sie
haben ein geologisch noch höheres Alter als Urvögel der
Gattung *Archaeopteryx*. Laut Rauhut gilt das Fossil aus Jachenhausen als der erste Nachweis dieser Gruppe außerhalb von China und in Europa. Es sei eine noch größere
Rarität als die Funde von *Archaeopteryx*.

Die Erstbeschreibung der ungefähr taubengroßen Gattung
Anchiornis („Nahe bei den Vögeln") aus der Oberjurazeit
vor etwa 163,5 bis 145 Millionen Jahren erfolgte 2009
durch den chinesischen Paläontologen Xu Xing und andere
Autoren. Sie beruht auf einem unvollständigen Fossil, das
in der Tiaojishan-Formation in Jianchang in der chinesischen Provinz Liaoning gefunden wurde. Mittlerweile liegen bereits Hunderte von Skeletten vor. Der kleine vogelähnliche Dinosaurier *Anchiornis huxleyi* trug gut entwickelte
Federn an Armen und Beinen. Seine Beinfedern sind Feder-
hosen und zeigen keinerlei aerodynamische Anpassungen.
Anders als *Archaeopteryx* konnten die Anchiornithiden nicht
fliegen.

Die Paläontologen Rauhut und Foth gaben dem Raubsau-
rier aus Jachenhausen den neuen wissenschaftlichen Namen
Ostromia crassipes. Mit dem Gattungsnamen *Ostromia* ehrten
sie den amerikanischen Wirbeltier-Paläontologen John H.
Ostrom, der dieses Fossil in den 1970er Jahren erstmals als
Archaeopteryx und somit als Raubdinosaurier identifizierte.
Nach Ansicht von Ostrom sind die urzeitlichen und heuti-
gen Vögel gefiederte Raubdinosaurier.

Der Paläontologe Ernst Koken (1860–1912)
hielt das Zehenglied eines Raubdinosauriers
aus der Gegend bei Delligsen östlich von Hannover
irrtümlich für den Rest eines sehr großen Flugsauriers.
Foto: Aufnahme eines unbekannten Fotografen

Kein Ruhmesblatt war die Deutung eines Mittelhand-Knochens aus der Unterkreide, der etwa 600 Meter südlich von Delligsen östlich von Hannover gefunden wurde. Der Unternehmer Friedrich Carl Ludwig Koch (1799–1852), einer der Eigentümer der Glashütte in Grünenplan (heute ein Ortsteil von Delligsen), sowie der Geologe, Paläontologe und Zoologe Wilhelm Dunker (1809–1885) erwähnten dieses Fossil bereits 1837 und verkannten es als „krokodilartiges Thier". Grünenplan ist heute ein Ortsteil des Fleckens Delligsen im Landkreis Holzminden in Niedersachsen. Der Ortsteil liegt in einem Talkessel des Mittelgebirgszuges Hils in waldreicher Umgebung und wird wegen seiner handwerklichen Geschichte auch als „Glasmacherort" bezeichnet. Der Paläontologe Ernst Koken (1860–1912) beschrieb jenen Fund 1883 in der „Zeitschrift der Deutschen geologischen Gesellschaft" und hielt ihn irrtümlich für den Rest eines sehr großen Flugsauriers mit einer geschätzten Flügelspannweite von ungefähr 8,50 Metern. Dem vermeintlichen Flugsaurier gab Koken den wissenschaftlichen Namen *Ornithocheirus hilsensis*. Heute weiß man, dass der angebliche Flugsaurier-Knochen das Zehenglied eines Raubdinosaurier ist. Der Paläontologe Jahn J. Hornung (heute: Hamburg) bezeichnete jenes Fossil als einen der frühesten Dinosaurierfunde in Deutschland.
1990 machte der Stuttgarter Wirbeltier-Paläontologe Rupert Wild im „Neuen Jahrbuch für Geologie und Paläontologie" echte Flugsaurier-Reste aus der Unterkreide (Stufe Hauterive) von Hannover bekannt. Diese Skelettreste, darunter ein Unterkiefer, stammen von einer bis dahin unbekannten Art, der Wild den wissenschaftlichen Namen *Ornithocheirus wiedenrothi* gab.

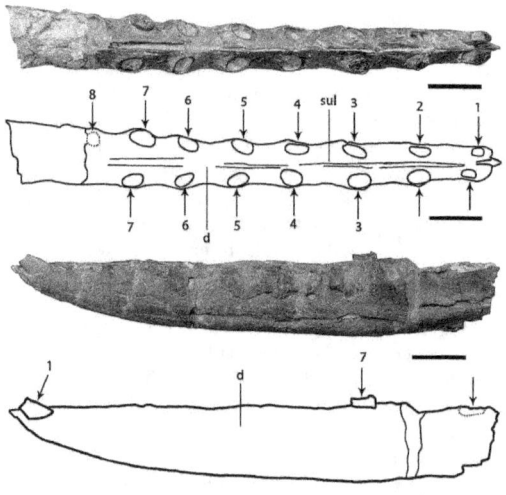

Im Juli 1954 von Kurt Wiedenroth aus Garbsen entdeckt:
Unterkiefer (Holotypus: SMNS 56628) von Targaryendraco
wiedenrothi (früher: Ornithocheirus wiedenrothi) aus der Tongrube
Engelbostel am nördlichen Stadtrand von Hannover.
Bild: ZooKeys / https://zookeys.pensoft.net/articles.php?id=3209
/ CC BY 3.0 (via Wikimedia Commons),
lizensiert unter Creative Commons-Lizenz by-3.0,
https://creativecommons.org/licenses/by/3.0/legalcode

Die Gattung *Ornithocheirus* („Vogel-Hand") war bereits
1869 von dem englischen Paläontologen Harry Govier
Seeley (1839–1909) anhand von Fossilien in England aus
der Kreidezeit erstmals beschrieben worden. Wegen der
bruchstückhaften Erhaltung der Skelettteile ist bis heute
unklar, was alles zur Gattung *Ornithocheirus* und zur Familie
Ornithocheiridae gehört. Oft waren die als *Ornithocheirus*
bezeichneten Tiere große bis sehr große Flugsaurier mit langem, schlanken Schädel, manchmal mit einem Knochenkamm auf der Schnauze, zahlreichen Zähnen und einer
Flügelspannweite bis zu 2,50 Metern.

Der von Rupert Wild vorgeschlagene Artname *wiedenrothi*
erinnert an den Entdecker Kurt Wiedenroth aus Garbsen
bei Hannover. Dieser hatte im Juli 1984 in der Tongrube
Engelbostel am nördlichen Stadtrand von Hannover fossile
Knochenreste aus der Unterkreide entdeckt. Ihr geologisches Alter wird mit 136,4 bis 130 Millionen Jahren an-
gegeben.

Im Laufe der Zeit hat *Ornithocheirus* oft einen anderen wis-
senschaftlichen Namen erhalten. 2019 gaben Rodrigo V.
Pêgas, Borja Holgado und Maria Eduarda C. Leal dem
Flugsaurier *Ornithocheirus wiedenrothi* den Gattungsnamen
Targaryendraco. Dieser Name, der aus der Kombination des
Namens „Targaryen" mit dem lateinischen Wort *draco* besteht und wörtlich „Targaryen-Drache" bedeutet, bezieht
sich auf das fiktive, feuerspeiende Drachen besitzende
Haus Targaryen aus der beliebten US-Fernseh-Serie „Game
of Thrones" („Spiel um Throne"). Die Autoren wählten
den Namen, weil die schwarz gefärbten Knochen des Fossils den fiktiven Drachen in der TV-Serie ähneln. *Tagaryendraco* wird eine Flügelspannweite zwischen 2,90 und vier
Metern zugeschrieben.

*Modell des Flugsauriers Ornithocheirus („Vogel-Hand")
in Originalgröße mit einer Flügelspannweite von sechs Metern
im Staatlichen Museum für Naturkunde Karlsruhe.
Bild: H. Zell / CC BY-SA 3.0 (via Wikimedia Commons),
lizensiert unter Creative Commons-Lizenz by-sa-3.0,
https://creativecommons.org/licenses/by-sa/3.0/legalcode*

Literatur
DINOSAUR WIKI: *Ornithocheiros.*
https://dinosaurier.fandom.com/de/wiki/Ornithocheirus
FOSSILWORKS: †*Ornithocheirus hilsensis Koken 1883*
(pterosaur).
http://www.fossilworks.org/cgi-bin/
bridge.pl?a=taxonInfo&taxon_no=162926
FOSSILWORKS: †*Ornithocheirus wiedenrothi* Wild 1990
(pterosaur).
http://www.fossilworks.org/cgi-bin/
bridge.pl?a=taxonInfo&taxon_no=159638
HORNUNG, Jahn J.: Verkannte Fragmente und Gelehr-
tenstreit „*Ornithocheirus hilsensis*" und andere Dinosaurier-
funde des frühen 19. Jahrhunderts in Norddeutschand. In:
Steinkern 54 (4): S. 20–31, 2002.
HORNUNG, Jahn J.: Comments on „*Ornithocheirus hilsensis*"
Koken, 1883 – One of the earliest dinosaur dis-coveries in
Germany. In: Palarch's Journal of Vertebrate Palaeontology
17 (1): S. 1–12, 2020.
KOCH, Friedrich Carl Ludwig / DUNKER, Wilhelm:
Beiträge zur Kenntniss des norddeutschen Oolithgebildes
und dessen Versteinerungen. Braunschweig 1837.
KOKEN, Ernst: Die Reptilien der norddeutschen unteren
Kreide. In: Zeitschrift der Deutschen Geologischen Ge-
sellschaft 35: S. 735–827, 1883.
PREHISTORIC WILDLIFE: *Ornithocheirus.*
http://www.prehistoric-wildlife.com/species/o/
ornithocheirus.html
PREHISTORIC WILDLIFE: *Targaryendraco.*
http://www.prehistoric-wildlife.com/species/t/
targaryendraco.html
PROBST, Ernst: Unser Land war zweigeteilt. Deutschland

zur Zeit der Unterkreide. In: Deutschland in der Urzeit. Von der Entstehung des Lebens bis zum Ende der Eiszeit, S. 190–194, München 1986.

PROBST, Ernst: Pioniere der Urzeitforschung. Ernst Koken. In: Deutschland in der Urzeit. Von der Entstehung des Lebens bis zum Ende der Eiszeit. S. 386, München 1986.

PROBST, Ernst: *Ostromia crassipes*. In: Raubdinosaurier in Bayern. Von *Archaeopteryx* bis zu *Sciurumimus*. S. 9–19, München 2019.

PROBST, Ernst: John H. Ostrom. In: Raubdinosaurier in Bayern. Von *Archaeopteryx* bis zu *Sciurumimus*. S. 33–35, München 2019.

PROBST, Ernst: Oliver Rauhut. In: Raubdinosaurier in Bayern. Von *Archaeopteryx* bis zu *Sciurumimus*. S. 37–39, München 2019.

PROBST, Ernst: Christian Foth. In: Raubdinosaurier in Bayern. Von *Archaeopteryx* bis zu *Sciurumimus*. S. 41–42, München 2019.

RODRIGUES, Taissa / KELLNER, Alexander Wilhelm Armin: Taxonomic review of the *Ornithocheirus* complex (Pterosauria) from the Cretaceous of England. In: ZooKeys 308: S. 1–112, 2013

UNWIN, David M.: The Pterosaurs. From Deep Time. New York 2006.

WELLNHOFER, Peter: Die Flugsaurier der Kreidezeit. In: Die große Enzyklopädie der Flugsaurier. Illustrierte Naturgeschichte der fliegenden Saurier. 100 Arten auf über 400 Fotos und Illustrationen. S. 108, München 1993.

WELLNHOFER, Peter: *Ornithocheirus*. In: Die große Enzyklopädie der Flugsaurier. Illustrierte Naturgeschichte der fliegenden Saurier. 100 Arten auf über 400 Fotos und

Illustrationen. S. 108–114, München 1993.
WIKIPEDIA (Online-Lexikon): Wilhelm Dunker.
https://de.wikipedia.org/wiki/Wilhelm_Dunker
WIKIPEDIA (Online-Lexikon): Game of Thrones.
https://de.wikipedia.org/wiki/Game_of_Thrones
WIKIPEDIA (Online-Lexikon): Edward Hitchcock.
https://de.wikipedia.org/wiki/Edward_Hitchcock
WIKIPEDIA (Online-Lexikon): Friedrich Carl Ludwig
Koch.
https://de.wikipedia.org/wiki/
Friedrich_Carl_Ludwig_Koch
WIKIPEDIA (Online-Lexikon): *Ornithocheirus.*
https://de.wikipedia.org/wiki/Ornithocheirus
WIKIPEDIA (Online-Lexikon): Harry Govier Seeley.
https://de.wikipedia.org/wiki/Harry_Govier_Seeley
WIKIBRIEF: *Targaryendraco.*
https://de.wikibrief.org/wiki/Targaryendraco
WILD, Rupert: Ein Flugsaurierrest (Reptilia, Pterosauria)
aus der Unterkreide (Hauterive) von Hannover (Niedersachsen). In: Neues Jahrbuch für Geologie und Paläontologie, Abhandlungen 181: S. 141–254, Stuttgart 1990.

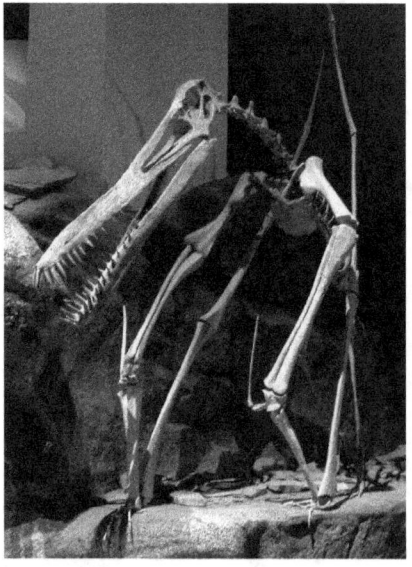

Skelett-Rekonstruktion des Kurzschwanz-Flugsauriers
Anhanguera („Alter Teufel") im North American Museum
of Ancient Life.
Foto: Zach Tirrell from Plymouth (USA) / CC BY-SA 2.0
(via Wikimedia Commons),
lizensiert unter Creative Commons-Licence by-sa-2.0,
https://creativecommons.org/licenses/by-sa/2.0/legalcode

Alter Teufel in Sachsenhagen?

Der Kurzschwanz-Flugsaurier *Anhanguera* aus der
Unterkreide in Niedersachsen

Hat in der Unterkreide vor etwa 135 Millionen Jahren in
Norddeutschland ein Kurzschwanz-Flugsaurier ähnlich wie
Anhanguera („Alter Teufel") mit einer Flügelspannweite von
vier Metern existiert? Diese Gattung wurde 1985 von den
brasilianischen Paläontologen Diogenes A. Campos und
Alexander Wilhelm Armin Kellner nach Fossilfunden aus
Brasilien beschrieben und benannt. Sie trug einen bis zu
einem halben Meter langen Schädel und hatte einen nur 24
Zentimeter langen Körper.

2021 berichteten Pascal Abel (Tübingen), Jahn J. Hornung
(Hannover), Benjamin P. Kear (Uppsala) und Sven Sachs
(Bielefeld) in „Actra Palaeontologica Polonica" über einen
fragmentarisch erhaltenen Flugsaurier-Unterkiefer mit Zähnen und Zahnhöhlen aus der Stufe Valanginium (139,3 bis
134 Millionen Jahre) der Unterkreide. Dieses 11,7 Zentimeter lange Unterkiefer-Fragment war von dem Fossiliensammler und Präparator Karl-Heinz Hilpert in der aufgelassenen Tongrube von Sachsenhagen (Kreis Schaumburg)
in Niedersachsen entdeckt worden.

Die Tongrube von Sachsenhagen ist etwa 30 Kilometer
westlich von Hannover entfernt und gehörte zu einer Zie-
gelei, die von 1904 bis 1986 betrieben wurde. Der größte
Teil der Grube wird seitdem verfüllt und als Mülldeponie
genutzt. Private Sammler haben dort Fossilien von Pflanzen, Ammoniten, Belemniten, Krebstieren, Seelilien, See-
sternen, Schlangensternen, Fischen, Plesiosauriern und
Meereskrokodilen geborgen.

Lebensbild des Kurzschwanz-Flugsauriers Anhanguera blittersdorfii
von Matt Martyniuk.
Bild: Matt Martyniuk / CC BY-SA 3.0
(via Wikimedia Commons),
lizensiert unter Creative Commons-Lizenz by-sa-3.0,
https://creativecommons.org/licenses/by-sa/3.0/legalcode

1998 verkaufte Karl-Heinz Hilpert, der früher Präparator im Geologisch-Paläontologischen Museum Münster gewesen war, seine private Fossiliensammlung an das Ruhrland-Museum in Essen. Dort wird der Flugsaurier-Unterkiefer unter der Inventar-Nummer RE 551.763.120 A 0333/1 aufbewahrt.

Das Forscher-Quartett Abel, Hornung, Kear und Sachs stellte 2021 den Fund aus der aufgelassenen Tongrube von Sachsenhagen als den ersten und einzigen bekannten Flugsaurier aus der Stufe Valanginium von Deutschland vor. Weltweit ist dieses Fossil nur eines von einer Handvoll valanginischer Flugsaurier-Funde. Neben dem etwa gleichaltrigen *Coloborhynchus clavirostris* („Verstümmelter Flügel") aus der Hastings-Bed Group in Süd-England ist der Flugsaurier-Unterkiefer aus der Stadthagen-Formation von Sachsenhagen einer der ältesten Anhangueria. Aufgrund der Größe und dem Abstand seiner Zahnhöhlen ordnete das Forscher-Quartett den Fund aus Sachsenhagen den in der Unterkreide weit verbreiteten Anhangueria zu. Fundorte der Gattung *Anhanguera* kennt man aus Brasilien (Santana-Formation), Australien, Russland, England (Kent) und Marokko (Erfoud). *Anhanguera* besaß einen schlanken Schädel, der bis zu einem halben Meter lang und damit doppelt so lange wie sein Körper werden konnte Auf dem vorderen Oberkiefer befand sich ein Knochenkamm. In der langen und schmalen Schnauze befanden sich viele lange und spitze Zähne.

Eine dreidimensionale Rekonstruktion des Skelettes von *Anhanguera* deutet darauf hin, dass dieser Flugsaurier seine Hinterbeine nicht senkrecht unter seinen Körper stellen und deshalb nicht zweibeinig laufen konnte. Seine Beine standen seitlich ab und zwangen das Tier zu einer vierbeinigen Gangweise. Computertomographische Aufnahmen belegten, dass der Gehirnbereich, der die Signale des Gleichgewichts-Organs im Ohr empfing, größer als bei heutigen Vögeln gewesen ist. Wahrscheinlich war sein Gleichgewichtsorgan besonders gut ausgeprägt, was *Anhanguera* zu einem sehr wendigen Flieger machte.

Anhand unterschiedlicher Positionen des Knochenkamms hat man verschiedene Arten beschrieben: *Anhanguera blittersdorfii* (Typus-Art), *Anhanguera ligabuei*, *Anhanguera piscator*, *Anhanguera santanae* (Synonym: *Araripesaurus santanae*). Die unterschiedlich geformten Kämme könnten aber auch Geschlechtsmerkmale sein.

Mit seinem langen Schnabel hat *Anhanguera* vermutlich während des Fluges Fische aus dem Wasser geholt.

Literatur

ABEL, Pascal / HORNUNG, Jahn J. / KEAR, Benjamin P. / SACHS, Sven Sachs: An anhanguerian pterodactyloid mandible from the lower Valanginian of Northern Germany, and the German record of Cretaceous pterosaurs. In: Acta Palaeontologica Polonica 66: S. 5–12, 2021.

ARBEITSKREIS PALÄONTOLOGIE HANNOVER: Fossilien aus der ehemaligen Ziegeltongrube Sachsenhagen. 45. Jahrgang, 2017.

CAMPOS, Diogenes A. / KELLNER, Alexander Wilhelm Armin: Panorama of the Flying Reptiles Study in Brazil and South America (Pterosauria/Pterodactyloidea/Anhangueridae). In: Anais da Academia Brasileira Ciencias 57 (4): S. 141–142 und 453–466, 1985.

DINODATA.DE: *Anhanguera blittersdorffi*. https://dinodata.de/animals/pterosaurs/pages_a/anhanguera.php

DINOSAUR WIKI: *Anhanguera.*
https://dinosaurier.fandom.com/de/wiki/Anhanguera
PREHISTORIC WILDLIFE: *Anhanguera.*
http://www.prehistoric-wildlife.com/species/a/
anhanguera.html
WELLNHOFER, Peter: Neue Pterosaurier aus der Santana-Formation (Apt) der Chapada do Araripe, Brasilien. In:
Palaeontographica. Abteilung A: Paläozoologie, Stratigraphie 187 (4/6): S. 105–182, 1985.
WELLNHOFER, Peter: Weitere Pterosaurierfunde aus der
Santana-Formation (Apt) der Chapada do Araripe. In: Palaeontographica. Abteilung A: Paläozoologie, Stratigraphie
215 (1/3): S. 43–101, 1991.
WIKIPEDIA (Online-Lexikon): *Anhanguera.*
https://de.wikipedia.org/wiki/Anhanguera

*Darstellung des Dinosaurier-Aussterbens
als Folge eines verheerenden Vulkanausbruches in der Region
Dekkan in Indien. Dabei stiegen Unmengen
klimaverändernder Gase in den Himmel auf.
Bild: Zina Deretsky, National Science Foundation
(via Wikimedia Commons),
Lizenz: gemeinfrei (Public domain)*

Das Ende der Flugsaurier

Zu den rätselhaftesten Ereignissen in der nahezu vier Milliarden Jahre alten Geschichte des Lebens auf unserem Planeten gehören die globalen Massenaussterben, auch Faunenschnitt genannt. Daei wurden jeweils verschiedene Pflanzen- und Tiergruppen fast oder vollständig ausgelöscht.

Die Tierwelt auf der Erde wurde von mindestens fünf Massenaussterben (sogenannte „große Fünf" oder „Big Five") betroffen. Laut Online-Lexikon „Wikipedia" sind dies:

das Ordovizische Massenaussterben vor 444 Millionen Jahren,

das Kellwasser-Ereignis im Oberdevon vor 372 Millionen Jahren,

das Ereignis an der Perm-Trias-Grenze vor 252 Millionen Jahren,

die Krisenzeit an der Trias-Jura-Grenze vor 201 Millionen, Jahren,

das Massenaussterben an der Kreide-Paläogen-Grenze vor etwa 65 Millionen Jahren.

Bei den „großen Fünf" lag der jeweilige Artenschwund bei wahrscheinlich 70 bis 75 Prozent oder zum Teil darüber. Den markanten Faunenschnitt an der Kreide-Paläogen-Grenze überlebten viele Dinosaurier, die ehedem massenhaft vorkommenden Ammoniten und Belemniten, riffbildende Muscheln, mehrere charakteristische Gruppen der Meeresschnecken, die Meeresreptilien (Fischsaurier, Plesiosaurier, Mosasaurier), zahntragende Vögel und die Flugsaurier nicht. Andererseits wurden bei dem großen Saurier-

Darstellung des Einschlages des Chicxulub-Meteoriten in Mexiko
vor etwa 65 Millionen Jahren,
der das Aussterben von Flugsauriern, Meeressauriern
und anderer Tiere auslöste.
Bild: Gemälde von Donald E. Davis, NASA
(via Wikimedia Commons),
Lizenz: gemeinfrei (Public domain)

sterben nicht alle Reptilien ausgelöscht. Von den geologisch älteren oder gleichaltrigen Reptilien behaupteten sich weiterhin die Brückenechsen, Schildkröten, Krokodile, Echsen (Warane, Gekkos, Eidechsen, Schlangen) und Vögel als Nachfahren befiederter Dinosaurier. Zahlreiche mögliche Ursachen für das Massenaussterben an der Kreide-Paläogen-Grenze (früher: Kreide-Tertiär-Grenze) wurden und werden diskutiert: der Zerfall großer Landmassen, die Bildung neuer Landschaften und Gebirge, das teilweise Verschwinden von Sümpfen, Niederungsgebieten und Flachmeeren, gravierende Klimaänderungen, die Entstehung neuer Pflanzenformen, starker Vulkanismus, eine Sternexplosion (Supernova) nahe unseres Sonnensystems, Gammablitze, kosmische Strahlen, der Zusammenstoß der Erde mit einem großen Himmelskörper (Kometen, Asteroiden) oder eine Kombination verschiedener Ursachen. Bei den Flugsauriern kommen noch Spezialisierung als Sackgasse der Evolution sowie die eventuelle Verdrängung durch Vögel hinzu.

Viel Zuspruch fand die Hypothese des amerikanischen Physikers und Nobelpreisträgers Luis W. Alvarez (1911–1988), der krasse Wechsel in der Tierwelt gegen Ende der Kreidezeit sei durch einen Zusammenstoß der Erde mit einem großen Himmelkörper verursacht worden. Aus geowissenschaftlicher Sicht gilt der 6. Juni 1980 als historisches Datum. Die an diesem Tag veröffentlichte Ausgabe der Fachzeitschrift „Science" enthielt als Hauptbeitrag einen Artikel mit dem Titel „Extraterrestrial Cause for the Cretaceous-Tertiary Extinction" („Außerirdische Ursache für das Kreide-Tertiär-Aussterben"). Als Autoren fungierten Luis Walter Alvarez, sein Sohn, der Geologe Walter Alvarez, sowie die auf dem Gebiet der Kernchemie tätigen Teammitglieder Frank Asaro und Helen W. Michel.

Dekkan-Trapp bei Matheran östlich von Mumbai in Indien.
Der Dekkan-Trapp gehört zu den größten
durch Vulkanismus geprägten Regionen der Erde.
Er besteht aus einer treppenartigen Formation (Trapp)
aus Flutbasalt und erstreckt sich heute über eine Fläche
von mehr als 500.000 Quadratkilometern.
Foto: Nicholas (Nichalp) / CC BY-SA 2.5
(via Wikimedia Commons),
lizensiert unter Creative Commons-Lizenz by-sa-2.5,
https://creativecommons.org/licenses/by-sa/2.5/legalcode

Laut der Alvarez-Studie soll ein auf die Erde gestürzter riesiger Asteroid eine gewaltige Staubwolke in die Atmosphäre geschleudert haben, welche die Sonne etwa drei bis fünf Jahre verfinsterte. Die Folgen dieser „langen Nacht" seien für einige Tierarten katastrophal gewesen. Allerdings ergaben spätere Berechnungen, die Staubteilchen von den anzunehmenden Partikelgrößen hätten sich eigentlich schon nach wenigen Wochen abgesetzt haben müssen. Die Hypothese von Alvarez stieß auch aus anderen Gründen auf Ablehnung.

Etwa zur gleichen Zeit, als ein Asteroid in Mexiko einschlug, brach in der Region Dekkan im westlichen Indien ein riesiger Vulkankomplex aus. Bei dieser Naturkatastrophe traten mehr als 200.000 Kubikkilometer Lava aus und Unmengen klimaverändernder Gase stiegen in den Himmel auf. Der Dekkan-Trapp gehört zu den größten durch Vulkanismus geprägten Regionen der Erde. Er besteht aus einer treppenartigen Formation (Trapp) aus Flutbasalt und erstreckt sich heute über eine Fläche von mehr als 500.000 Quadratkilometern. Während sich die meisten Wissenschaftler darin einig sind, dass ein Asteroid der Auslöser des Massensterbens vor etwa 65 Millionen Jahren war, fragen sich andere Forscher/innen seit Langem, ob das gigantische Vulkangebiet des Dekkan-Trapp zu den verheerenden Folgen für das irdische Leben beitrug oder diese sogar allein verursachte.

Nach einer anderen Deutung starben die Flugsaurier vielleicht aus, weil sie sich zu stark an eine fliegende Lebensweise angepasst und spezielle Anpassungen an ganz bestimmte Umwelt- und Lebensbedingungen entwickelt hatten. Spezialisten sterben früher, heißt es. Bereits relativ geringfügige Änderungen der Außenbedingungen könnten die Bestände der Flugsaurier gefährdet haben. Zum Beispiel könnte eine Erhöhung der durchschnittlichen Windgeschwindigkeit um nur fünf Meter pro Sekunde ausgereicht haben, um Riesen-Flugsauriern wie *Quetzalcoatlus, Azhdarcho, Arambourgiania* und *Hatzegopteryx* das Fliegen unmöglich zu machen. Eine Erhöhung der mittleren Windgeschwindigkeit könnte durch eine globale Klimaabkühlung verursacht worden sein. Zwischen der Oberkreidezeit und dem Alttertiär soll die mittlere Jahrestemperatur auf der Erde um zehn Grad Celsius gesunken sein. „Der Grund für diese Abkühlung muss nicht unbedingt außerirdische Ursachen gehabt haben", betont der Münchner Flugsaurier-Experte Peter Wellnhofer. Selbst wenn vor etwa 65 Millionen Jahren ein riesiger Himmelskörper auf die Erde gestürzt wäre, hätte er den langfristigen, natürlichen Aussterbeprozess der Flugsaurier kaum beeinflussen können.

In der Geschichte der Flugsaurier gab es zwei Blütezeiten: nämlich im Oberjura und in der Mittelkreide sowie drei Aussterbeperioden: nämlich an der Jura-/Kreide-Wende, während der Oberkreide und an der Kreide/Tertiär-Wende. Die Flugsaurier behaupteten sich mehr als 150 Millionen Jahre lang von etwa 220 bis vor 65 Millionen Jahren und verschwanden dann von der Bühne des Lebens.

Nach Ansicht von Wissenschaftlern ist das sechste, vorwiegend auf menschliche Einflüsse beruhende Massenaussterben bereits im Gang. Diese Aussterbewelle begann am Übergang vom Pleistozän zum Holozän vor etwa 11.700 Jahren und setzte sich – unter zunehmender Verstärkung – bis in die Gegenwart fort. Die Weltnaturschutzunion (IUCN) geht davon aus, dass der aktuell registrierte Artenschwund die Rate des normalen Hintergrund-Aussterbens um das 1.000- bis 10.000-fache übertrifft. Eine weitere

Untersuchung deutet ebenfalls darauf hin, dass das sechste Massenaussterben bereits begonnen hat.

Literatur

ALVAREZ, Luis W. / ALVAREZ, Walter / ASARO, Frank / MICHEL, Helen V.: Extraterrestrial cause for the Cretaceous-Tertiary extinction. In: Science 208: S. 1095–1108, 1980.
https://www.science.org/doi/pdf/10.1126/science.208.4448.1095

CEBALLOS, Gerardo / EHRLICH, Paul R. / BARNOSKY, Anthony D. / GÁRCIA, Andrés / PRINGLE, Robert M. / PALMER, Todd M.: Accelerated modern human-induced species losses: Entering the sixth mass extinction. In: Science Advances. 1, 2015.

ERBEN, Heinrich Karl: Leben heißt sterben. Der Tod des einzelnen und das Aussterben der Arten. Hamburg 1981.

PROBST, Ernst: Das rätselhafte Ende der Dinosaurier. In: Deutschland in der Urzeit. Von der Entstehung des Lebens bis zum Ende der Eiszeit. S. 204–206, München 1986.

WELLNHOFER, Peter: Aussterben. In: Die große Enzyklopädie der Flugsaurier. Illustrierte Naturgeschichte der fliegenden Saurier. 100 Arten auf über 400 Fotos und Illustrationen. S. 166–167, München 1993.

WIKIPEDIA (Online-Lexikon): Luis Walter Alvarez.
https://de.wikipedia.org/wiki/Luis_Walter_Alvarez

WIKIPEDIA (Online-Lexikon): Massenaussterben.
https://de.wikipedia.org/wiki/Massenaussterben

Lebensbild des Flugsauriers Caulkicephalus von Nobu Tamura.
Bild: Nobu Tamura / CC BY 3.0 / http://spinops.blogspot.com
(via Wikimedia Commons),
lizensiert unter Creative Commons-Lizenz by-3.0.
https://creativecommons.org/licenses/by/3.0/legalcode

Kreide-Flugsaurier

Unterkreide (etwa 145 bis 100,5 Millionen Jahre)
Aerodraco, Erstbeschreibung Holgado, Pêgas 2020, Europa
(England)
Anhanguera, Campos, Kellner 1985, Südamerika (Brasilien)
Apatorhamphus, McPhee und andere 2020, Afrika
(Marokko)
Araripedactylus, Wellnhofer 1977, Südamerika (Brasilien)
Araripesaurus, Price 1971, Südamerika (Brasilien)
Arthurdactylus, Frey, Martill 1994, Südamerika (Brasilien)
Aussiedraco, Kellner, Rodrigues, Costa 2011, Australien
Aymberedactylus, Pêgas und andere 2016, Südamerika
(Brasilien)
Beipiaopterus, Lü 2003, Asien (China)
Bennettazhia, Nessov 1991, Nordamerika (Oregon/USA)
Boreopterus, Lü, Q. Ji 2005, Asien (China)
Brasileodactylus, Kellner 1984, Südamerika (Brasilien)
Camposipterus, Rodriguez, Kellner 2013, Europa (England)
Cathayopterus, Wang X., Zhou 2006, Asien (China)
Caulkicephalus, Steel, Martill und andere 2005, Europa
(England)
Caupedactylus, Kellner 2013, Südamerika (Brasilien)
Cearadactylus, Leonardi, Bogomanero 1985, Südamerika
(Brasilien)
Chaoyangopterus, Wang X., Zhou 2003, Asien (China)
Coloborhynchus, Owen 1874, Europa (England),
Nordamerika, Südamerika, Afrika
Domeykodactylus, Martill, Frey und andere 2000, Südamerika
(Chile)
Draigwenia, Holgado 2021, Europa (England)

Elanodactylus, Andrés, Ji. Q. 2008, Asien (China)
Eoazhdarcho, Lü, Ji 2005, Asien (China)
Eopteranodon, Lü, Zhang 2005, Asien (China)
Eosipterus, Ji, Ji 1997, Asien (China)
Europejara, Vullo und andere 2012, Europa (Spanien)
Eurolimnornis, Kessler, Jurcsák 1996, Europa (Rumänien)
Feilongus, Wang X., Kellner und andere 2005, Asien (China)
Forfexopterus, Jiang und andere 2016, Asien (China)
Gegepterus, Wang X., Kellner, Zhou, Campos 2007, Asien (China)
Gladocephaloideus, Lü, Ji, Wei, Liu 2011, Asien (China)
Guidraco, Wang X. und andere 2012, Asien (China)
Hamipterus, Wang X. und andere 2014, Asien (China)
Haopterus, Wang X., Lü 2001, Asien (China)
Hongshanopterus, Wang X., Campos 2008, Asien (China)
Huaxiapterus, Lü, Yuan C. 2005, Asien (China)
Iberodactylus, Holgado und andere 2019, Europa (Spanien)
Ikrandraco, Wang X. und andere 2014, Asien (China)
Istiodactylus, Howse, Milner, Martill 2001, Europa (England)
Jidapterus, Dong, Sun, Wu 2003, Asien (China)
Kariridraco, Cerqueira und andere 2021, Südamerika (Brasilien)
Keresdrakon (Unterkreide/Oberkreide), Kellner und andere 2019, Südamerika (Brasilien)
Leptostomia, (Unterkreide/Oberkreide), Smith, Martill, Kao, Zouhri und Longrich 2020, Afrika (Marokko)
Liaoningopterus, Wang X., Zhou Z.-H. 2003, Asien (China)
Liaoxipterus, Dong, Lü 2005, Asien (China)
Linlongopterus, Rodrigues und andere 2015, Asien (China)
Lingyuanopterus, Xu und andere 2022, Asien (China)
Lonchodectes, (Unterkreide, Oberkreide), Hooley 1914, Europa (England)

Lonchodraco (Unterkreide/Oberkreide), Rodrigues, Kellner 2013, Europa (England)

Lonchognathosaurus, Maisch, Matzke, Ge Sun 2004, Asien (China)

Longchengpterus, Wang, Li, Duan, Cheng, 2006, Asien (China)

Luchibang, Hone, L. Li, und andere 2020, Asien (China)

Ludodactylus, Frey, Martill, Buchy 2003, Südamerika (Brasilien)

Maaradactylus, Bantim und andere 2014, Südamerika (Brasilien)

Moganopterus, Lü und andere 2012, Asien (China)

Mythunga, Molnar, Thulborn 2008, Australien

Nemicolopterus, Wang X., Kellner 2008, Asien (China)

Nicorhynchus (Unterkreide/Oberkreide), Holgado, Pêgas 2020, Afrika, Europa (England)

Ningchengopterus, Lü 2009, Asien (China)

Noripterus, Yang 1973, Asien (China)

Nurhachius, Wang, Kellner und andere 2003, Asien (China)

Ordosipterus, Ji 2020, Asien (Mongolei)

Ornithocheirus, Seeley 1869, Europa (England)

Otogopterus, Ji, Zhang 2020, Asien (Mongolei)

Palaeocursornis, Kessler, Jurcsák 1986, Europa (Rumänien)

Pangupterus, Lü und andere 2016, Asien (China)

Prejanopterus, Vidarte, Calvo 2010, Europa (Spanien)

Pterodaustro, Bonaparte 1970, Südamerika (Argentinien)

Pterofiltrus, Jiang, Wang 2011, Asien (China)

Radiodactylus, Andrés, Myers 2013, Nordamerika (Texas)

Santanadactylus, de Buisonjé 1980, Südamerika (Brasilien)

Shenzhoupterus, Lü, Unwin und andere 2008, Asien (China)

Sinopterus, Wang X., Zhou Z. 2003, Asien (China)

Tapejara, Kellner 1989, Südamerika (Brasilien)

Targaryendraco, Pêgas und andere 2019, Europa (Niedersachsen)
Thalassodromeus, Kellner, Campos 2002, Südamerika (Brasilien)
Thapunngaka, Richards, Stumkat, Salisbury 2021, Australien
Tropeognathus, Wellnhofer 1987, Südamerika (Brasilien)
Tupandactylus, Kellner, Campos 2007, Südamerika
Uktenadactylus, Rodrigues, Kellner 2008, Nordamerika (Texas)
Vectidraco, Naish, Simpson, Dyke 2013, Europa (Isle of Wight, England)
Vesperopterylus, Lü und andere 2017, Asien (China)
Wightia, Martill und andere 2020, Europa (England)
Xericeps (Unterkreide/Oberkreide), Martill und andere 2017, Afrika (Marokko)
Yixianopterus, Lü, Ji S. und andere 2006, Asien (China)
Zhenyuanopterus, Lü 2010, Asien (China)

Oberkreide (etwa 100,5 bis 65 Millionen Jahre)
Aerotitan, Novas und andere 2012, Südamerika (Argentinien)
Aetodactylus, Myers 2010, Nordamerika (Texas/USA)
Afrotapejara, Martill und andere 2020, Afrika (Marokko)
Alamodactylus, Andrés, Myers 2013, Nordamerika (Texas/USWA)
Alanqa, Ibrahim und andere 2010, Afrika (Marokko)
Albadraco, Solomon und andere 2019, Europa (Rumänien)
Alcione, Longrich und andere 2018, Afrika (Marokko)
Arambourgiania (benannt nach Camille Arambourg), Nessov, 1989, Asien (Jordanien)
Argentinadraco, Kellner, Calvo 2017, Südamerika (Argentinien)

Azhdarcho, Nessov 1984, Asien (Usbekistan)
Bakonydraco, Ösi, Weishampel, Jianu 2005, Europa (Ungarn)
Barbaridactylus, Longrich und andere 2018, Afrika (Marokko)
Barbosania, Elgin, Frey 2011, Südamerika (Brasilien)
Bogolubovia (erster in Russland beschriebener Flugsaurier, benannt nach dem russischen Paläontologen Nikolai Nikolaevich Bogolubov 1909–1992), Nessov, Yarkov A. A. 1989.
Caiuajara, Manzig und andere 2014, Südamerika (Brasilien)
Cimoliopterus, Rodrigues, Kellner 2013, Europa (England)
Cretornis, Fritsch 1880, Europa (Tschechien)
Cryodrakon, Hone und andere 2019, Nordamerika (Kanada)
Dawndraco, Kellner 2010, Nordamerika (Kansas/USA)
Epapatelo, Fernándes und andere 2022, Afrika (Angola)
Eurazhdarcho, Vremir 2013, Europa (Rumänien)
Ferrodraco, Pentland und andere 2019, Australien
Hatzegopteryx, Buffetaut, Grigorescu, Csiki 2002, Europa (Rumänien)
Microtuban, Elgin, Frey 2011, Asien (Libanon)
Mimodactylus, Kellner, Caldwell, Dalla Vecchia, Nohra, Sayão, Currie 2019, Asien (Libanon)
Mistralazhdarcho, Vullo, Garcia, Godefroit und andere 2018, Europa (Frankreich)
Montanazhdarcho, Padian, Ricqles, Horner 1995, Nordamerika (Montana/USA)
Muzquizopteryx, Frey, Buchy und andere 2006, Nordamerika (Mexiko)
Navajodactylus, Sullivan, Fowler 2011, Nordamerika (New Mexico/USA)
Nyctosaurus, Marsh 1876, Nordamerika (Kansas/USA), Südamerika

Orientognathus, Lü, Pu, Xu, Wei, Chang, Kundrát 2015, Asien (China)

Ornithostoma, Seeley 1871, Europa (England)

Phosphatodraco, Pereda-Suberbiola, Bardet und andere 2003, Afrika (Marokko)

Piksi, Varricchio 2002, Nordamerika (Montana/USA)

Pteranodon, Marsh 1876, Nordamerika (Kansas/USA)

Quetzalcoatlus, Lawson 1975, Nordamerika (Texas/USA)

Samrukia, Naish und andere 2012, Asien (Kasachstan)

Simurghia, Longrich und andere 2018, Afrika (Marokko)

Tethydraco, Longrich und andere 2018, Afrika (Marokko)

Thanatosdrakon, Ortiz David 2022, Südamerika (Argentinien)

Tupuxuara, Kellner, Campos 1988, Südamerika (Brasilien)

Unwindia, Martill 2011, Südamerika (Brasilien)

Volgadraco, Averianov, Arkhangelsky, Pervushov 2008, Asien (Russland)

Wellnhopterus (benannt nach dem Münchner Paläontologen Peter Wellnhofer), Andrés, Langston Jr. 2021, Nordamerika (Texas/USA)

Zhejiangopterus, Cai Z., Wei F. 1994, Asien (China)

Literatur

DINODATA.DE von Uwe Jelting:
Pterosaurier Arten / Pterosaur species
https://dinodata.de/animals/pterosaurs/index.php
PTEROSAUR DATABASE: Early Cretaceous.
https://dinoanimals.com/pterosaurdatabase/category/early-cretaceous/
PTEROSAUR DATABASE: Late Cretaceous.
https://dinoanimals.com/pterosaurdatabase/category/late-cretaceous/

WELLNHOFER, Peter: Flugsaurier. Wittenberg Lutherstadt 1980.
WELLNHOFER, Peter: Übersicht über die Flugsaurier der
Kreide. In: Die große Enzyklopädie der Flugsaurier. Illustrierte Naturgeschichte der fliegenden Saurier. 100 Arten
auf über 400 Fotos und Illustrationen. S. 145, München
1993.

Göttinger Anatom Johann Friedrich Blumenbach (1752–1840).
Bild: Stich von Ludwig Emil Grimm (1790–1863) von 1823,
(via Wikimedia Commons), Lizenz: gemeinfrei (Public domain)

Daten und Fakten

18. Jahrhundert

<u>1784</u>: Cosimo Alessandro Collini (1727–1806), der Leiter des Mannheimer Naturalienkabinetts, deutete ein in der Gegend von Eichstätt (Oberbayern) gefundenes Flugsaurier-Fossil aus dem Oberjura irrtümlich als Wassertier.

19. Jahrhundert

<u>1801</u>: Der Pariser Anatom Georges Cuvier (1769–1832) identifizierte die Vorderbeine des 1784 von Collini beschriebenen Fossils als Flügel und das Tier als fliegendes Reptil.

<u>1807</u>: Der Göttinger Anatom Johann Friedrich Blumenbach (1752–1840) hielt das 1784 von Collini beschriebene Tier für eine Art Wasservogel.

<u>1809</u>: Georges Cuvier bezeichnete das 1784 von Collini beschriebene Tier als Ptéro-Dactyle („Flug-Finger").

<u>1812</u>: Der damals in München arbeitende Anatom, Anthropologe und Paläontologe Samuel Thomas von Soemmering (1755–1830) beschrieb anhand eines Fundes aus Eichstätt (Oberbayern) den Kurzschwanz-Flugsaurier *Pterodactylus antiquus*. Ihm lag jenes Fossil vor, das Collini 1784 als Wassertier gedeutet hatte. Soemmering hielt Collinis Fossil für eine Fledermaus und nannte dieses Tier *Ornithocephalus* („Vogel-Kopf").

<u>1819</u>: Georges Cuvier benannte Ptéro-Dactyle in den heutigen Gattungsnamen *Pterodactylus* („Flug-Finger") um.

<u>1824</u>: Georges Cuvier beschrieb anhand eines Fundes aus Eichstätt (Oberbayern) den großen Kurzschwanz-Flugsaurier *„Pterodactylus" grandis* aus dem Oberjura. Ein Fund

dieser Art aus den Mörnsheimer Schichten von Daiting bei Monheim (Schwaben) hatte eine geschätzte Flügelspannweite von etwa 2,50 Metern.

Um 1825: Der Fossiliensammler Georg Graf zu Münster (1776–1844) aus Bayreuth sandte einen ungewöhnlichen Schädelfund aus Solnhofen (Mittelfranken) an den damals in Frankfurt am Main arbeitenden Anatom, Anthropologen und Paläontologen Soemmering, der das Fossil als uralten Seevogel verkannte. Einen Abguss des Schädels schickte Münster an den Bonner Paläontologen August Georg Goldfuß (1782–1848), der den Fund als Flugsaurier identifizierte und 1831 als *Ornithocephalus (= Pterodactylus) muensteri* beschrieb. 1845 änderte der Wirbeltierpaläontologe Hermann von Meyer (1801–1869) aus Frankfurt am Main den Namen *Ornithocephalus muensteri* in *Pterodactylus muensteri* ab. 1847 verwendete Meyer statt *Ornithocephalus* den Gattungsnamen *Rhamphorhynchus*.

1827: Der Landarzt Gideon Mantell (1790–1852) entdeckte in Sussex (England) fossile Knochen, die er zunächst für Überreste alter Vögel hielt. Danach erkannte er, dass die vermeintlichen Vogelknochen Flugsaurier-Fossilien waren. Es handelte sich um die ersten Fossilien von Flugsauriern aus der Kreidezeit, die jemals beschrieben wurden.

1829: Der Oxforder Geologe William Buckland (1784–1856) beschrieb die neue Art *Pterodactylus macronyx* mit großen Krallen an den Fingern aus dem Unterjura (Lias) von Lyme Regis an der Südküste von Dorset in England. Dies waren die ersten wissenschaftlich dokumentierten Flugsaurier, die außerhalb der Solnhofener Plattenkalke entdeckt wurden. 1859 erhielt *Pterodactylus macronyx* wegen der zweifachen Form seiner Zähne den *Namen Dimorphodon macronyx* („Zweiformen-Zahn").

<u>1830:</u> Der Kanzleisekretär und Fossiliensammler Carl von Theodori (1788–1857) beschrieb die neue Art *Pterodactylus banthensis* aus der Umgebung des Klosters Banz über dem Maintal bei Staffelstein in Oberfranken (Bayern). 1860 bezeichnete der Münchner Zoologe Johann Andreas Wagner (1797–1861) diesen Fund als *Dorygnathus banthensis* („Lanzen-Kiefer").

<u>1830:</u> Der Münchner Zoologe Johann Georg Wagler (1800–1832) vermutete, Flugsaurier seien eine eigene Klasse von Wasser-Wirbeltieren, die er zusammen mit anderen fossilen Gruppen – wie Ichyosauriern und Plesiosauriern – als Gryphi (Greife) bezeichnete. Wie Collini glaubte er, Flugsaurier schwämmen unter Wasser und benutzten ihre Vorderbeine als Flossen.

<u>1831:</u> August Georg Goldfuß beschrieb den Langschwanz-Flugsaurier *Scaphognathus crassirostris* („Wannen-Kiefer") aus dem Oberjura anhand eines Fundes von Eichstätt in Oberbayern.

<u>1831:</u> August Georg Goldfuß beschrieb den Langschwanz-Flugsaurier *Rhamphorhynchus muensteri* („Schnabel-Schnauze") aus dem Oberjura von Solnhofen in Mittelfranken (Bayern). Der Artname *muensteri* erinnert an den Fossiliensammler Georg Graf zu Münster aus Bayreuth.

<u>1831:</u> August Georg Goldfuß hielt Flugsaurier für fliegende Reptilien, die mit ihren Flügelkrallen Klippen erklommen. Er stellte die Hypothese auf, an Land hätten sie sich auf allen Vieren fortbewegen müssen. Möglicherweise seien sie mit Haaren bedeckt gewesen.

<u>1834:</u> Der Darmstädter Zoologe und Paläontologe Johann Jakob Kaup (1803–1873) bezeichnete erstmals Flugsaurier mit dem Namen Pterosauria (Pterosaurier).

<u>1834:</u> Hermann von Meyer beschrieb anhand eines Fundes

Englischer Entomologe und Botaniker
Edward Newman (1801–1876).
Foto: Proceedings and transactions of the British Entomological
and Natural History Society (via Wikimedia Commons),
Lizenz: gemeinfrei (Public domain)

von Solnhofen (Mittelfranken) in Bayern die neue Gattung und Art des Kurzschwanz-Flugsauriers *Gnathosaurus subulatus* („Kiefer-Echse") aus dem Oberjura.

<u>1836:</u> Hermann von Meyer beschrieb den Kurzschwanz-Flugsaurier *Pterodactylus micronyx* aus dem Oberjura. Der zuerst unter dem Artnamen *micronyx* von Meyer beschriebene Originalfund lag in der Sammlung der Universität Pest (Ungarn), Nachforschungen ergaben 1968, dass dieses Fossil verschollen ist. 2011 wurde *Pterodactylus micronyx* in *Aurorazhdarcho micronyx* umbenannt.

<u>1837:</u> Johann Andreas Wagner beschrieb den Kurzschwanz-Flugsaurier *Pterodactylus kochi* aus dem Oberjura von Kelheim in Niederbayern. Der Artname *kochi* erinnert an den Nürnberger Fossiliensammler und Kreisforstrat Carl Ludwig Koch (1778–1857). Ab 2017 hieß dieser Flugsaurier *Diopecephalus kochi*.

<u>1839:</u> Georg Graf zu Münster beschrieb den Langschwanz-Flugsaurier *Rhamphorhynchus longicaudus* aus den Solnhofener Plattenkalken in Bayern. Dieser ist bisher die kleinste Art der Gattung *Rhamphorhynchus* im Oberjura.

<u>1840:</u> Der englische Geologe Thomas Hawkins (1810–1889) veröffentlichte „The Book of the Great Sea-Dragons", in dem er behauptete, die großen Reptilien des Erdmittelaters seien vom Teufel erschaffen worden. Er beschrieb Flugsaurier als „einen vom Bösen verpflanzten Bestand" und stellte sie als fledermausähnliche Aasfresser dar, welche die Küste durchkämmten.

<u>1843:</u> Der englische Entomologe und Botaniker Edward Newman (1801–1876) betrachtete Flugsaurier als fleischfressende fliegende Beuteltiere.

<u>1846:</u> Hermann von Meyer beschrieb den Langschwanz-Flugsaurier *Rhamphorhynchus gemmingi* aus dem Oberjura von

Historische Darstellung von Langschwanz-Flugsauriern
der Gattung Rhamphorhynchus von H. N. Hutchinson.
Bild: H. N. Hutchinson /
https://www.biodiversitylibrary.org/pageimage/23904402
(via Wikimedia Commons),
Lizenz: gemeinfrei (Public domain)

Bayern. Der Artname *gemmini* erinnert an den Nürnberger Sammler, Oberst a. D., Carl Emil von Gemming (1794–1880).

<u>1847:</u> Hermann von Meyer stellte die Gattung des Langschwanz-Flugsauriers *Rhamphorhynchus* („Schnabel-Schnauze") aus dem Oberjura auf.

<u>1851:</u> Johann Andreas Wagner beschrieb anhand eines Fundes aus den Mörnsheimer Schichten von Daiting bei Monheim (Schwaben) in Bayern den Kurzschwanz-Flugsaurier *Germanodactylus rhamphastinus* („Germanen-Finger" oder „Deutscher Finger") aus dem Oberjura. Ab 2017 hieß dieser Flugsaurier *Altmuehlopterus rhamphastinus* („Flügel aus der Altmühl").

<u>1852:</u> Hermann von Meyer beschrieb anhand eines Fundes auf dem Höhenzug Deister bei Hannover die neue Gattung und Art des Kurzschwanz-Flugsauriers *Ctenochasma roemeri* („Kamm-Kiefer") aus dem Oberjura.

<u>1854:</u> Hermann von Meyer beschrieb anhand eines Fundes von Eichstätt (Oberbayern) den Kurzschwanz-Flugsaurier *Pterodactylus longicollum* aus dem Oberjura. Ab 2013 hieß dieser Flugsaurier *Ardeadactylus longicollum* („Reiher-Finger").

<u>1855:</u> Der Tübinger Geologe Friedrich August Quenstedt (1809–1889) beschrieb anhand eines Fundes aus Nusplingen in Württemberg den Kurzschwanz-Flugsaurier *Pterodactylus suevicus* („Schwäbischer Flug-Finger") aus dem Oberjura. Heute heißt dieser Flugsaurier *Cycnorhamphus suevicus* („Schwanen-Schabel").

<u>1856:</u> Hermann von Meyer beschrieb anhand eines Fundes aus den Solnhofener Plattenkalken den Kurzschwanz-Flugsaurier *Pterodactylus micronyx*. Ab 2011 hieß dieser Flugsaurier *Aurorazhdarcho micronyx*.

<u>1856:</u> Der Münchner Paläontologe Albert Oppel (1831–

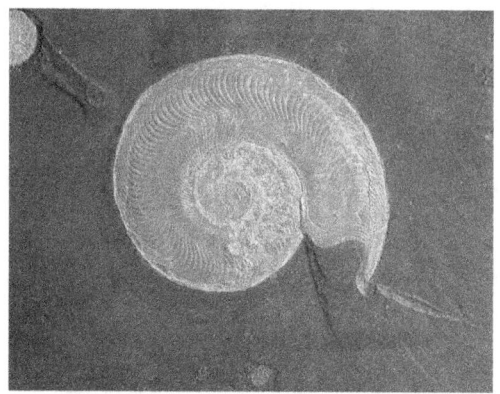

Ammonit Harpoceras falcifer aus dem Posidonien-Schiefer von Holzmaden in Württemberg.
Foto: Lysippos / CC BY-SA 3.0 (Wikimedia Commons), lizensiert unter Creative Commons-Lizenz by-sa-3.0, https://creativecommons.org/licenses/by-sa/3.0/legalcode

1865) berichtete über die Entdeckung eines Flugsaurier-Unterkiefers aus dem Posidonien-Schiefer von Holzmaden in Württemberg. Es war das erste Flugsaurier-Fossil, das aus diesen Ablagerungen des Unterjura gemeldet wurde.

1858: Friedrich August Quenstedt beschrieb den Langschwanz-Flugsaurier *Campylognathoides liasicus* („Gebogener Kiefer") aus dem Unterjura von Württemberg.

1859: Der englische Mediziner, Zoologe, Anatom, Physiologe und Paläontologe Richard Owen (1804–1892) benannte den Langschwanz-Flugsaurier *Pterodactylus macronyx* aus dem Unterjura wegen der zweifachen Form der Zähne in *Dimorphodon macronyx* („Zweiformen-Zahn") um. Während seines Wirkens als Superintendent der naturgeschichtlichen Sammlung des Britischen Museums setzte sich Owen für die Errichtung eines unabhängigen Naturgeschichtsmuseums, des heutigen Natural History Museum, ein. Von 1881 bis 1883 war er dessen erster Direktor.

1860: Der Münchner Zoologe Johann Andreas Wagner stellte für die Art *Pterodactylus banthensis* die neue Gattung des Langschwanz-Flugsauriers *Dorygnathus* („Lanzen-Kiefer") aus dem Unterjura auf.

1860: Hermann von Meyer beschrieb anhand eines Fundes aus Eichstätt (Oberbayern) den Kurzschwanz-Flugsaurier *Pterodactylus scolopaciceps* aus dem Oberjura. Dieser Flugsaurier hieß ab 2014 *Aerodactylus scolopaciceps* („Luft-Finger").

1861: Johann Andreas Wagner beschrieb die neue.Gattung des Langschwanz-Flugsauriers *Scaphognathus* („Wannen-Kiefer") für die Art *Pterodactylus crassirostris* aus dem Oberjura.

1861: Johann Andreas Wagner beschrieb anhand eines Fundes aus Eichstätt (Oberbayern) den Kurzschwanz-Flugsaurier *Pterodactylus elegans* aus dem Oberjura. Das Fossil aus

Französischer Wissenschaftler Luis Figuier (1819–1894).
Foto: Atelier Nadar (1820–1910),
(via Wikimedia Commons),
Lizenz: gemeinfrei (Public domain)

Eichstätt ging vermutlich 1944 „durch Kriegseinwirkung" verloren. Heute verwendet man statt *Pterodactylus elegans* den wissenschaftlichen Namen *Ctenochasma elegans* („Kamm-Maul"). Laut Online-Lexikon „Wikipedia" handelt es sich bei den unter den Bezeichnungen *Pterodactylus elegans*, *Ctenochasma gracile* und *Ctenochasma porocristata* beschriebenen Fossilien vermutlich um verschiedene Individuen von *Ctenochasma elegans* in unterschiedlichen Wachstumsstadien.

1862: Der Münchner Paläontologe Albert Oppel (1831–1865) beschrieb anhand eines Fundes aus den Solnhofener Plattenkalken die neue Art des Kurzschwanz-Flugsauriers *Ctenochasma gracile* aus dem Oberjura. Als Fundorte werden Solnhofen oder Eichstätt vermutet. Oppel deutete einige Spuren aus dem Solnhofener Plattenkalk als Flugsaurier-Spuren. Es war der erste Bericht über Flugsaurier-Spuren in der wissenschaftlichen Literatur.

1863: Das Buch „La Terre avant Le Deluge" des französischen Wissenschaftlers Luis Figuier (1819–1894) enthielt eine frühe Rekonstrukton eines *Rhamphorhynchus*, der auf allen Vieren über den Boden lief. Grundlage dieser Darstellung waren fossile Fußabdrücke aus dem Solnhofener Plattenkalk.

1869: Der Londoner Geologe Harry Govier Seeley (1839–1909) beschrieb die neue Gattung des Kurzschwanz-Flugsaurier *Ornithocheirus* („Vogel-Hand") aus der Unterkreide von England.

1869: Harry Govier Seeley vermutete, Flugsaurier seien eine evolutionäre Übergangsform zwischen Reptilien und Vögeln, die sich von traditionellen Reptilien durch einen warmblütigen Stoffwechsel sowie vogelähnliche Anatomie, Physiologie und terrestrische Gangart unterschieden.

Ende November 1869: Der amerikanische Paläontologe

Amerikanischer Fossiliensammler und Paläontologe
Charles Hazelius Sternberg (1850–1943)
bei der Bergung eines fossilen Pferdeschädels
im McKittrick Ölfeld, Kalifornien (USA).
Foto: Aufnahme eines unbekannten Fotografen
(via Wikimedia Commons),
Lizenz: gemeinfrei (Public domain)

Othniel Charles Marsh (1831–1899) entdeckte in Kansas (USA) die ersten Flügelknochen des Kurzschwanz-Flugsauriers *Pteranodon* („Zahnloser Flügel") aus der Oberkreide. Es waren die ersten wissenschaftlich beschriebenen Flugsaurier-Fossilien aus Nordamerika.

1870: Harry Govier Seeley beschrieb die neue Gattung des Kurzschwanz-Flugsauriers *Cycnorhamphus* („Schwanen-Schnabel") und die neue Art des Kurzschwanz-Flugsauriers *Ornithocheirus huxleyi* aus der Unterkreide von England.

1871: Harry Govier Seeley beschrieb die neue Gattung des zahnlosen Kurzschwanz-Flugsauriers *Ornithostoma* („Vogel-Mund") aus der Oberkreide (Cambridge Greensand) und die neue Gattung *Diopecephalus*.

1871: Othniel Charles Marsh beschrieb anhand einiger Flügelknochen die neue Art des Kurzschwanz Flugsauriers *Pterodactylus oweni* aus der Oberkreide. 1872 erkannte er, dass der Artname *Pterodactylus oweni* bereits verwendet wurde und benannte diese Art in *Pterodactylus occidentalis* um.

1874: Richard Owen entdeckte ein Oberkiefer-Fragment und beschrieb anhand dessen die neue Gattung des Kurzschwanz-Flugsauriers *Coloborhynchus* („Verstümmelter Schnabel") aus der Unterkreide von England. Der Gattungsname beruht auf dem beschädigten Zustand der fossilen Reste dieses Flugsauriers.

1876: Otniel Charles Marsh räumte ein, dass seine Zuweisung von Zähnen an die Gattung des Kurzschwanz-Flugsauriers *Pteranodon* ein Fehler war. Er beschrieb 1876 die neue Gattung *Nyctosaurus* („Nacht-Echse") für *„Pteranodon" gracilis.*

1877: Der amerikanische Fossiliensammler Charles Hazelius Sternberg (1850–1943) entdeckte ein Fossil von *Ptera-*

Mailänder Geologe Francesco Bassani (1853–1916).
Foto: Luca Oddone / CC BY-SA 3.0 (via Wikimedia Commons),
lizensiert unter Creative Commons-Lizenz by-sa-3.0,
https://creativecommons.org/licenses/by-sa/3.0/legalcode

nodon (AMNH 5098) mit fossilen Fisch- und Krustentier-Resten im Kehlsack.

1881: Othniel Charles Marsh benannte den Kurzschwanz-Flugsaurier *Nyctosaurus* („Nacht-Echse") in *Nyctodactylus* um.

1882: Othniel Charles Marsh beschrieb die neue Art des Langschwanz-Flugsauriers *Rhamphorhynchus phyllurus* aus den Solnhofener Plattenkalken. Das Typus-Exemplar zeigte hervorragend erhaltene Abdrücke der Flughaut des Tieres sowie eine rautenförmige Flosse am Schwanzende.

1872: Der Münchner Paläontologe und Geologe Karl Alfred von Zittel (1839–1904) beschrieb einen *Rhamphorhynchus*-Flügel aus den Solnhofener Plattenkalken von Wintershof bei Eichstätt (Oberbayern) mit Abdrücken der Flughaut. Er beobachtete, dass der Flügel von *Rhamphorhynchus* durch faseriges Gewebe verstärkt wurde. Auf der Grundlage dieses Fossils folgerte Zittel, dass *Rhamphorhynchus* zu Lebzeiten im Oberjura relativ schmale Flügel hatte, während Marsh die Flügel für viel breiter hielt. Der von Zittel untersuchte Flügel wird als „Zittel-Flügel" bezeichnet.

1886: Der Mailänder Geologe Francesco Bassani (1853–1916) beschrieb die neue Gattung und Art *Tribelesodon longobardicus* aus Besano in Italien, die man zeitweise irrtümlich für den ersten bekannten Trias-Flugsaurier betrachtete.

1887: Harry Govier Seeley beschrieb die neue Gattung und Art des Kurzschwanz-Flugsauriers *Ornithodesmus cluniculus* („Vogel-Verknüpfung") aus der Unterkreide von England.

1888: Der englische Paläontologe Edwin Tulley Newton (1840–1930) berichtete über die Entdeckung eines Flugsaurier-Gehirns aus dem Unterjura (Lias) von Whitby (England). Der Fund zeigte, dass die Gehirne von Flugsauriern eher denen von modernen Vögeln als jenen von Reptilien ähnelten.

Englischer Paläontologe und Geologe
Richard Lydekker (1849–1915).
Foto: Aufnahme eines unbekannten Fotografen
(via Wikimedia Commons),
Lizenz: gemeinfrei (Public domain)

<u>1890:</u> Der englische Paläontologe und Geologe Richard Lydekker (1849–1915) beschrieb die neue Art des Langschwanz-Flugsauriers *Rhamphorhynchus jessoni* aus dem Oberjura (Oxford Clay) von Huntingtonshire in England.

<u>1891:</u> Der amerikanische Geologe Samuel Wendell Williston (1852–1918) veröffentlichte die erste vollständige Beschreibung des Kurzschwanz-Flugsauriers *Pteranodon* aus der Unterkreide. Er entdeckte im Schädel einen Augenring und fand im Beckenbereich einen Kotstein (Koprolit), der winzige, unbestimmte Knochenfragmente enthält. Williston argumentierte auch, dass frühere Schätzungen der Flügelspannweite von *Pteranodon* übertrieben waren und dass die maximale Flügelspannweite der Gattung knapp 20 Fuß (etwa sechs Meter) betrug.

<u>1892:</u> Samuel Wendell Williston spekulierte, *Pteranodon* ähnelnde Fossilien würden eines Tages auch in Europa entdeckt. In diesem Fall wäre *Pteranodon* vermutlich ein jüngeres Synonym von *Ornithostoma*.

<u>1895:</u> Der Stuttgarter Paläontologe Felix Plieninger (1868–1954) beschrieb den Langschwanz-Flugsaurier *Campylognathoides zitteli* („Gebogener Kiefer“) aus dem Unterjura.

20. Jahrhundert

<u>1901:</u> Felix Plieninger unterteilte die Flugsaurier in zwei Unterordnungen: nämlich die Langschwanz-Flugsaurier (Rhamphorhynchoidea) und Kurzschwanz-Flugsaurier (Pterodactyloidea). Heute bezeichnet man die Rhamphorhynchoidea als basale Pterosauria.

<u>1901:</u> Harry Govier Seeley veröffentlichte sein Buch „Dragons of the Air“. Dieses war das erste ernsthafte Werk über Flugsaurier. Darin rekonstruierte er Flugsaurier mit Flughaut an den Hinterbeinen.

Münchner Paläontologe
Ernst Stromer von Reichenbach (1871–1952).
Foto: Stromersche Kulturgut-, Denkmal- und Naturstiftung

<u>1902:</u> Der englische Paläontologe Arthur Smith-Woodward (1864–1944) beschrieb den Langschwanz-Flugsaurier *Rhamphorhynchus longiceps* („Langschädelige Schnabel-Schnauze") aus dem Oberjura. Dieser ist mit einer Flügelspannweite bis zu 1,75 Metern die größte Art der Gattung *Rhamphorhynchus* in Süddeutschland. Funde sind aus den Solnhofener Plattenkalken in Bayern und in Nusplingen (Schwäbische Alb) in Württemberg bekannt.

<u>1907:</u> Felix Plieninger beschrieb den Langschwanz-Flugsaurier *Rhamphorhynchus kokeni* aus dem Oberjura von (Nusplingen in Württemberg. Der Artname *kokeni* erinnert an den Paläontologen Ernst Koken (1860–1912).

<u>1910:</u> Der amerikanische Zoologe George F. Eaton (1872–1949) veröffentlichte seine Doktorarbeit über den Knochenbau des Kurzschwanz-Flugsauriers *Pteranodon* aus der Oberkreide. Diese Veröffentlichung gilt als die bedeutendste Arbeit über *Pteranodon* sowie große Flugsaurier für viele Jahrzehnte danach. In dieser Monographie restaurierte er Flugsaurier mit Flughaut an den Hinterbeinen. Er stimmte mit früheren Arbeiten von Marsh und Williston überein, dass *Pteranodon* einen kurzen Schwanz hatte.

<u>1913.</u> Der Münchner Paläontologe Ernst Stromer von Reichenbach (1871–1952) rekonstruierte als Erster das Skelett des Solnhofener Langschwanz-Flugsauriers *Rhamphorhynchus*. Sein Modell bestand aus Holz, Kautschuk und Modellwachs und war über einem Drahtgestell montiert.

<u>1923:</u> Der damals in München arbeitende Zoologe Ludwig Döderlein (1855–1936) beschrieb anhand eines Fundes aus Eichstätt (Oberbayern) die neue Gattung und Art des Langschwanz-Flugsauriers *Anurognathus ammoni* („Schwanzloser Kiefer") aus dem Oberjura.

<u>1925:</u> Der schwedische Paläontologe Carl Wiman (1867–

Lebensbild des Giraffenhals-Sauriers Tanystropheus
von Nobu Tamure.
Bild: Nobu Tamura / http://spinops.blogspot.com /
CC BY-SA 4.0 (via Wikimedia Commons),
lizensiert unter Creative Commons-Lizenz by-sa-4.0,
https://creativecommons.org/licenses/by-sa/4.0/legalcode

1944) beschrieb 1925 anhand eines Fundes von Eichstätt (Oberbayern) den Kurzschwanz-Flugsaurier *Pterodactylus cristatus* („*Pterodactylus* mit Kamm") aus dem Oberjura. 1964 benannte der chinesische Paläontologe Yang Zhongjian (auch C. C. Young genannt) diesen Flugsaurier in *Germanodactylus cristatus* („Germanen-Finger" oder „Deutscher Finger") um.

1925: Der österreichische Paläontologe Othenio Abel (1875–1946) argumentierte, Flugsaurier hätten sich, wenn sie nicht flogen, auf allen Vieren fortbewegen müssen.

1927: Der Münchner Paläontologe Ferdinand Broili (1874–1946) beschrieb mögliche fossile Beweise für eine haarähnliche Körperbedeckung bei Flugsauriern aus Deutschland.

1928: Der norwegische Entomologe, Arachnologe und Hochschullehrer Embrik Strand (1876–1947) beschrieb die neue Gattung des Langschwanz-Flugsauriers *Campylognathoides* („Krumm-Kiefer") aus dem Unterjura.

1929: Der Zürcher Paläontologe und Anatom Bernhard Peyer (1885–1963) entdeckte, dass der angebliche Flugsaurier *Tribelesodon* aus der Obertrias ein jugendlicher Giraffenhals-Saurier namens *Tanystropheus* war. Dessen lange Halswirbel hatte man mit einem Flügelfinger verwechselt.

1938: Der amerikanische Paläontologe Kenneth E. Caster (1908–1992) bewies, dass bestimmte Fossilienspuren aus den Solnhofener Plattenkalken, die man Urvögeln wie *Archaeopteryx*, kleinen Dinosauriern oder Flugsauriern zuschrieb, von Pfeilschwanzkrebsen hinterlassen wurden. Manche Exemplare hat man buchstäblich „tot in ihren Spuren" gefunden.

1943: Der amerikanische Paläontologe Barnum Brown (1873–1963) berichtete von einem *Pteranodon*-Fund mit

*Skelett-Rekonstruktion des Flugsauriers Batrachognathus volans
von Jaime A. Headdden (User: Qilong) /
http://qilong.deviantart.com/art/Anurognathidae-Panoply-
97794417 / CC BY 3.0 (via Wikimedia Commons),
lizensiert unter Creative Commons-Lizenz by-3.0,
https://creativecommons.org/licenses/by/3.0/legalcode*

Überresten von zwei Fischarten und einem Krustentier im Kehlsack.

1948: Der russische Geologe und Paläontologe Anatoly Nicolaevich Riabinin (1874–1942) beschrieb die neue Gattung und Art *Batrachognathus volans* („Frosch-Kiefer") aus dem Oberjura von Kasachstan.

1952: Der amerikanische Paläontologe George Fryer Sternberg (1883–1969) entdeckte in Kansas einen ungewöhnlichen Schädel von *Pteranodon* (FHSM VP-339), der später als Typus-Exemplar von *Pteranodon sternbergi* diente. George Fryer Sternberg war der Sohn des Fossiliensammlers und Paläontologen Charles Hazelius Sternberg (1850–1943).

1959: Der französische Agrar-Ingenieur, Geologe, Anthropologe und Paläanthropologe Camille Arambourg (1885–1969) beschrieb anhand eines 62 Zentimeter langen Knochens aus der Gegend bei Russeifa nahe Amman (Jordanien) den Flugsaurier *Titanopteryx philadelphiae* („Titanen-Flügel"). Diesen Knochen hatte man in den 1940er Jahren an der Bahnstrecke von Amman (Jordanien) nach Damaskus (Syrien) gefunden. Der Gattungsname *Titanopteryx* bedeutet „Titanen-Flügel". Der Artname *philadelphiae* beruht auf einer alten Bezeichnung für Amman. Nach der Entdeckung des riesigen Flugsauriers *Quetzalcoatlus northropi* in Texas (USA) von 1971 stellte sich heraus, dass der Knochen aus Jordanien ein extrem langer Halswirbel ist. *Titanopteryx philadelphiae* war also ähnlich groß wie *Quetzalcoatlus northropi* mit einer Flügelspannweite bis zu zwölf Metern. 1989 wurde *Titanopteryx philadelphiae* in *Arambourgiania philadelphiae* umbenannt.

1964: Der chinesische Paläontologe C. C. (Chung Chien) Young (1897–1979) beschrieb die neue Gattung des Kurzschwanz-Flugsauriers *Dsungaripterus* („Junggar-Flügel") aus

Lebensbild des kleinen Raubdinosauriers Ostromia crassipes
von Mario Lanzas. Dieses Tier wurde im Laufe der Zeit
als Flugsaurier und Urvogel (Archaeopteryx) verkannt.
Bild: mariolanzas / CC BY-SA 4.0
(via Wikimedia Commons),
lizensiert unter Creative Commons Lizenz by-sa-40,
https://creativecommons.org/licenses/by-sa/4.0/legalcode

der Unterkreide von China.

1964: C. C. Young beschrieb die neue Gattung *Germano-dactylus* („Germanen-Finger" oder „Deutscher Finger") aus dem Oberjura von Süddeutschland, die zuvor *Pterodactylus cristatus* („*Pterodactylus* mit Kamm") geheißen hatte. Von *Germanodactylus* waren zeitweise zwei Arten bekannt: eine ältere Art namens *Germanodactylus cristatus* aus den Solnhofener Plattenkalken und eine jüngere Art namens *Germano-dactylus rhamphanistus* aus den Mörnsheimer Schichten von Daiting bei Monheim (Schwaben). *Germanodactylus rhampha-stinus* wurde 2017 in *Altmuehlopterus rhamphastinus* umbenannt.

1966: Der amerikanische Paläontologe John Christian Harksen (1935–1994) beschrieb die neue Art des Kurz-schwanz-Flugsauriers *Pteranodon sternbergi* (heute: *Geostern-bergia sternbergi*) aus der Oberkreide. Im Gegensatz zu *Pte-ranodon longiceps* trug diese einen kurzen, breiten Kamm.

1968: Der Münchner Paläontologe Peter Wellnhofer ver-öffentlichte eine Revision der Taxonomie des Kurz-schwanz-Flugsauriers *Pterodactylus* aus dem Oberjura. Es war seine erste Veröffentlichung über Flugsaurier.

1969: Der amerikanische Paläontologe Edwin H. Colbert (1905–2001) beschrieb die neue Gattung und Art *Neso-dactylus hesperius* („Insel-Finger") aus dem Oberjura.

1970: Der amerikanische Wirbeltierpaläontologe John H. Ostrom (1928–2005) berichtete, das im Teylers-Museum in Haarlem (Niederlande) aufbewahrte Typus-Exemplar von „*Pterodactylus*" *crassipes* stelle ein weiteres Exemplar des Ur-vogels *Archaeopteryx* dar. 2017 wurde seine Ansicht korri-giert. Dieses Fossil gilt seitdem als kleiner Raubdinosaurier namens *Ostromia crassipes*.

1970: Der argentinische Paläontologe José Fernando Bona-

Brasilianischer Paläontologe Llellewyn Ivor Price (1905–1980)
mit Oberschenkelknochen eines Elefantenfuß-Dinosauriers.
Foto.: Aufnahme eines unbekannten Fotografen / CC BY-SA 4.0
(via Wikimedia Commons),
lizensiert unter Creative Commons-Lizenz by-sa-4.0,
https://creativecommons.org/licenses/by-sa/4.0/legalcode

parte (1928–2020) beschrieb die neue Gattung und Art des Kurzschwanz-Flugsauriers *Pterodaustro guinazui* („Süd-Flügel") aus der Unterkreide von Argentinien. Diese Gattung gilt als der am stärksten spezialisierte filtrierende Flugsaurier, welcher der Wissenschaft bekannt ist.

1971: Der russische Paläontologe Aleksandr Grigorevich Sharov (1922–1973) beschrieb die neue Gattung und Art des Langsschwanz-Flugsauriers *Sordes pilosus* („Behaarter Teufel") aus dem Oberjura von Kasachstan. Am Typus-Exemplar erkannte man Körperbedeckung mit haarähnlichen Fäden.

1971: Der brasilianische Paläontologe Llellewyn Ivor Price (1905–1980) berichtete über die ersten Flugsaurier-Fossilien von Crato und Santana in Brasilien. Diese Ablagerungen gelten aufgrund ihrer ungewöhnlich guten Erhaltung als eine der wichtigsten fossilen Quellen für Flugsaurier der Erde.

1971: Llellewin Ivor Price beschrieb die neue Gattung und Art des Kurzschwanz-Flugsauriers *Araripesaurus castilhoi* („Echse von Araripe") aus der Unterkreide (Santana-Formation) von Brasilien.

1971: Der Stuttgarter Wirbeltier-Paläontologe Rupert Wild beschrieb die neue Art des Langschwanz-Flugsauriers *Dorygnathus mistelgauensis* („Lanzen-Kiefer") aus dem Unterjura von Mistelgau bei Bayreuth (Oberfranken) in Bayern. Heute gilt diese Art als Synonym von *Dorygnathus banthensis*.

1973: Der italienische Paläontologe Rocco Zambelli (1916–2009) in Bergamo beschrieb die neue Gattung und Art des Langschwanz-Flugsauriers *Eudimorphodon ranzii* („Zweiformen-Zahn") aus der Obertrias von Bergamo in der Lombardei (Italien). Dies war der erste sichere Flugsaurier aus der Trias.

*Lebensbild von Flugsauriern der Gattung Pteranodon
von Heinrich Harder (1856–1935) vermutlich von 1916.
Bild: Heinrich Harder / http://www.copyrightexpired.com
(via Wikimedia Commons),
Lizenz: gemeinfrei (Public domain)*

1973: C. C. Young beschrieb die neue Gattung und Art des Kurzschwanz-Flugsauriers *Noripterus complicidens* („Seen-Flügel") aus der Unterkreide der Mongolei (China).

1974: Die englische Zoologin und Fledermaus-Expertin Cherry Bramwell und der Luftfahrt-Ingenieur George R. Whitfield schätzten, ein Kurzschwanz-Flugsaurier der Gattung *Pteranodon* mit einer Flügelspannweite von sieben Metern hätte ein Lebendgewicht von etwa 16 Kilogramm haben müssten. Um in der Luft zu bleiben, hätte ein solcher *Pteranodon* mindestens 6,7 Meter pro Sekunde fliegen müssen was eine „extrem niedrige" Mindestgeschwindigkeit gewesen sei. Jener *Pteranodon* hätte „sanft" starten und landen können. Bramwell und Whitfield argumentierten, die Biomechanik hätte *Pteranodon* anfällig für zunehmende Windgeschwindigkeiten machen können, die sich aus dem Klimawandel im Verlauf der späten Kreidezeit ergaben. Sie schlugen sogar vorläufig vor, dies könne die Ursache für das Aussterben der Gattung gewesen sein

1974: Der französische Paläontologe Jean A. Fabre beschrieb die neue Gattung und Art *Gallodactylus canjuersensis* aus dem Oberjura von Canjuers in Frankreich. *Gallodactylus* heißt heute *Cycnorhamphus* („Schwanen-Schnabel"). Zu letzterer Gattung rechnete man zeitweise zwei Arten namens *Cycnorhamphus suevicus* und *Cycnorhamphus canjuersensis.*

1974: Der argentinische Paläontologe, Archäologe und Historiker Rodolfo Magin Casamiquela (1932–2008) beschrieb die neue Gattung und Art des mutmaßlichen Kurzschwanz-Flugsauriers *Herbstosaurus pigmaeus* („Herbst's Echse") aus dem Oberjura von Argentinien.

1975: Ross S. Stein veröffentlichte einen Artikel über die Biomechanik des *Pteranodon*-Fluges. Er fertigte *Pteranodon*-Modellflügel an und testete sie in einem Windkanal. Dabei

Aztekischer Gott Qetzalcoatl in Gestalt einer gefiederten Schlange
im „Codex Telleriano-Remensis" aus dem 16. Jahrhundert.
An den Namen dieses „Schlangengottes" erinnert
der Gattungsname Quetzalcoatlus für einen riesigen Flugsaurier
mit einer Flügelspannweitebis zu zwölf Metern
aus der Oberkreide in Texas (USA).
Bild: (via Wikimedia Commons),
Lizenz: gmeienfrei (Public domain)

stellte er fest, *Pteranodon* sei ein fähiger, wendiger Flieger gewesen, der am besten Langstreckenflüge bei niedrigen Geschwindigkeiten unternehmen konnte. Stein berechnete, ein großer *Pteranodon* habe mindestens zehn Meilen (etwa sechzehn Kilometer) pro Stunde fliegen müssen, um in der Luft zu bleiben. Er zog den Schluss, *Pteranodon* hätte auf seinen Hinterfüßen landen müssen. Steins Schlussfolgerungen widersprachen früheren Erkenntnissen von Bramwell und Whitfield.

1975: Der amerikanische Geologe und Paläontologe Douglas A. Lawson beschrieb die neue Gattung und Art des riesigen Kurzschwanz-Flugsauriers *Quetzalcoatlus northropi* („Schlangengott") aus der Oberkreide von Texas (USA). Die Flügelspannweite dieses Flugsauriers betrug maximal zwölf Meter. Ähnlich groß waren *Azhdarcho lancicollis* aus Usbekistan, *Arambourgiania philadelphiae* in Jordanien und *Hatzegopteryx thambema* in Rumänien.

1977: Peter Wellnhofer beschrieb die neue Gattung und Art des Kurzschwanz-Flugsauriers *Araripedactylus dehmi* („Araripe-Finger") aus der Unterkreide von Brasilien. Mit dem Artnamen *dehmi* ehrte er Richard Dehm (1907–1996), den Professor für Historische Geologie und Paläontologie an der Ludwig-Maximilians-Universität München und Direktor der Bayerischen Staatssammlung. Dessen Anregung verdankte Wellnhofer die Beschäftigung mit Flugsauriern.

1978: Der Stuttgarter Wirbeltier-Paläontologe Rupert Wild beschrieb die neue Gattung und Art des Langschwanz-Flugsauriers *Peteinosaurus zambellii* („Geflügelte Echse") aus der Obertrias von Italien (Lombardei). In dieser Arbeit beschrieb er auch *Eudimorphodon* („Zweiformen-Zahn") aus der Obertrias ausführlicher.

1978: Der Münchner Paläontologe Peter Wellnhofer sprach

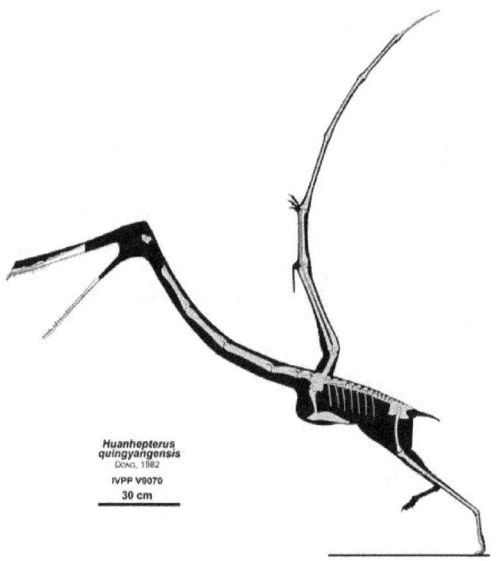

Skelettrekonstruktion des Kurzschwanz-Flugsauriers
Huanhepterus quingyangensis („Flügel vom Fluss Huanhe")
aus der Unterkreide von China.
Bild: Jaime A. Headden (User: Qiloing) / CC BY 3.0
(via Wikimedia Commons),
lizensiert unter Creative Commons-Lizenz by-3.0,
https://creativecommons.org/licenses/by/3.0/legalcode

sich für eine vierbeinige Fortbewegung von Flugsauriern aus.

1980: Der niederländische Paläontologe Paul de Buisonjé beschrieb die neue Gattung und Art des Kurzschwanz-Flugsauriers *Santanadactylus brasiliensis* („Finger der Santana") aus der Unterkreide (Santana-Formation) von Brasilien.

1981: Der englische Wirbeltierpaläontologe Peter Malcolm Galton beschrieb die neue Gattung und Art *Comodactylus ostromi* („Finger von Como") aus dem Oberjura von Wyoming (USA)

1982: Der chinesische Paläontologe Dong Zhiming beschrieb die neue Gattung und Art des Kurzschwanz-Flugsauriers *Huanhepterus quingyangensis* („Flügel vom Fluss Huanhe") aus der Unterkreide von China.

1983: Kevin Padian erklärte, dass die Flughaut von *Pterosaurus* wahrscheinlich nicht an den Hinterbeinen haftete und dass Flugsaurier schmale Flügel hatten, die im Verhältnis mit denen heutiger hochfliegender Seevögel vergleichbar waren. Er argumentierte, auch basierend auf der Skelettanatomie von *Dimorphodon*, dass andere Flugsaurier wahrscheinlich auf ihren Hinterbeinen gingen, wenn sie nicht in der Luft waren.

1983: Der amerikanische Paläontologe James C. Brower (1934–2018) untersuchte die Aerodynamik von *Nyctosaurus* und *Pteranodon*, indem er sie mit Drachenfliegern verglich. Er zog den Schluss, beide seien nicht in der Lage gewesen, mit hoher Geschwindigkeit aufzu- oder abzusteigen. Er dachte, sie hätten die meiste Zeit damit verbracht, zu schweben, anstatt aktiv zu flattern. Brower hielt *Pteranodon* für völlig unfähig zu flattern. Seine Schlussfolgerungen widersprachen früheren Erkenntnissen von Bramwell und Whitfield.

Lebensbild von Preondactylus buffarinii von Nobu Tamura.
Bild: Nobu Tamura / CC BY 3.0 (via Wikimedia Commons),
lizensiert unter Creative Commons-Lizenz by-3.0.
https://creativecommons.org/licenses/by/3.0/legalcode

Russischer Paläontologe
Lev A. Nessov (1947–1995)
aus Sankt Petersburg,
Erstbeschreiber des
Kurzschwanz-Flugsauriers
Azhdarcho lancicollis
und drei weiterer Gattungen.
Foto: Aufnahme eines
unbekannten Fotografen

<u>1983:</u> He Xinlu, Yang Daihuan und Su Chunkang beschrieben die neue Gattung und Art des Langschwanz-Flugsauriers *Angustinaripterus longicephalus* („Schmaler Nasen-Flügel") dem Mitteljura von China.

<u>1983:</u> Der Stuttgarter Wirbeltier-Paläontologe Rupert Wild beschrieb die neue Gattung und Art des Langschwanz-Flugsauriers *Preondactylus buffarinii* („Preone-Finger") aus der Obertrias von Oberitalien (Lombardei).

<u>1983:</u> Guiseppe Leonardi und Guido Borgomanero beschrieben die neue Gattung und Art des Kurzschwanz-Flugsauriers *Cearadactylus atrox* („Finger aus Ceara") aus der Unterkreide von Brasilien.

<u>1984:</u> Der russische Paläontologe Lev A. Nessov (1947–1995) aus Sankt Petersburg beschrieb die neue Gattung und Art des riesigen Flugsauriers *Azhdarcho lancicollis* (nach dem usbekischen Namen eines mythischen Drachens und wegen seines langen Halses) aus der Oberkreide von Kasachstan. Im Gegensatz zu vielen anderen Flugsauriern fraß *Azhdarcho* offenbar keine Fische. Sein scharfer, zahnloser Schnabel war vermutlich am besten dafür geeignet, um sich von kleinen Wirbeltieren und Aas zu ernähren.

<u>1984:</u> Der amerikanische Paläontologe Kevin Padian beschrieb die neue Gattung und Art des Langschwanz-Flugsauriers *Rhamphinion jenkinsi* („Schnabel-Nacken") aus dem Unterjura von Arizona.

<u>1984:</u> Der brasilianische Paläontologe Alexander Wilhelm Armin Kellner beschrieb die neue Gattung und Art des Kurzschwanz-Flugsauriers *Brasileodactylus araripensis* („Brasilianischer Finger") aus der Unterkreide von Brasilien.

<u>1985:</u> Diogenes A. Campos und Alexander Wilhelm Armin Kellner beschrieben die neue Gattung und Art des Kurzschwanz-Flugsauriers *Anhanguera blittersdorffi* („Alter Teu-

*Französischer Agrar-Ingenieur, Geologe, Anthropologe
und Paläoanthropologe Camille Arambourg (1885–1969).
Foto: Studio Harcourt, Paris, um 1940
(via Wikimedia Commons),
Lizenz: gemeinfrei (Public domain*

fel") aus der Unterkreide von Brasilien.

1988: Alexander Wilhelm Armin Kellner und Diogenes A. Campos beschrieben die neue Gattung und Art des Kurzschwanz-Flugsauriers *Tupuxuara longicristatus* ("Vertrauter Geist") aus der Unterkreide (Santana-Formation) von Brasilien.

1989: Lev A. Nessov und A. A. Yarkov beschrieben die neue Gattung des Kurzschwanz-Flugsauriers *Bogolubovia* aus der Oberkreide von Russland. Der Gattungsname *Bogolubovia* erinnert an den russischen Paläontologen N. N. Bogoljubov.

1989: Lev A. Nessov benannte den 1959 von dem französischen Agrar-Ingenieur, Geologen, Anthropologen und Paläoanthropologen Camille Arambourg (1885–1969) als *Titanopteryx philadelphiae* beschriebenen Flugsaurier aus der Oberkreide von Jordanien in *Arambourgiania philadelphiae* um. Der Gattungsname *Arambourgiania* ("Für Arambourg") erinnert an Camille Arambourg, der Artame *philadelphiae* an den Namen von Amman in der Antike.

1989: Die amerikanischen Paläontologen James A. Jensen und Kevin Padian beschrieben die neue Gattung und Art des Kurzschwanz-Flugsauriers *Mesadactylus ornithosphyos* (" Mesa-Finger") aus dem Oberjura von Colorado (USA).

1989: Alexander Wilhelm Armin Kellner beschrieb die neue Gattung und Art des Kurzschwanz-Flugsauriers *Tapejara wellnhoferi* ("Altes Wesen") aus der Unterkreide von Brasilien. Der Artname *wellnhoferi* erinnert an den Münchner Paläontologen Peter Wellnhofer.

1991: Der Münchner Paläontologe Peter Wellnhofer veröffentlichte "Die große Enzyklopädie der Flugsaurier". Es gilt als das zweite ernsthafte Buch über Flugsaurier, das jemals veröffentlicht wurde.

Lebensbild der Kurzschwanz-Flugsaurier
Tupuxuara leonardii (links) und Tupuxuara longicristatus (rechts)
von Dmitry Bogdanov.
Bild: Dmitry Bogdanov / CC BY-SA 3.0
(via Wikimedia Commons),
lizensiert unter Creative Commons-Lizenz by-sa-3.0,
https://creativecommons.org/licenses/by-sa/3.0/legalcode

1992: Der amerikanische Paläontologe S. Christopher Bennett stellte in einer Studie fest, dass es beim Kurzschwanz-Flugsaurier *Pteranodon* eine große männliche Form mit einem größeren Kamm und einem schmalen Becken sowie eine kleine weibliche Form mit einem kleinen Kamm und einem breiten Becken gab.

1994: Eberhard Frey und David M. Martill beschrieben die neue Gattung und Art *Arthurdactylus conandoylei* („Arthur's Finger") aus der Unterkreide von Brasilien.

1994: Z. Cai und F. Wei beschrieben die neue Gattung und Art des Kurzschwanz-Flugsauriers *Zhejiangopterus linhaiensis* („Flügel aus Zhejiang") aus der Oberkreide von China.

1994: Alexander Wilhelm Armin Kellner und Diogenes A. Campos beschrieben die neue Art des Kurzschwanz-Flugsauriers *Tupuxuara leonardii* („Vertrauter Geist") aus der Unterkreide. Der Artname *leonardi* erinnert an den italienischen Leichtathleten Giuseppe Leonardi.

1994: Yang-Nam Lee beschrieb die neue Art des Kurzschwanz-Flugsauriers *Coloborhynchus wadleighi* aus der Unterkreide (Santana-Formation) von Brasilien. Der Artname *wadleighi* erinnert an Chris Wadleigh, der das Fossil entdeckte. Ab 2009 hieß dieser Flugsaurier *Uktenadactylus wadleighi*.

1995: Stafford Howse und Andrew Milner beschrieben die neue Gattung und Art des Kurzschwanz-Flugsauriers *Plataleorhynchus streptophorodon* („Löffel-Schnabel") aus dem Oberjura bzw. der Unterkreide.

1995: Fabio Marco Dalla Vecchia beschrieb die neue Gattung und Art des Langschwanz-Flugsauriers *Eudimorphodon rosenfeldi* aus der Obertrias. Ab 2009 hieß dieser Flugsaurier *Carniadactylus rosenfeldi*.

1995: Kevin Padian, Armand de Ricqlès und John R. Hor-

Lebensbild des Kurzschwanz-Flugsauriers Tupandactylus navigans
von Dmitry Bogdanov.
Bild: Dmitry Bogdanov / CC BY-SA 3.0
(via Wikimedia Commons),
lizensiert unter Creative Commons-Lizenz by-sa-3.0,
https://creativecommons.org/licenses/by-sa/3.0/legalcode

ner beschrieben die neue Gattung und Art des Kurzschwanz-Flugsauriers *Montanazhdarcho minor* („Drache aus
Montana") aus der Oberkreide von Montana (USA).
1996: Jerald Harris und Kenneth Carpenter beschrieben die
neue Gattung und Art des Kurzschwanz-Flugsauriers *Kepodactylus insperatus* („Garten-Finger") aus dem Oberjura von
Colorado (USA). Dieser Flugsaurier wurde 1992 bei einer
Ausgrabung des Denver Museums of Natural History in
Garden Park (Colorado/USA) emtdeckt.
1996: Karl F. Hirsch (1921–1996), Mitautor des Buches
„Dinosaur Eggs and Babies", zog vorläufig den Schluss,
mutmaßliche Flugsaurier-Eier seien von Schildkröten gelegt
worden. Flugsaurier-Eier blieben bis 2004 unbekannt.
1996: Die Paläontologen Eberhard Frey (Karlsruhe) und
David M. Martill (Portsmouth) berichteten, ihre Suche nach
dem Holotypus von *Arambourgiania philadelphiae* in Jordanien sei ergebnislos verlaufen. Aber in der Typuslokalität
bei Amman seien neue Flugsaurier-Fragmente aufgetaucht.
Dank der Recherchen des Ingenieurs Rashdie Sadaqah
konnte 1996 der verschollene Holotypus wieder ausfindig
gemacht werden. Er befand sich seit 1973 in der Universität von Jordanien in Amman.
1997: Alexander Wilhelm Armin Kellner beschrieb die neue
Art des Langschwanz-Flugsauriers *Tapejara imperator* („Altes
Wesen") aus der Unterkreide (Santana-Formation) von
Brasilien. Ab 2003 hieß dieser Flugsaurier *Tapejara navigans*
und ab 2007 *Tupandactylus navigans*.
1997: Ji Quang und Ji Shu'an beschrieben die neue Gattung
und Art des Kurzschwanz-Flugsauriers *Eosipterus yangi*
(„Flügel des Ostens") aus der Unterkreide von China.
1997: Lockley und andere berichteten über die ersten aus
Asien bekannten Flugsaurier-Spuren.

Peter Wellnhofer, der Erstbeschreiber
des Urvogels Archaeopteryx bavarica
und bisher unbekannter Flugsaurier.
2023 wurde Wellnhofer in der „List of pterosaur genera"
von „Wikipedia" als Erstbeschreiber der Flugsaurier-Gattungen
Araripedactylus 1977 und Tropeognathus 1987 erwähnt.
Wellnhofer gilt als einer der weltweit führenden Experten
für Flugsaurier und den Urvogel Archaeopteryx,
Foto: Fotostudio Weber, Fürstenfeldbruck

<u>1998:</u> Eric Buffetaut, Jean-Jaques LePage und Gilles LePage beschrieben die neue Gattung und Art *Normannognathus wellnhoferi* („Kiefer der Normandie") aus dem Oberjura von Frankreich (Normandie). Der Gattungsname besteht aus dem mittelalterlichen, lateinischen Namen „Normannia" für die Normandie und dem griechischen Wort gnathos für Kiefer. Mit dem Artnamen *wellnhoferi* wird der Münchner Paläontologe Peter Wellnhofer geehrt.

<u>1999:</u> Peter Wellnhofer, einer der weltweit führenden Experten für Flugsaurier und den Urvogel *Archaeopteryx*, ging in den Ruhestand. Er promovierte 1964 an der Münchner Ludwig-Maximilians-Universität zum Dr. rer. nat. und nahm anschließend eine Stelle als Konservator an der Bayerischen Staatssammlung für Paläontologie und Geologie an. Dort war er für die Sammlung fossiler Wirbeltiere verantwortlich. Später wurde er Hauptkonservator und stellvertretender Direktor der Staatssammlung. Der Schwerpunkt seiner Forschungstätigkeit lag auf Flugsauriern der Jura- und Kreidezeit, dem Urvogel *Archaeopteryx* sowie Dinosauriern. Zu seinen Werken gehören neben dem Band Pterosauria, in dem von ihm herausgegebenen Handbuch der Paläoherpetologie/Handbook of paleoherpetology und zahlreichen Fachpublikationen auch eine Reihe populärwissenschaftlicher Schriften über Flugsaurier und *Archaeopteryx*. Er beschrieb bisher unbekannte Flugsaurier und nach ihm wurden neue Flugsaurier benannt.

<u>1999:</u> Ji Quang, Ji Shu'an und Kevin Padian beschrieben die neue Gattung des Kurzschwanz-Flugsauriers *Dendrorhynchoides* („Baum-Schnauze") aus dem Mitteljura von China.

<u>1999:</u> David M. Unwin und Wolf-Dieter Heinrich beschrieben die neue Gattung und Art *Tendaguripterus recki* („Tenda-

Lebensbild des Kurzschwanz-Flugsauriers
Domeykodactylus ceciliae aus der Unterkreide von Chile.
Bild: FunkMonk (Michael B.-H.) / CC BY-SA 3.0
(via Wikimedia Commons),
lizensiert unter Creative Commons-Lizenz by-sa-3.0,
https://creativecommons.org/licenses/by-sa/3.0/legalcode

guru-Flügel") aus dem Oberjura von Afrika (Tansania). Der Name dieses Flugsauriers erinnert an den Fundort, das Tendaguru-Becken in Tansania, sowie an den deutschen Paläontologen Hans Reck (1886–1937), der die ersten Flugsaurier-Funde aus dieser Gegend beschrieb.

21. Jahrhundert

2000: David M. Martill, Eberhard Frey (Karlsruhe), Guillermo Chong Diaz und Charleo Michael Bell beschrieben die neue Gattung und Art des Kurzschwanz-Flugsauriers *Domeykodactylus ceciliae* aus der Unterkreide von Chile. Der Artname *ceciliae* erinnert an die Geologin Cecilia Demargasso.

2000: Alexander Wilhelm Armin Kellner und Yukimitsu Tomida beschrieben die neue Gattung und Art des Kurzschwanz-Flugsauriers *Anhanguera piscator* aus der Unterkreide (Santana-Formation) von Brasilien. Der Gattungsname *Anhanguera* heißt „Alter Teufel". Der Artname beruht auf dem lateinischen Wort *piscator* („Fischer").

2000: Garcia Ramos und andere veröffentlichten Forschungen über außergewöhnlich gut erhaltene Flugsaurier-Spuren aus dem späten Jura in Asturien (Spanien).

2001: Farish Jenkins, Neil Shubin, Stephen Gatesy und Kevin Padian beschrieben die neue Art des Langschwanz-Flugsauriers *Eudimorphodon cromptonellus* aus der Obertrias von Grönland. Diese Art wurde 2015 der Gattung *Arcticodactylus* zugeordnet.

2001: Wang Xiaolin und Lü Junchang (1965–2018) beschrieben die neue Gattung und Art des Kurzschwanz-Flugsauriers *Haopterus gracilis* („Hao's Flügel") aus der Unterkreide von China.

2001: Stafford C. Howse, Andrew Milner und David M. Martill beschrieben die neue Gattung des Kurzschwanz-

Italienischer Paläontologe Fabio Marco Dalla Vecchia,
einer der Erstbeschreiber des Langschwanz-Flugsauriers
Austriadactylus cristatus („Österreichischer Finger")
aus der Obertrias von Österreich (Tirol)
Foto: Dr. Fabio Marco Dalla Vecchia,
Pasian di Prato (Udine), Italien

Flugsauriers *Istiodactylus* („Segel-Finger") aus der Unterkreide von England.

2001: Fabio Marco Dalla Vecchia und andere berichteten
von der Entdeckung von Flugsaurier-Fossilien im Libanon.

2002: Helmut Tischlinger (Stammham) und Eberhard Frey
(Karlsruhe) untersuchten Flugsaurier-Fossilien unter ultraviolettem Licht, um mehr über deren Weichgewebe zu er-
fahren.

2002: David W. E. Hone (Bristol), Helmut Tischlinger
(Stammham), Eberhard Frey (Karlsruhe) und Martin Röper
(Solnhofen) beschrieben den Langschwanz-Flugsaurier
Bellubrunnus rothgaengeri („Der Schöne aus Brunn") aus dem
Oberjura von Brunn bei Regensburg in der Oberpfalz
(Bayern). Der Artname *rothgaengeri* erinnert an die Privat-
Paläontologin und ehrenamtliche Mitarbeiterin des Bürger-
meister-Müller-Museums Solnhofen, Monika Rothgänger
aus Kallmünz. *Bellubrunnus rothgaengeri* gilt mit einer Ge-
samtlänge von nur 14 Zentimeter als kleinster Lang-
schwanz-Flugsaurier in Europa.

2002: Fabio Marco Dalla Vecchia, Rupert Wild, Hagen
Hopf und Joachim Reitner beschrieben die neue Gattung
und Art des Langschwanz-Flugsauriers *Austriadactylus*
cristatus („Österreichischer Finger") aus der Obertrias von
Österreich (Tirol).

2002: Éric Buffetaut, Dan Grigorescu und Zoltan Csiki beschrieben die neue Gattung und Art des Kurzschwanz-
Flugsauriers *Hatzegopteryx thambema* („Flügelmonster aus
Hatzeg") aus der Oberkreide. Der Gattungsname setzt sich
aus dem Namen des rumänischen Fundortes Hatzeg
(deutsch: Hötzing) in Transsylvanien (Rumänien) und dem
altgriechischen Wort pteryx (Flügel) zusammen. Der Artname *thambema* („Der Schrecken") spielt auf die enorme

Kurzschwanz-Flugsaurier Thalassodromeus sethi
aus der Unterkreide von Brasilien beim Fischen im Flug.
Erstbeschreiber von Thalassodromeus
und weiterer 13 Flugsaurier-Gattungen war
der Paläontologe Wilhelm Alexander Kellner.
Bild: Dmitry Bogdanov (via Wikimedia Commons),
Lizenz: gemeinfrei (Public domain)

Größe dieses Flugsauriers an. Anhand der geschätzten Länge und dem Durchmesser erhaltener Skelett-Teile wurde eine Flügelspannweite von etwa zwölf Metern errechnet.

2002: Wang Xiaolin, Zhou, Zhang, Xu beschrieben die neue Gattung und Art *Jeholopterus ninchengensis* („Flügel aus Jehol") aus dem Mitteljura von China.

2002: David J. Varricchio beschrieb die neue Gattung und Art des Kurzschwanz-Flugsauriers *Piksi barbarulna* („Seltsam großer Ellbogen") aus der Oberkreide von Montana (USA).

2002: Stephen A. Czerkas und Ji Qiang beschrieben die neue Gattung und Art des Langschwanz-Flugsauriers *Pterorhynchus wellnhoferi* („Flügel-Schnabel") aus dem Mitteljura der Inneren Mongolei (China). Der Artname *wellnhoferi* ehrt den Münchner Paläontologen Peter Wellnhofer.

2002: Alexander Wilhelm Armin Kellner und Diogenes A. Campos beschrieben die neue Gattung und Art des Kurzschwanz-Flugsauriers *Thalassodromeus sethi* aus der Unterkreide (Santana-Formation) von Brasilien. Der Gattungsname *Thalassodromeus* bedeutet „Meeres-Läufer". Der Artname *sethi* erinnert an den ägyptischen Meeresgott Seth. *Thalassodromeus sethi* hatte einschließlich eines großen Knochenkammes eine Schädellänge von 1,42 Metern und eine Flügelspannweite von 5,30 Metern.

2003: Eberhard Frey (Karlsruhe), David M. Martill und Marie-Céline Buchy beschrieben die neue Art des Kurzschwanz-Flugsauriers *Tapejara navigans* (ab 2007: *Tupandactylus navigans*) aus der Unterkreide von Brasilien.

2003: André Veldmeijer beschrieb die neue Art des Kurzschwanz-Flugsauriers *Coloborhynchus spielbergi* („Verstümmelter Kiefer") aus der Unterkreide von England. Der von

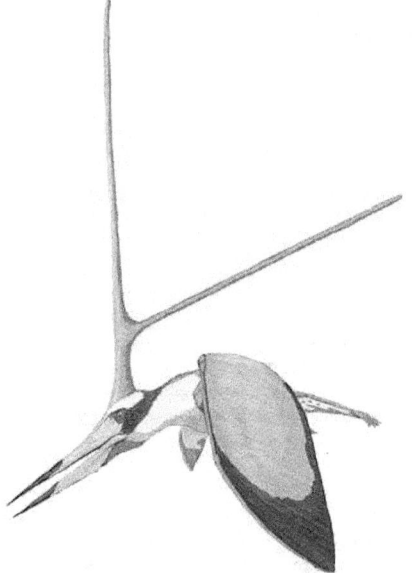

Nyctosaurus mit aus zwei Holmen bestehendem Hinterhauptkamm.
Der nach oben gerichtete Holm war mindestens 42 Zentimeter, der
nach hinten weisende mindestens 32 Zentimeter lang. Zwischen den
beiden Holmen könnte sich ein Hautsegel befunden haben, das
eventuell für bessere Flug-Eigenschaften sorgte.
Bild: Dmitry Bogdanov / CC BY 3.0 (via Wikimedia Commons),
lizensiert unter Creative Commons-Lizenz by-3.0,
https://creativecommons.org/licenses/by/3.0/legalcode

Richard Owen eingeführte Gattungsname *Coloborhynchus* beruht auf dem beschädigten Zustand des Fundes, anhand dessen dieser Flugsaurier 1874 beschrieben und benannt wurde.

2003: S. Christopher Bennett beschrieb *Nyctosaurus*-Exemplare mit enorm verlängertem Hinterhauptkamm. Er vermutete, nur erwachsene männliche Tiere hätten einen so großen Kamm getragen. Der Kamm stützte möglicherweise ein Hautsegel, das für die Flugstabilität beim Fischfang wichtig war. *Nyctosaurus* erreichte eine Flügelspannweite von 2,40 bis 2,90 Metern.

2003: Lü Junchang beschrieb die neue Gattung und Art des Kurzschwanz-Flugsauriers *Beipiaopterus chenianus* („Flügel von Beipiao") aus der Unterkreide von China.

2003: Wang Xiaolin und Zhou Zhonghe beschrieben die neue Gattung und Art des Kurzschwanz-Flugsauriers *Chaoyangopterus zhangi* („Flügel aus Chaoyang") aus der Unterkreide von China.

2003: Kenneth Carpenter und andere beschrieben die neue Gattung und Art *Harpactognathus gentryii* („Greifender Kiefer") aus dem Oberjura von Wyoming (USA).

2003: Dong Zhiming, Sun Yue-Wu und Wu Shao-Yuan beschrieben die neue Gattung und Art des Kurzschwanz-Flugsauriers *Jidapterus edentus* („Jilin-Daxue-Flügel") aus der Unterkreide von China.

2003: Wang Xiaolin und Zhou Zhonghe beschrieben die neue Gattung und Art des Kurzschwanz-Flugsauriers *Liaoningopterus gui* („Flügel aus Liaoning") aus der Unterkreide von China.

2003: Eberhard Frey (Karlsruhe), David M. Martill und Marie Céline Buchy beschrieben die neue Gattung und Art des Kurzschwanz-Flugsauriers *Ludodactylus sibbicki* („Spielender Finger") aus der Unterkreide von Brasilien.

2003: Xabier Pereda-Suberbiola und andere beschrieben

Der 1915 von Ernst Stromer
von Reichenbach (1871–1952)
beschriebene Raubdinosaurier
Spinosaurus erbeutete neben
Fischen gelegentlich Flugsaurier.
Dieser bis zu 18 Meter lange
Dinosaurier mit einem
1,75 Meter langen Schädel und
einem 1,70 Meter hohen
Rückensegel gilt als der größte
bekannte Raubdinosaurier.
Zeichnung: Dmitry Bogdanov
(Foto unten), Chelyabinsk,
Russland

die neue Gattung und Art des Kurzschwanz-Flugsauriers *Phosphatodraco mauritanicus* („Phosphat-Drache") aus der Oberkreide von Marokko.

2003: Wang Xiaolin und Zhou Zhonghe beschrieben die neue Gattung und Art des Kurzschwanz-Flugsauriers *Sinopterus dongi* („Chinesischer Flügel") aus der Unterkreide von China.

2004: Luis Chiappe und andere berichteten in „Nature" über die ersten bestätigten Pterosaurier-Eier. Ji und andere berichteten in derselben Ausgabe von „Nature" wie Chiappe und seine Kollegen über weitere Fossilien von Flugsaurier-Eiern.

2004: Wang Xiaolin und Zhou Zhonghe berichteten über die Entdeckung eines versteinerten Embryos in einem Flugsaurer-Ei.

2004: Zulma Gasparini, Marta Fernández und Mercelo de la Fuente beschrieben die neue Gattung und Art des Langschwanz-Flugsauriers *Cacibupteryx caribensis* („Geflügelter Lord des Himmels") aus dem Oberjura von Kuba.

2004: Michael Maisch, Andreas Matzke und Ge Sun beschrieben die neue Gattung und Art des Kurzschwanz-Flugsauriers *Lonchognathosaurus acutirostris* („Lanzenkiefer-Echse") aus der Unterkreide von China.

2004: Eric Buffetaut und andere berichteten von Beweisen dafür, dass der Raubdinosaurier *Spinosaurus* neben Fischen gelegentlich auch Flugsaurier erbeutete.

2005: Attila Ösi, David B. Weishampel und Coralia Jianu beschrieben die neue Gattung und Art des Kurzschwanz-Flugsauriers *Bakonydraco galaczi* („Drache des Bakony-Gebirges") aus der Oberkreide von China.

2005: Lü Junchang und Ji Quang beschrieben die neue Gat-

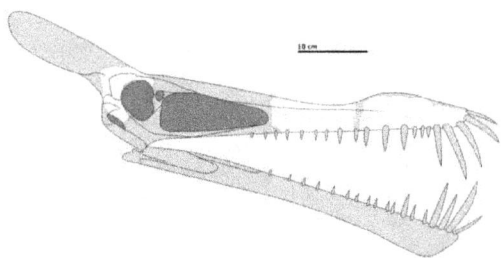

Schädelrekonstruktion des Kurzschwanz-Flugsauriers
Caulkicephalus trimicrodon (Caulki-Kopf)
aus der Unterkreide der Isle of Wight (England).
Bild: Eotyrann5 / CC BY-SA 4.0 (via Wikimedia Commons),
lizensiert unter Creative Commons-Lizenz by-sa-4.0
https://creativecommons.org/licenses/by-sa/4.0/legalcode

tung und Art des Kurzschwanz-Flugsauriers *Boreopterus cuiae* („Flügel des Nordens") aus der Unterkreide von China.
2005: Lorna Steel, David M. Unwin und John D. Winch beschrieben die neue Gattung und Art des Kurzschwanz-Flugsauriers *Caulkicephalus trimicrodon* (Caulk-Kopf = Spitzname für die Bewohner der Isle of Wight) aus der Unterkreide der Isle of Wight (England).
2005: Lü Junchang und Ji Quang beschrieben die neue Gattung und Art des Kurzschwanz-Flugsauriers *Eoazhdarcho liaoxiensis* („Drache der Morgenröte") aus der Unterkreide von China.
2005: Lü Junchang und Zhang beschrieben die neue Gattung und Art des Kurzschwanz-Flugsauriers *Eopteranodon lii* („Zahnloser Flügel der Morgenröte") aus der Unterkreide von China.
2005: Wang und andere beschrieben die neue Gattung und Art des Kurzschwanz-Flugsauriers *Feilongus youngi* („Fliegender Drache") und *Nurhachius ignaciobritoi* („Von Nurhachi") aus der Unterkreide von China. *Feilongus* ist eng verwandt mit dem in Frankreich gefundenen *Gallodactylus*. *Nurhachius* hat große Ähnlichkeit mit dem in England nachgewiesenen *Istiodactylus*. In den Medien hieß es, erstmals seien in China „europäische" Flugsaurier entdeckt worden.
2005: Lü Junchang und Yuan C. beschrieben die neue Gattung und Art des Kurzschwanz-Flugsauriers *Huaxiapterus jii* („Chinesischer Flügel") aus der Unterkreide von China.
2005: Dong Zhiming und Lü Junchang beschrieben die neue Gattung und Art des Kurzschwanz-Flugsauriers *Liaoxipterus brachyognathus* („Flügel aus Liaoxi") aus der Unterkreide von China.
2005: David M. Unwin veröffentlichte das Buch „The Pterosaurs from Deep Time". Dies war erst das dritte ernsthafte Werk über Flugsaurier, das jemals veröffentlicht wur-

Lebensbild des Kurzschwanz-Flugsauriers
Muzquizopteryx coahuilensis („Flügel aus Muzquiz")
aus der Oberkreide von Mexiko.
Bild: Karkemish / CC BY 3.0 (via Wikimedia Commons),
lizensiert unter Creative Commons-Lizenz by-3.0,
https://creativecommons.org/licenses/by/3.0/legalcode

de. Darin argumentierte Unwin, dass junge Flugsaurier gut entwickelt geboren wurden und wenig elterliche Fürsorge benötigten.

2005: Grzegorz Peinkowski und Grzegorz Niedzwiedzki veröffentlichten eine Studie über Flugsaurier-Spuren aus Polen.

2006: Wang Xiaolin und Zhou Zhong beschrieben die neue Gattung und Art des Kurz-Flugsauriers *Cathayopterus grabaui* („Chinesischer Flügel") aus der Unterkreide von China.

2006: Die deutschen Paläontologen Nadia Fröbisch und Jörg Fröbisch beschrieben die neue Gattung und Art des Langschwanz-Flugsauriers *Caviramus schesaplanensis* („Hohler Kiefer") aus der Obertrias der Schweiz.

2006: Wang Li und andere beschrieben die neue Gattung und Art *Longchengpterus zhaoi* („Flügel aus Longcheng") aus der Unterkreide von China.

2006: Eberhard Frey, Marie-Céline Buchy, Wolfgang Stinnesbeck, Arturo González González und Alfredo di Stefano beschrieben die neue Gattung und Art des Kurzschwanz.-Flugsauriers *Muzquizopteryx coahuilensis* („Flügel aus Múzquiz") aus der Oberkreide von Mexiko.

2006: Lü Junchang, Ji Shuan, Yuan Chongxi, Gao Chunling, Sun Yue-Wu und Ji Qiang beschrieben die neue Gattung und Art des Kurzschwanz-Flugsauriers *Yixianopterus jingangshanensis* („Flügel aus Yixian") aus der Unterkreide von China.

2007: Alexander Averianov beschrieb die neue Gattung und Art *Aralazhdarcho bostobensis* („Ajdarxo vom Aralsee", Ajdarxo = ein Drache in der usbekischen Mythologie) aus der Oberkreide von Kasachstan.

2007: Wang Xiaolin, Alexander Wilhelm Armin Kellner,

Der Saurier-Experte Helmut Tischlinger aus Stammham
wurde 2007 von der Ludwig-Maximilians-Universität München
für seine Verdienste mit der Ehrendoktorwürde ausgezeichnet.
Foto: Dr. h. c. Helmut Tischlinger aus Stammham

Zhou Zhonghe und Diogenes de Almeida Campos beschrieben die neue Gattung und Art des Kurzschwanz-Flugsauriers *Gegepterus changi* („Flügel einer Prinzessin") aus der Unterkreide von China.

2007: Alexander Wilhelm Armin Kellner und Diogenes de Almeida Campos beschrieben die neue Gattung des Kurzschwanz-Flugsauriers *Tupandactylus* („Gott des Donners-Finger") aus der Unterkreide von Brasilien.

2007: Die Ludwig-Maximilians-Universität München verlieh Helmut Tischlinger aus Stammham die Ehrendoktorwürde für seine Arbeiten zur Untersuchung von Flugsaurier-Fossilien unter ultraviolettem Licht zum besseren Verständnis ihrer Weichteile.

2008: Brian Andrés und Ji Q. beschrieben die neue Gattung und Art des Kurzschwanz-Flugsauriers *Elanodactylus prolatus* („Raubvogel-Finger") aus der Unterkreide von China.

2008: Wang Xiaolin und andere beschrieben die neue Gattung und Art des Kurzschwanz-Flugsauriers *Hongshanopterus lacustris* („Flügel aus Hongshan") aus der Unterkreide von China.

2008: Ralph E. Molnar und Richard A. Thulborn beschrieben anhand eines im April 1991 von Philip Gilmore an der Dunluce Station westlich von Hughenden in Queensland (Australien) entdeckten Teilschädels die neue Gattung und Art des Kurzschwanz-Flugsauriers *Mythunga lacustris* („Sternen-Jäger") aus der Unterkreide.

2008: Wang Xiaolin, Diogenes de Almeida Campos, Zhou Zhongh und Alexander Wilhelm Armin Kellner beschrieben die neue Gattung und Art des Kurzschwanz-Flugsauriers *Nemicolopterus crypticus* („Geflügelter Waldbewohner") aus der Unterkreide von China. Heute vermutet man, *Nemicolopterus crypticus* sei ein Synonym von *Sinopterus*.

*Langschwanz-Flugsaurier Raeticodactylus filisurensis
aus der Obertrias von Graubünden (Schweiz).
Foto: Rico Stecher, Chur*

<u>2008:</u> Der Hobby-Paläontologe und ehrenamtliche Mitarbeiter des Bündner Naturmuseums, Rico Stecher aus Chur, beschrieb die neue Gattung und Art des Langschwanz-Flugsauriers *Raeticodactylus filisurensis* („Finger aus Raetia") aus der Obertrias der Schweiz.

<u>2008:</u> Lü Junchang, David M. Unwin, Xu und Zhang beschrieben die neue Gattung und Art des Kurzschwanz-Flugsauriers *Shenzhoupterus chaoyangensis* („Chinesischer Flügel") aus der Unterkreide von China.

<u>2008:</u> Alexander Averianov, Maxim Savvich Arkhangelsky und Evgeniy Pervushov beschrieben die neue Gattung und Art des Kurzschwanz-Flugsauriers *Volgadraco bogolubovi* („Drache der Wolga") aus der Oberkreide von Russland. Der Artname *bogolubovi* ehrt den Entdecker Bogolubov.

<u>2008:</u> David M. Unwin und D. Charles Deeming vermuteten, die dünnen Schalen der kürzlich entdeckten Flugsaurier-Eier deuteten darauf hin, dass diese nach dem Legen eher begraben als ausgebrütet wurden.

<u>2009:</u> Fabio Marco Dalla Vecchia beschrieb die neue Gattung und Art des Langschwanz-Flugsauriers *Carniadactylus rosenfeldi* („Finger aus Carnia") aus der Obertrias von Italien. Der Artname *rosenfeldi* erinnert an den Entdecker Corrado Rosenfeld. 1994 wurde dieser Fund als *Eudimorphodon rosenfeldi* bezeichnet.

<u>2009:</u> Lü Junchang beschrieb die neue Gattung und Art des Kurzschwanz-Flugsauriers *Changchengopterus pani* („Flügel der Großen Mauer") aus dem Mitteljura von China.

<u>2009:</u> Lü Junchang beschrieb die neue Gattung und Art des Kurzschwanz-Flugsauriers *Ningchengopterus liuae* („Flügel aus Nincheng") aus der Unterkreide von China.

<u>2009:</u> Taissa Rodrigues und Alexander Wilhelm Armin Kellner benannten die 1994 beschriebene Art des Kurz-

Lebensbild des Flugsauriers Wukongopterus lii
(„Affenkönig-Flügel") aus dem Mitteljura bzw. Oberjura
von China.
Bild: Nobu Tamura / CC BY 3.0 / http://spinops.blogspot.com
(via Wikimedia Commons),
lizensiert unter Creative Commons-Lizenz by-3.0.
https://creativecommons.org/licenses/by/3.0/legalcode

schwanz-Flugsauriers *Coloborhynchus wadleighi* aus der Unterkreide von Texas in *Uktenadactylus wadleighi* („Uktenas Finger") um.
2009: Wang Xiaolin, Alexander Wilhelm Armin Kellner,
Jiang S. und Meng X. beschrieben die neue Gattung und
Art *Wukongopterus lii* („Affenkönig-Flügel") aus dem Mitteljura bzw. Oberjura von China.
2009: Gao Ke-Qin, Li Quanguo, Wei Mingrui, Pak Hyon
und Pak Insop berichteten von der Entdeckung von Flugsaurier-Fossilien in Nordkorea.
2009: Der Paläontologe Jean-Michel Mazin und andere
berichteten über das erste Spurenfossil, das von einem
Flugsaurier bei der Landung produziert wurde.
2010: Lü Junchang und Fucha Xiaohui beschrieben die
neue Gattung und Art des Kurzschwanz-Flugsauriers *Archaeoistiodactylus linglongtaensis* („Alter Segelfinger") aus dem
Oberjura von China.
2010: Lü Junchang und andere beschrieben die neue Gattung und Art *Darwinopterus modularis* („Darwins Flügel") aus
dem Oberjura von China. Laut David W. E. Hone war
Darwinopterus modularis die aufschlussreichste Flugsaurier-
Art für das wissenschaftliche Verständnis der Flugsaurier-
Evolution. Der Körper von *Darwinopterus* ähnelte den pri-
mitiveren Langschwanz-Flugsauriern, während sein Schädel
dem der fortgeschritteneren Kurzschwanz-Flugsaurier
glich. Diese Merkmale machen die Art zu einer wichtigen
Übergangsform und dokumentieren eine der wichtigsten
Phasen der Flugsaurier-Evolution.
2010: Wang Xiaolin und andere beschrieben die neue
Gattung und Art *Darwinopterus linglongtaensis* („Darwins
Flügel") aus dem Oberjura von China.
2010: Alexander Wilhelm Armin Kellner beschrieb die

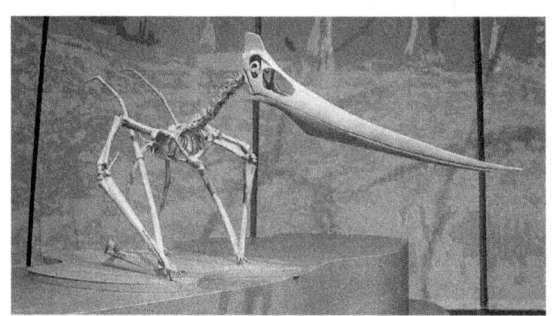

*Skelett-Rekonstruktion von Geosternbergia sternbergi
im Tellus Science Museum in Cartersville, Georgia (USA).
Foto: Jonathan Chen / CC BY-SA 4.0
(via Wikimedia Commons),
lizensiert unter Creative Commons-Lizenz by-sa-4.0,
https://creativecommons.org/licenses/by-sa/4.0/legalcode*

neue Gattung und Art des Kurzschwanz-Flugsauriers *Dawndraco kanzai* („Drache der Morgendämmerung") aus der Oberkreide von Kansas (USA).

2010: Lü Junchang, Fucha Xiaohui und Chen beschrieben die neue Gattung und Art *Fenghuangopterus lii* („Flügel des Fenghuang") aus dem Mitteljura von China.

2010: Alexander Wilhelm Armin Kellner beschrieb die neue Art des Kurzschwanz-Flugsauriers *Geosternbergia maiseyi* („Sternbergs Erde") aus der Oberkreide der USA.

2010: Wang Xiaolin, Alexander Wilhelm Armin Kellner, Shunxing Jiang, Xin Cheng, Xi Meng und Taissa Rodrigues beschrieben die neue Gattung und Art des Langschwanz-Flugsauriers *Kunpengopterus sinensis* („Flügel des Kun Peng") von China.

2010: C. Fuentes Vidarte und M. Meijide Calvo beschrieben die neue Gattung und Art des Kurzschwanz-Flugsauriers *Prejanopterus curvirostra* („Flügel aus Préjano") aus der Unterkreide von Spanien.

2010: Brian Andrés, James M. Clark und Xu Xing beschrieben die neue Gattung und Art des Langschwanz-Flugsauriers *Sericipterus wucaiwanensis* („Seidenflügel") aus dem Oberjura von China.

2010: Lü Junchang beschrieb die neue Gattung und Art des Kurzschwanz-Flugsauriers *Zhenyuanopterus longirostris* („Zhenyuan's Flügel") aus der Unterkreide von China.

2010: Helmut Tischlinger veröffentlichte eine Studie über Flügelhäute von Flugsauriern. In dieser Studie wurde UV-Licht verwendet, um mehr Details zu erkennen, als sie mit bloßem Auge sichtbar sind.

2011: Eberhard Frey (Karlsruhe), Christian A. Meyer (Basel) und Helmut Tischlinger (Stammham) beschrieben die neue Gattung des Kurzschwanz-Flugsauriers *Aurorazhd-*

archo primordius („Kleine Klaue") aus dem Oberjura von Bayern. Zu dieser Gattung gehört die Art *Aurorazhdarcho micronyx*, die 1856 von dem Paläontologen Hermann von Meyer als *Pterodactylus micronyx* beschrieben wurde. Der Gattungsname *Aurorazhdarcho* besteht aus dem lateinischen Wort Aurora, für „Morgendämmerung" und dem kasachischen Namen Azhdarcho für einen mythischen Drachen.

2011: Alexander Wilhelm Armin Kellner, Taissa Rodrigues und Fabiana Costa beschrieben die neue Gattung und Art des Kurzschwanz-Flugsauriers *Aussiedraco molnari* („Australischer Drache") aus der Unterkreide von Australien.

2011: Ross A. Elgin und Eberhard Frey (Karlsruhe) beschrieben die neue Gattung und Art des Kurzschwanz-Flugsauriers *Barbosania gracilirostris* („Barbosas schlanke Schnauze") aus der Unterkreide von Brasilien.

2011: Lü Junchang, David M. Unwin, Jin Xingsheng, Liu Yongqing und Ji Qiang beschrieben die neue Gattung und Art des Flugsauriers *Darwinopterus robustodens* („Darwins Flügel") aus dem Mitteljura von Brasilien.

2011: Lü Junchang und Bo Xue beschrieben die neue Gattung und Art *Jianchangopterus zhaoianus* (nach Jianchang County) aus dem Mitteljura von China.

2011: Robert M. Sullivan und Denver W. Fowler beschrieben die neue Gattung und Art des Kurzschwanz-Flugsauriers *Navajodactylus boerei* („Finger der Navajo") aus der Oberkreide von New Mexico (USA).

2011: Jiang Shungxing und Wang Xiaolin beschrieben die neue Gattung und Art des Kurzschwanz-Flugsauriers *Pterofiltrus qiui* („Flügel-Filter") aus der Unterkreide.

2011: David M. Martill beschrieb die neue Gattung und Art des Kurzschwanz-Flugsauriers *Unwindia trigonus* („Unwins Dreieck") aus der Unterkreide von Brasilien.

<u>2011:</u> Lü Junchang und andere berichteten von der Entdeckung eines *Darwinopterus*-Eies. Dies war die vierte bekannte Entdeckung eines Flugsaurier-Eies.

<u>2011:</u> Patrick M. O'Connor, Joseph J W Sertich und Fredrick K Manthi berichteten von der Entdeckung von Flugsaurier-Fossilien in Kenia.

<u>2012:</u> Fernando Novas, Martin Kundrát, Federico Agnolín, Martin Ezcurra, Per Erik Ahlberg, Marcelo Isasi, Alberto Arriagada und Pablo Chafrat beschrieben die neue Gattung und Art des Kurzschwanz-Flugsauriers *Aerotitan sudamericanus* („Titan der Lüfte") aus der Oberkreide von Argentinien.

<u>2012:</u> David W. E. Hone, Helmut Tischlinger, Eberhard Frey und Martin Röper beschrieben die neue Gattung und Art *Bellubrunnus rothgaengeri* („Der Hübsche aus Brunn"). Dies war der erste bekannte Flugsaurier mit nach vorne gerichteten Flügelspitzen. Für den Karlsruher Paläontologen Eberhard „Dino" Frey" war es bereits die achte Erstbeschreibung eines Flugsauriers, an der er beteiligt war: *Arthurdactylus* 1994, *Domeykodactylus* 2000, *Ludodactylus* 2003, *Muzquizopteryx* 2006, *Aurorazhdarcho* 2011, *Barbosania* 2011, *Microtuban* 2011, *Bellubrunnus* 2012.

<u>2012:</u> Lü Junchang und David W. E. Hone beschrieben die neue Gattung und Art des Langschwanz-Flugsauriers *Dendrorhynchoides mutoudengensis* („Baum-Schnauze") aus dem Mitteljura von China (ab 2020: *Luopterus mutoudengensis*).

<u>2012:</u> Romain Vullo, Jésus Marugán-Lobon, Alexander Wilhelm Armin Kellner, Angela D. Buscalioni, Bernard Gomez, Montserrat de la Fuente und José J. Moratalla beschrieben die neue Gattung und Art des Kurzschwanz-Flugsauriers *Europejara olcadesorum* („Tapejara aus Europa") aus der Unterkreide von Spanien.

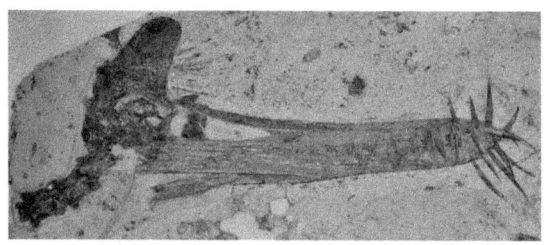

*Schädel des Flugsauriers Guidraco im Bejing Museum
of Natural History.
Foto: Ghedoghedo / CC BY-SA 4.0 (via Wikimedia Commons),
lizensiert unter Creative Commons-Lizenz by-sa-4.0,
https://creativecommons.org/licenses/by-sa/4.0/legalcode*

*Guidraco ist eine der ungefähr 20 Flugsaurier-Gattungen,
die laut der „List of pterosaur genera" von „Wikipedia"
von dem chinesischen Paläontologen Wang Xiaolin beschrieben
wurden: Cathayopterus 2006, Chaoyangopterus 2003,
Douzhanopterus 2017, Feilongus 2005, Gegepterus 2007,
Guidraco 2012, Hamipterus 2014, Haopterus 2001,
Hongshanopterus 2008, Ikandraco 2014, Jeholopterus 2002,
Jianchangnathus 2012, Kunpengopterus 2010, Liaoningopterus
2003, Nemicolopterus 2008, Nurhachius 2003, Pterofiltrus
2011, Sinopterus 2003 und Wukongopterus 2009.*

<u>2012</u>: Lü Junchang, Ji Qiang, Wei Xuefang und Liu Yong-qing beschrieben die neue Gattung und Art des Kurz-schwanz-Flugsauriers *Gladocephaloideus jingangshanensis* („Schwertkopf-Form") aus der Unterkreide von China.
<u>2012</u>: Wang Xiaolin und andere beschrieben die neue Gattung und Art des Kurzschwanz-Flugsauriers *Guidraco venator* („Böser Geist-Drache") aus der Unterkreide von China.
<u>2012</u>: Cheng Xin, Wang Xiaolin, Jiang Shunxing und Ale-xander Wilhelm Armin Kellner beschrieben die neue Gat-tung und Art *Jianchangnathus robustus* („Kiefer aus Jian-chang") aus dem Mitteljura von China.
<u>2012</u>: Lü Junchang, Pu Hanyong, Xu Li, Wu Yanhua und Wei Xuefang beschrieben die neue Gattung und Art des Kurzschwanz-Flugsauriers *Moganopterus zhuiana* („Schwert-Flügel") aus der Unterkreide von China.
<u>2012</u>: Lü Junchang, David M. Unwin, Bo Zhao, Gao Chun-ling und Shen Caizhi beschrieben die neue Gattung und Art *Qinglongopterus guoi* („Flügel aus Qinglong") aus dem Mitteljura bzw. Oberjura von China.
<u>2013</u>: Brian Andrés und Timothy S. Myers beschrieben die neue Gattung und Art des Kurzschwanz-Flugsauriers *Alamodactylus byrdi* („Alamo-Flügel") aus der Oberkreide von Texas (USA). Der Gattungsname erinnert an den Ort Alamo, das Symbol der texanischen Unabhängigkeit. Das altgriechische Wort dáktylos bedeutet „Finger". Der Art-name *byrdi* ehrt Gary Byrd, den Entdecker des Fossils, anhand dessen dieser Flugsaurier erstmals wissenschaftlich beschrieben wurde.
<u>2013</u>: Der amerikanische Paläontologe S. Christopher Ben-nett beschrieb die neue Gattung und Art *Ardeadactylus longi-collum* („Reiher-Finger"), 1954 von Hermann von Meyer als

Darstellungen von Flugsauriern im Crystal Palace in London,
basierend auf Funden von „Pterodactylus cuvieri".
Foto: Ben Sutherland / https://www.flickr.com/photos/
bensutherland/3876020656 / CC BY 2.0
(via Wikimedia Commons),
lizensiert unter Creative Commons-Lizenz by-2.0,
https://creativecommons.org/licenses/by/2.0/legalcode

Pterodactylus longicollum bezeichnet, aus dem Oberjura von Bayern.

2013: Taissa Rodrigues und Alexander Wilhelm Armin Kellner beschrieben die neue Gattung des Kurzschwanz-Flugsauriers *Camposipterus* („Campos' Flügel") aus der Unterkreide von England.

2013: Alexander Wilhelm Armin Kellner beschrieb die neue Gattung und Art des Kurzschwanz-Flugsauriers *Caupedactylus ybaka* („Finger der Caupe") aus der Unterkreide von Brasilien.

2013: Taissa Rodrigues und Alexander Wilhelm Armin Kellner beschrieben die neue Gattung des Kurzschwanz-Flugsauriers *Cimoliopterus* („Kreide-Flügel") aus der Oberkreide von England und der USA.

2013: David M. Martill und Steve Etches beschrieben die neue Gattung und Art *Cuspicephalus scarfi* („Spitzer Kopf") aus dem Oberjura von England.

2013: Matyás Vremir, Alexander Wilhelm Armin Kellner, Darren Naish und Gareth J. Dyke beschrieben die neue Gattung und Art des Kurzschwanz-Flugsauriers *Eurazhdarcho langendorfensis* („Ajdarxo der Morgenröte") aus der Oberkreide von Rumänien.

2013: Taissa Rodrigues und Alexander Wilhelm Armin Kellner beschrieben die neue Gattung des Kurzschwanz-Flugsauriers *Lonchodraco* („Lanzen-Drache") aus der Oberkreide von England.

2013: Brian Andrés und Timothy S. Myers beschrieben die neue Gattung und Art des Kurzschwanz-Flugsauriers *Radiodactylus langstoni* („Radio-Finger") aus der Unterkreide von Texas.

2013: Darren Naish, Martin Simpson und Gareth Dyke beschrieben die neue Gattung und Art des Kurzschwanz-

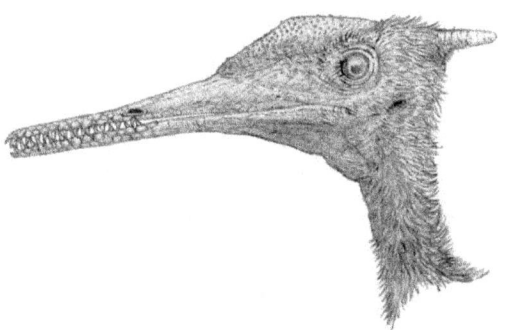

Rekonstruktion des Kopfes des Kurzschwanz-Flugsauriers
Aerodactylus scolopaciceps („Luft-Finger") von Tom Parker.
Bild: Tom Parker / CC BY-SA 4.0 (via Wikimedia Commons),
lizensiert unter Creative Commons-Lizenz by-sa-4.0
https://creativecommons.org/licenses/by-sa/4.0/legalcode

Flugsauriers *Vectidraco daisymorrisae* („Drache der Isle of Wight") aus der Unterkreide der Isle of Wight (England).

2013: Jahn J. Hornung und Mike Reich berichteten in „Ichnos" über die erste Flugsaurier-Spur in Deutschland, die zugleich der zweite Nachweis der Fährtengattung *Purbeckopus* ist. Die Spur stammt von einem sehr großen Kurzschwanz-Flugsaurier mit einer geschätzten Flügelspannweite von ungefähr sechs Metern und wurde in der Stufe Berriasium der Unterkreide vor 145 bis 139,3 Millionen Jahren unweit von Bückeburg in Niedersachsen erzeugt.

2014: Laura Codorniú und Zulima Gasparini beschrieben die neue Gattung und Art *Wenupteryx uzi* („Himmels-Flügel") aus dem Oberjura von Argentinien.

2014: Steven U. Vidovic und David M. Martill beschrieben anhand eines Fundes aus Eichstätt (Oberbayern) den Kurzschwanz-Flugsaurier *Aerodactylus scolopaciceps* („Luft-Finger") aus dem Oberjura. Dieser war 1860 von Hermann von Meyer als *Pterodactylus scolopaciceps* bezeichnet worden.

2014: Lü Junchang und Ji Olang Jiang beschrieben die neue Gattung und Art des Kurzschwanz-Flugsauriers *Boreopterus giganticus* („Nördlicher Flügel") aus der Unterkreide von China.

2014: Paulo C. Manzig, Alexander Wilhelm Armin Kellner, Luiz C. Weinschütz, Carlos E. Fragoso, Cristina S. Vega, Gilson B. Guimarães, Luiz C. Godoy, Antonio Liccardo, João H. Z. Ricetti und Camila C. de Moura beschrieben die neue Gattung und Art des Kurzschwanz-Flugsauriers *Caiuajara dobruskii* („Altes Wesen aus Caiua") aus der Oberkreide von Brasilien.

2014: Wang Xiaolin, Alexander Wilhelm Armin Kellner, Shunxing Jiang, Qiang Wang, Yingxia Ma, Yahefujiang Paidoula, Xin Cheng, Taissa Rodrigues, Xi Meng, Jialiang

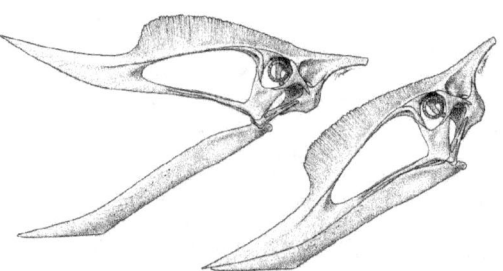

Rekonstruktion des Schädel von Banguela oberlii („Der Zahnlose")
aus der Unterkreide von Brasilien.
Bild: Jaime A. Headden (User: Qilong) / CC BY 3.0
(via Wikimedia Commons),
lizensiert unter Creative Commons-Lizenz by-3.0,
https://creativecommons.org/licenses/by/3.0/legalcode

Zhang, Ning Li und Zhonghe Zhou beschrieben die neue Gattung und Art des Kurzschwanz-Flugsauriers *Hamipterus tianshanensis* („Flügel aus Hami") aus der Unterkreide von China.

2014: Wang Xiaolin und andere beschrieben die neue Gattung und Art des Kurzschwanz-Flugsauriers *Ikrandraco avatar* („Ikran der Drache") aus der Unterkreide von China.

2014: Brian Andrés, James Clark und Xu Xing beschrieben die neue Gattung und Art *Kryptodrakon progenitor* („Verdeckter Drache") aus dem Oberjura von China.

2014: Renan Bantim, Antônio A. F. Saraiva, Gustavo R. Olivera und Juliana M. Sayão beschrieben die neue Gattung und Art des Kurzschwanz-Flugsauriers *Maaradactylus kellneri* („Finger der Prinzessin") aus der Unterkreide von Brasilien.

2015: Alexander Wilhelm Armin Kellner beschrieb die neue Gattung und Art des Langschwanz-Flugsauriers *Arcticodactylus cromptonellus* („Arktischer Finger") aus der Obertrias von Grönland.

2015: Alexander Wilhelm Armin Kellner beschrieb die neue Gattung und Art des Langschwanz-Flugsauriers *Austriadraco dallavecchiai* („Österreichischer Drache") aus der Obertrias von Österreich. Der Artname *dallavecchiai* erinnert an den Paläontologen Fabio Marco Dalla Vecchia.

2015: Jaime A. Headden und Hebert B. N. Campos beschrieben die neue Gattung und Art des Kurzschwanz-Flugsauriers *Banguela oberlii* („Der Zahnlose") aus der Unterkreide von Brasilien.

2015: Alexander Wilhelm Armin Kellner beschrieb die neue Gattung und Art des Langschwanz-Flugsauriers *Bergamodactylus wildi* („Finger aus Bergamo") aus der Obertrias von Italien (Lombardei).

2015: Timothy S. Myers beschrieb die neue Gattung und

Münchner Paläontologe Oliver Walter Mischa Rauhut,
einer der Erstbeschreiber des Flugsauriers Allkaruen koi
(„Altes Gehirn") aus dem Unterjura von Argentinien.
Foto: Professor Dr. Oliver W. M. Rauhut, Privatarchiv

Art des Kurzschwanz-Flugsauriers *Cimoliopterus dunni* („Kreide-Flügel") aus der Oberkreide von England und der USA.

2015: Cheng Xin, Wang Xiaolin, Jiang Shunxing und Alexander Wilhelm Armin Kellner beschrieben die neue Gattung und Art *Daohugoupterus wildi* aus dem Mitteljura von China. Der Gattungsname *Daohugoupterus* erinnert an den Fundort Daohugou, der Artname *wildi* ehrt den Stuttgarter Wirbeltier-Paläontologen Rupert Wild.

2015: Taissa Rodrigues, Jiang Shunxing, Cheng Xin, Wang Xiaolin und Alexander Wilhelm Armin Kellner beschrieben die neue Gattung und Art des Kurzschwanz-Flugsauriers *Linlongopterus* („Gefügelter Walddrachen") aus der Unterkreide von China.

2015: Lü Junchang, Pu Hanyong, Xu Li, Wei Xuefang, Chang Huali und Martin Kundrát beschrieben die neue Gattung und Art *Orientognathus* („Kiefer des Ostens") aus dem Oberjura von China.

2015: Michael O'Sullivan und David M. Martill beschrieben die neue Gattung und Art *Rhamphorhynchus etchesi* aus dem Oberjura von England.

2016: Lü Junchang, Liu Cunyu, Pan Lijun und Shen Caizhi beschrieben die neue Gattung und Art des Kurzschwanz-Flugsauriers *Pangupterus liui* aus der Unterkreide von China. Der Artname liui ehrt Jun Liu, welcher den Holotyp zur wissenschaftlichen Untersuchung anbot.

2016: Laura Codorniú, Ariana Paulina Carabajal, Diego Pol, David Unwin und Oliver W. M. Rauhut beschrieben die neue Gattung und Art des Langschwanz-Flugsauriers *Allkaruen koi* („Altes Gehirn") aus dem Unterjura von Argentinien.

2016: Rodrigo Vargas Pégas, Maria Eduarda de Castro Leal

Flugsaurier Diopecephalus kochi (früher: Pterodactylus kochi)
im Naturmuseum Augsburg.
Foto: Tiia Monto / CC BY-SA 3.0 (via Wikimedia Commons),
lizensiert unter Creative Commons-Lizenz by-sa-3.0
https://creativecommons.org/licenses/by-sa/3.0/legalcode

und Alexander Wilhelm Armin Kellner beschrieben die neue Gattung und Art des Kurzschwanz-Flugsauriers *Aymberedactylus cearensis* („Kleiner Echsenfinger") aus der Unterkreide von Brasilien.

2017: Zhou Chang-Fu, Gao Ke-Qin, Yi Hongyu, Xue Jinzhuang, Li Quanguo und Richard C. Fox beschrieben die neue Gattung und Art *Liaodactylus primus* („Finger aus Liaoning") aus dem Oberjura von China.

2017: Wang Xiaolin, Jiang Shunxing, Zhang Junqiang, Cheng Xin, Yu Xuefeng, Li Yameng, Wei Guangjin and Wang Xiaolin beschrieben die neue Gattung und Art *Douzhanopterus zhengi* („Siegreicher Flügel") aus dem Oberjura von China.

2017: Die englischen Paläontologen Steven U. Vidovic and David M. Martill aus Portsmouth errichteten die neue Gattung des Kurzschwanz-Flugsauriers *Altmuehlopterus* („Flügel aus der Altmühl") für die Art „*Ornithocephalus*" *rhamphastinus* aus dem Oberjura von Bayern.

2017: Steven U. Vidovic und David M. Martill ordneten den Kurzschwanz-Flugsaurier *Pterodactylus kochi* der Gattung *Diopecephalus* zu.

2017: In der Wüste Gobi im Nordwesten des heutigen China wurden Hunderte von Eiern des Flugsauriers *Hamipterus tianshanensis* aus der Unterkreidezeit vor mehr als hundert Millionen Jahren in Ablagerungen eines Sees entdeckt. Dies berichtete „National Geographic" am 28. Dezember 2017. Erwachsene Flugsaurier der Gattung *Hamipterus* hatten eine Flügelspannweite bis zu drei Metern. Möglicherweise wurden Nester bei einem Sturm überflutet, Eier in einen See gespült und dort im Matsch begraben. In einem einzigen Sandbrock befanden sich 215 Eier.

2017: Alexander Wilhelm Armin Kellner und Jorge Calvo

Foto auf Seite 545:

Chinesischer Paläontologe Lü Junchang (1965–2018)
in seinem Büro im Institute of Geology in der Chinese Academy
of Geological Sciences in Peking.
Lü war einer der erfolgreichsten Flugsaurier-Forscher der Welt.
Laut der Internetseite „Taxa named by Lü Junchang" hat Lü
21 Flugsaurier beschrieben:
Archaeoistiodactylus 2011, Beipiaopterus 2003, Boreopterus
2005, Changchengopterus 2009, Darwinopterus 2009, Eoazhd-
archo 2005, Eopteranodon 2005, Fenghuangopterus 2010,
Gladocephaloideus 2011, Haopterus 2001, Huaxiapterus 2005,
Jianchangopterus 2011, Liaoxipterus 2005, Moganopterus 2012,
Ningchengopterus 2009, Orientognathus 2015, Pangupterus 2016,
Qinglongopterus 2012, Shenzhoupterus 2008, Vesperopterylus
2017, Yixianopterus 2006, Zhenyuanopterus 2010.
Foto: REUTERS / DAVID GRAY

Nationalmuseum von Brasilien in Rio de Janeiro.
Foto: Halley Pacheco de Oliveria / CC BY-SA 3.0
(via Wikimedia Commons),
lizensiert unter Creative Commons-Lizenz by-sa-3.0,
https://creativecommons.org/licenses/by-sa/3.0/legalcode

Alexander Wilhelm Armin Kellner, der Direktor des National-Museums von Brasilien in Rio de Janeiro, ist laut der „List of pterosaur genera" von „Wikipedia" Erstbeschreiber folgender Flugsaurier-Gattungen: Arcticodactylus 2015, Argentinodraco 2017, Aussiedraco 2011, Austriadraco 2015, Bergamodactylus 2015, Caupedactylus 2013, Dawndraco 2010, Keresdrakon 2019, Mimodactylus 2019, Tapejara 1980, Thalassodromeus 2002, Tupandactylus 2007 und Tupuxuara 1988.

Außerdem ist Kellner Co-Autor bei der Beschreibung folgender Flugsaurier-Gattungen: Anhanguera 1985, Camposipterus 2013, Cimoliopterus 2013, Feilongus 2005, Gegepterus 2007, Jianchangnathus 2012, Kunpengopterus 2010, Lonchodraco 2013, Nemicolopterus 2008, Nurhachius 2003, Siroccopteryx 1999, Uktendactylus 2002, und Wukongopteryx 2009.

beschrieben die neue Gattung und Art des Kurzschwanz-Flugsauriers *Argentinadraco barrealensis* („Argentinischer Drache") aus der Oberkreide von Argentinien. Der 1961 in Vaduz (Liechtenstein) geborene Paläontologe und renommierte Saurierforscher Kellner ist seit Anfang 2018 Direktor des Nationalmuseums von Brasilien in Rio de Janeiro.

2018: Brooks B. Britt, Fabio Marco Dalla Vecchia, Daniel J. Chure, George W. Engelmann, Michael F. Whiting und Rodney D. Scheet beschrieben die neue Gattung und Art des Langschwanz-Flugsauriers *Caelestiventus hanseni* („Himmlischer Wind") aus der Obertrias von Utah (USA).

2018: Nicholas R. Longrich, David M. Martill, Brian Andrés und David Penny beschrieben die neuen Gattungen und Arten *Alcione elainus* („See-Vogel"), *Barbaridactylus grandis* („Finger der Barbarenküste"), *Simurghia robusta* (Simurgh = fliegendes Tier in der persischen Mythologie) und *Tethydraco regalis* („Drache des Tethysmeeres").

2018: Lü Junchang, Meng Qingjin, Wang Baopeng, Liu Di, Shen Caizhi, Zhang Yuguang beschrieben die neue Gattung und Art des Kurzschwanz-Flugsauriers *Vesperopterylus lamadongensis* („Flügel der Abenddämmerung") aus der Unterkreide von China. Professor Dr. Lü Junchang (1965–2018) von der Chinese Academy of Geological Sciences in Peking erlag am 8. Oktober 2018 im Alter von nur 53 Jahren nachts im Bett einem Herzinfarkt. Laut der Internetseite „Taxa named by Lü Junchang" hat Lü 21 Flugsaurier beschrieben.

2018: David M. Martill und andere beschrieben die neue Gattung und Art des Kurzschwanz-Flugsauriers *Xericeps curvirostris* („Trockener Fänger") aus der Oberkreide von Marokko.

2018: Stanislas Rigal, David M. Martill und Steven Sweet-

Skelett des Kurzschwanz-Flugsauriers Coloborhynchus fluviferox ("Wasser-Schnabel") aus der Unterkreide von England im Nationaal Natuurhistorisch Museum (Naturalis), Leiden (Niederlande).
Foto: Esv – Eduard Solà Vázquez / CC BY-SA 3.0 (via Wikimedia Commons),
lizensiert unter Creative Commons-Lizenz by-sa-3.0,
https://creativecommons.org/licenses/by-sa/3.0/legalcode

man errichteten die neue Gattung des Kurzschwanz-Flugsauriers *Serradraco* für die Art *„Pterodactylus" sagittirostris* aus der Unterkreide von England.

2018: Romain Vullo, Géraldine Garcia, Pascal Godefroit, Aude Cincotta and Xavier Valentin beschrieben die neue Gattung und Art des Kurzschwanz-Flugsauriers *Mistralazhdarcho maggi* aus der Oberkreide von Frankreich. Der Artname *maggi* ehrt Jean-Pierre Maggi, den Bürgermeister von Velaux.

2019: Megan L. Jacobs, David M. Martill, Nizar Ibrahim und Nick Longrich beschrieben die neue Art des Kurzschwanz-Flugsauriers *Coloborhynchus fluviferox* („Wasser-Schnabel") aus der Unterkreide von England.

2019: Borja Holgado, Rodrigo Vargas Pêgas, José Ignacio Canudo, Josep Fortuny, Taissa Rodrigues, Julio Company und Alexander Wilhelm Armin Kellner beschrieben die neue Gattung und Art des Kurzschwanz-Flugsauriers *Iberodactylus andreui* („Iberischer Finger") aus der Unterkreide von Spanien.

2019: David W. E. Hone, Michael Habib und François Therrien beschrieben die neue Gattung und Art des Kurzschwanz-Flugsauriers *Cryodrakon boreas* („Eiskalter Drache") aus der Oberkreide von Kanada.

2019: Adele H. Pentland, Stephen Francis Poropat, Travis R. Tischler, Trish Sloan, Robert A. Elliott, Harry A. Elliott, Judy A. Elliott und David A. Elliott beschrieben die neue Gattung und Art des Kurzschwanz-Flugsauriers *Ferrodraco lentoni* („Eiserner Drache") aus der Oberkreide von Queensland (Australien).

2019: Alexander Wilhelm Armin Kellner, Luiz Carlos Weinschütz, Borja Holgado, Renan Alfredo Machado Bantim und Juliana Manso Sayão beschrieben die neue

Darstellung der Schlacht auf dem Goldweg auf dem offiziellen Game-of-Thrones-Wandteppich (nach dem Vorbild des Wandteppichs von Bayeux) (Ulster Museum in Belfast, Nordirland). Foto: Kal242382 / CC BY 4.0 (via Wikimedia Commons), lizensiert unter Creative Commons-Lizenz by-4.0, https://creativecommons.org/ licenses/by-sa/4.0/legalcode

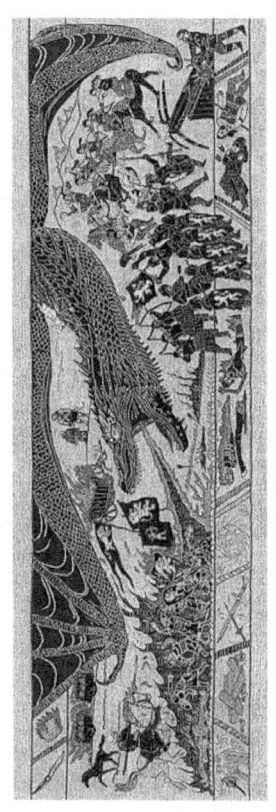

Gattung und Art des Kurzschwanz-Flugsauriers *Keresdrakon vilsoni* („Drachengeist des Todes") aus der Oberkreide von Brasilien.

2019: Alexander Wilhelm Armin Kellner, Michael Wayne Caldwell, Borja Holgado, Fabio Marco Dalla Vecchia, Roy Nohra, Juliana Manso Sayão und Philip John Currie beschrieben die neue Gattung und Art des Kurzschwanz-Flugsauriers *Mimodactylus libanensis* („Finger des Mineral Museum") aus der Oberkreide des Libanon.

2019: Zhou X., Rodrigo V. Pêgas, Maria Eduarda C. Leal und N. Bonde beschrieben die neue Art des Kurzschwanz-Flugsauriers *Nurhachius luei* („Von Nurhachi") aus der Unterkreide von China.

2019: Fabio Marco Dalla Vecchia beschrieb die neue Gattung und Art des Langschwanz-Flugsauriers *Seazzadactylus venieri* („Seazza-Finger") aus der Obertrias von Italien. Der Artname *venieri* erinnert an den Entdecker Umberto Venier.

2019: Rodrigo V. Pêgas, Borja Holgado und Maria Eduarda C. Leal benannten die 1990 beschriebene Art *Ornithocheirus wiedenrothi* aus der Unterkreide bei Hannover um. Sie ersetzten den Gattungsnamen *Ornithocheirus* durch *Targaryendraco*. Der Gattungsname *Targaryendraco* besteht aus der Kombination des Namens „Targaryen" mit dem lateinischen Wort *draco* und bedeutet wörtlich „Targaryen-Drache". Dieser Name bezieht sich auf das fiktive, feuerspeiende Drachen besitzende Haus Targaryen aus der beliebten US-Fernseh-Serie „Game of Thrones" („Spiel um Throne"). Das Autorendrio wählte den Namen, weil die schwarz gefärbten Knochen des Fossils den fiktiven Drachen in der TV-Serie ähneln. *Tagaryendraco* wird eine Flügelspannweite zwischen 2,90 und vier Metern zugeschrieben.

2019/2020: Im Steinbruch Störmer (Steinbruch Wallücke)

Sandsteinplatte mit dem Fußabdruck (unten rechts) eines
Flugsauriers aus dem Oberjura. Ein Fund (WMNM P80968)
aus dem Steinbruch Störmer (Steinbruch Wallücke) bei Hille
(Kreis Minden-Lübbecke) im Wiehengebirge in Westfalen-Lippe.
Original im LWL-Museum für Naturkunde, Münster.
Foto: LWL-Museum für Naturkunde, Christoph Steinweg

bei Hille (Kreis Minden-Lübbecke) im Wiehengebirge in Westfalen-Lippe wurde im Herbst 2019 eine Sandsteinplatte mit dem Hand- und Fußabdruck eines Flugsauriers aus dem Oberjura gefunden. 2020 entdeckte man weitere Flugsaurier-Spuren der 1957 von dem amerikanischen Geologen und Paläontologen William Lee Stokes (1915–1994) beschriebenen Fährten-Gattung *Pteraichnus*. Die Handabdrücke sind zwischen 2,5 und 6,5 Zentimeter und die vier- oder fünfzehigen Fußabdrücke zwischen zwei und zehn Zentimeter lang.

2020: Alexandru Adrian Solomon, Vlad Aurel Codrea, Márton Venczel und Gerald Grellet-Tinner beschrieben die neue Gattung und Art des Kurzschwanz-Flugsauriers *Albadraco tharmisensis* („Weißer Drache aus Alba") aus der Oberkreide von Rumänien.

2020: David W. E. Hone benannte *Dendrorhynchoides mutoudengensis* aus dem Mitteljura von China in *Luopterus mutoudengensis*) um.

2020: David M. Martill, Mick Green, Roy E. Smith, Megan L. Jacobs und John Winch beschrieben die neue Gattung und Art des Kurzschwanz-Flugsauriers *Wightia declivirostris* („Schräge Schnauze der Isle of Wight") aus der Unterkreide der Isle of Wight (England).

2021: Roy Smith, David M. Martill, Alexander Kao, Samir Zouhri und Nicholas R. Longrich beschrieben die neue Gattung und Art des Kurzschwanz-Flugsauriers *Leptostomia begaaensis* aus der Unterkreide von Marokko.

2021: Pascal Abel, Jahn J. Hornung, Benjamin P. Kear und Sven Sachs berichteten in „Acta Palaeontologica Polonica" über das Unterkiefer-Fragment eines Kurzschwanz-Flugsauriers aus der Unterkreide von Sachsenhagen, etwa 30 Kilometer westlich von Hannover in Niedersachsen. Das

Fossil ähnelte der 2013 von Taissa Rodrigues und Alexander Wilhelm Armin Kellner beschriebenen Gattung
Anhanguera.

2021: Brian Andrés und Wann Langston Jr. beschrieben die
Kurzschwanz-Flugsaurier *Quetzalcoatlus lawsoni* und *Wellnhopterus brevirostris* („Wellnhofer's Flügel") aus der Oberkreide von Texas (USA). Der Artname *lawsoni* erinnert an
Douglas A. Lawson, der 1971 die ersten fossilen Reste des
riesigen Flugsauriers *Quetzalcoatlus northropi* aus der Oberkreide entdeckt hat. Mit dem Gattungsnamen *Wellnhopterus*
wird der Münchner Paläontologe Peter Wellnhofer geehrt.

2022: Ricardo N. Martínez, Brian Andrés, Cecilia Apaldetti
und Ignacio A. Cerda beschrieben die Langschwanz-Flugsaurier *Pachagnathus benitoi* („Erd-Kiefer") und *Yelaphomte
praderioi* („Bestie der Lüfte") aus der Obertrias von Argentinien.

2022: Michael J. Benton, Professor für Wirbeltier-Paläontologie an der britischen University of Bristol, veröffentlichte
am 14. September 2022 auf der Internetseite „Spektrum.de"
einen kurzen Beitrag über gefiederte Flugsaurier. Er schrieb,
seit mehr als 25 Jahren wisse man, dass einige Dinosaurier
wie die Vögel ebenfalls Federn besessen hätten. Eine 2019
aufgestellte These, nach der dies einst auch für Flugsaurier
gegolten habe, sei umstritten geblieben. Doch jetzt gäbe es
neue Hinweise auf befiederte Flugsaurier. Möglicherweise
sei das Keratinkleid jener Tiere sogar bunt gewesen und
habe damit als Signal für Artgenossen gedient.

2023: Der Flugsaurier-Experte Helmut Tischlinger aus
Stammham fand heraus, dass die älteste Darstellung eines
Flugsauriers bereits 1759 im Eichstätter fürstbischöflichen
Hochstiftkalender veröffentlicht wurde.

David Hone, Adam Fitch, Stefan Seltzer, René Lauer und
Bruce Lauer beschrieben in „Current Biology" die neue
Flugsaurier-Art *Skiphosoura bavarica* („Schwertschwanz aus
Bayern") mit einer Flügelspannweite von etwa 1,75 Metern
und einem kurzen, spitzen Schwanz. Gefunden wurde die-
ser Flugsaurier aus dem Oberjura 2015 im Schaudiberg-
Steinbruch bei Mühlheim (Kreis Eichstätt) in Bayern.

Literatur

ABEL, Pascal / HORNUNG, Jahn J. / KEAR, Benjamin P.
/ SACHS, Sven: An anhanguerian pterodactyloid mandible
from the lower Valanginian of Northern Germany, and the
German record of Cretaceous pterosaurs. In: Acta Palaeontologica Polonica 66: S. 5–12, 2021.

ANDRÉS, Brian / LANGSTON Jr., Wann: Morphology
and taxonomy of *Quetzalcoatlus* Lawson 1975 (Pterodactyloidea: Azhdarchoidea). In: Journal of Vertebrate Paleontology 41: S. 46–202, 14 December 2021).

ARAMBOURG, Camille: *Titanopteryx philadelphiae* nov.
gen., nov. sp., ptérosaurien géant. In: Notes et Mémoires du
Moyen Orient 7: S. 229–234, 1959.

BENTON, Michael J.: Paläontologie. Gefiederte Flugsaurier. In: Spektrum.de, 14. September 2022.
https://www.spektrum.de/magazin/pterosaurier-besassen-
federn/2049339

CONNIFF, Richard: Death of a Fossil Hunter. Junchang Lü
was is one of the most important dinosaurer researchers of
the past half century. In: Scientific American. 17. Oktober
2018.
https://blogs.scientificamerican.com/observations/death-
of-a-fossil-hunter/

DINODATA.DE von Uwe Jelting:

Pterosaurier Arten / Pterosaur species.
https://dinodata.de/animals/pterosaurs/index.php
DINOSAUR WIKI: Liste aller Flugsaurier.
https://dinosaurier.fandom.com/de/wiki/
Liste_aller_Flugsaurier
FREY, Eberhard / MARTILL, David M.: A reappraisal of
Arambourgiania (Pterosauria, Pterodactyloidea): One of the
world's largest flying animals. In: Neues Jahrbuch für Geo-
logie und Paläontologie. Abhandlungen 199 (2): S. 221–
247, Stuttgart 1996.
HORNUNG, Jahn J. / REICH, Mike: The First Record of
the Pterosaur Ichnogenus *Purbeckopus* in the Late Berriasian
(Early Cretaceous) of Northwest Germany. In: Ichnos.
An International Journal for Plant and Animal Traces 20,
S. 164–172, 2013.
NESSOV, Lev. A. / KANZNYSHKINA, L. F. / CHERE-
PANDI, G. O.: Pterosaurs and Birds from the Upper
Cretaceous of Middle Asia. In: Paleontological Journal,
Academy of Sciences SSSR (1): S. 47–57, Moskau 1984 (in
Russisch).
NESSOV, Lev A. / KANZNYSHKINA, L. F. / CHERE-
PANOV G. O.: Dinosaurs, crocodiles and other archosaurs
from the Late mesozoic of central Asia and their place in
ecosystems. In: Abstracts of the 33rd session of the All-
Union Palaeontological Society, Leningrad, S 46–47, 1987
(in Russisch).
STROMER von REICHENBACH, Ernst: Rekonstruktion
des Flugsauriers *Rhamphorhynchus Gemmingi* H. v. M. In:
Neues Jahrbuch für Mineralogie, Geologie und Paläontolo-
gie 2: S. 49–68, 1912.
THEDA, Denis / SCHERMANN, Achim / LIS, Thomas:
Flugsaurierspuren aus dem Oberjura von Ostwestfalen-

Lippe. In: Archäologie in Westalen-Lippe. S. 25–28, 2020.

TISCHLINGER, Helmut / FREY, Eberhard: Flugsaurier (Pterosauria). Pterodactyloidea (Kurzschwanz-Pterosaurier). In: ARRATIA FUENTES, Gloria / SCHULTZE, Hans-Peter / TISCHLINGER, Helmut / VIOHL, Günter: Solnhofen – Ein Fenster in die Jurazeit. Band 2: S. 469–470, München 1975.

WAGLER, Johann Georg: Natürliches System der Amphibien. München, Stuttgart, Tübingen 1830.

WANG, Xiaolin / KELLNER, Alexander Wilhelm Armin / JIANG, Shunxing / CHENG, Xin / WANG, Qiang / MA, Yingxia / PAIDOULA, Yahefujiang / RODRIGUES, Taissa / CHEN, He / SAYÃO, Juliana M. / LI, Ning / ZHANG, Jialiang / BANTIM, Renan A. M. / MENG, Xi / ZIANG, Xinjun / QIU, Rui / ZHOU, Zhonghe: Egg accumulation with 3D embryos provides insight into the life history of a pterosaur. In: Nature 258: S. 1197–1202, 1. Dezember 2017.

WELLNHOFER: Peter: *Araripedactylus dehmi* nov. gen., nov. sp., ein neuer Flugsaurier aus der Unterkreide von Brasilien. In: Mitteilungen der Bayerischen Staatssammlung für Paläontologie und Historische Paläontologie 17: S. 157–167, München 1977.

WELLNHOFER, Peter: Flugsaurier. Wittenberg Lutherstadt 1980.

WELLNHOFER, Peter: Die große Enzyklopädie der Flugsaurier. Illustrierte Naturgeschichte der fliegenden Saurier. 100 Arten auf über 400 Fotos und Illustrationen. München 1993.

WIKIBRIEF: Zeitleiste der Flugsaurierforschung. https://de.wikibrief.org/wiki/Timeline_of_pterosaur_research

*Bayerische Staatssammlung für Paläontologie und historische Geo-
logie, Paläontologisches Museum München: ein Tempel der Wissenschaft und Zuhause süddeutscher Flugsaurier wie Anurognathus,
Campylognathoides, Ctenochasma, Dorygnathus, Germanodactylus,
Gnathosaurus, Pterodactylus und Rhamphorhynchus.
Foto: Fentriss / CC BY-SA 4.0 (via Wikimedia Commons),
lizensiert unter Creative Commons-Lizenz by-sa-4.0,
https://creativecommons.org/licenses/by-sa/4.0/legalcode*

Flugsaurier in Museen

Petrefaktensammlung Kloster Banz: *Dorygnathus*
Museum für Naturkunde, Humboldt-Universität,
Paläontologisches Museum: *Dorygnathus, Pteranodon,*
Rhamphorhynchus
Geologisch-Paläontologisches Institut der Universität Bonn:
Scaphognathus
Staatliches Museum für Mineralogie und Geologie,
Dresden: *Rhamphorhynchus*
Jura-Museum, Eichstätt: *Ctenochasma, Gnathosaurus,*
Pterodactylus, Rhamphorhynchus
Naturmuseum Senckenberg, Frankfurt am Main:
Pterodactylus, Rhamphorhynchus
Museum Bergér, Harthof bei Eichstätt: *Pterodactylus,*
Rhamphorhynchus
Geologisch-Paläontologisches Institut der Universität
Heidelberg: *Rhamphorhynchus*
Museum Hauff, Holzmaden: *Dorygnathus*
Bayerische Staatssammlung für Paläontologie und
historische Geologie, Paläontologisches Museum München:
Anurognathus, Campylognathoides, Ctenochasma, Dorygnathus,
Germanodactylus, Gnathosaurus, Pterodactylus, Rhamphorhynchus
Museum Solnhofen (früher: Bürgermeister-Müller-Muse-
um): *Rhamphorhynchus, Pterodactylus, Bellubrunnus rothgaengeri*

Literatur
WELLNHOFER, Peter: Systematic und Museen. In: Die
große Enzyklopädie der Flugsaurier. Illustrierte Naturgeschichte der fliegenden Saurier. 100 Arten auf über 400
Fotos und Illustrationen. S. 184–185, München 1993.

Autor Ernst Probst.
Foto: Klaus Benz (1935–2024), Fotograf, Mainz-Laubenheim

Der Autor

Ernst Probst, geboren am 20. Januar 1946 in Neunburg
vorm Wald im bayerischen Regierungsbezirk Oberpfalz, ist
Journalist und Wissenschaftsautor. Er arbeitete von 1968
bis 1971 bei den „Nürnberger Nachrichten", von 1971 bis
1973 in der Zentralredaktion des „Ring Nordbayerischer
Tageszeitungen" in Bayreuth und von 1973 bis 2001 bei der
„Allgemeinen Zeitung", Mainz. In seiner Freizeit schrieb er
Artikel für die „Frankfurter Allgemeine Zeitung", „Süd-
deutsche Zeitung", „Die Welt", „Frankfurter Rundschau",
„Neue Zürcher Zeitung", „Tages-Anzeiger", Zürich, „Salz-
burger Nachrichten", „Die Zeit", „Rheinischer Merkur",
„Deutsches Allgemeines Sonntagsblatt", „bild der wissen-
schaft", „kosmos", „Deutsche Presse-Agentur" (dpa),
„Associated Press" (AP) und den „Deutschen Forschungs-
dienst" (df). Aus seiner Feder stammen die Bücher
„Deutschland in der Urzeit" (1986), „Deutschland in der
Steinzeit" (1991), „Rekorde der Urzeit" (1992), „Dinosaurier in Deutschland" (1993 zusammen mit Raymund
Windolf) und „Deutschland in der Bronzezeit" (1996). Von
2001 bis 2006 betätigte sich Ernst Probst als Buchverleger
sowie zeitweise als internationaler Fossilienhändler und
Antiquitätenhändler. Insgesamt veröffentlichte er etwa
450 Bücher, Taschenbücher und Broschüren sowie rund
450 E-Books.

Bücher von Ernst Probst

(Auswahl)

Meteoriten. Die wichtigsten Funde und Krater
Große Kometen. Schweifsterne in Wort und Bild
Rekorde der Urzeit. Landschaften, Pflanzen und Tiere
Wer war der Stammvater der Insekten? Interview mit dem
Stuttgarter Biologen und Paläontologen Dr. Günther Bechly
Dinosaurier von A bis K. Von Abelisaurus bis zu
Kritosaurus
Dinosaurier von L bis Z. Von Labocania bis zu
Zupaysaurus
Raub-Dinosaurier von A bis Z. Mit Zeichnungen von
Dmitry Bogdanav und Nobu Tamura
Flugsaurier in Deutschland. Von Dorygnathus bis zu
Targaryendraco
Raubdinosaurier in Bayern. Von Archaeopteryx bis zu
Sciurumimus
Der rätselhafte Spinosaurus. Leben und Werk des Forschers
Ernst Stromer von Reichenbach
Hermann von Meyer. Der große Naturforscher
aus Frankfurt am Main
Als Mainz noch nicht am Rhein lag
Der Ur-Rhein. Rheinhessen vor zehn Millionen Jahren
Der Rhein-Elefant. Das Schreckenstier von Eppelsheim
Krallentiere am Ur-Rhein
Säbelzahntiger am Ur-Rhein. Machairodus und
Paramachairodus
Säbelzahnkatzen. Von Machairodus bis zu Smilodon
Die Säbelzahnkatze Machairodus
Menschenaffen am Ur-Rhein

Die Baalberger Kultur. Eine Kultur der Jungsteinzeit vor
etwa 4.300 bis 3.700 v. Chr.
Die Salzmünder Kultur. Eine Kultur der Jungsteinzeit vor
etwa 3.700 bis 3.200 v. Chr.
Die Wartberg-Kultur. Eine Kultur der Jungsteinzeit vor
etwa 3.500 bis 2.800 v. Chr.
Die Walternienburg-Bernburger Kultur. Eine Kultur der
Jungsteinzeit vor etwa 3.200 bis 2.800 v. Chr.
Die Kugelamphoren-Kultur. Eine Kultur der Jungsteinzeit
vor etwa 3.100 bis 2.700 v. Chr.
Die Glockenbecher-Kultur. Eine Kultur der Jungsteinzeit
vor etwa 2.500 bis 2.200 v. Chr.
Das Rätsel der Großsteingräber
Was ist ein Menhir? Interview mit dem Mainzer
Archäologen Dr. Detert Zylmann
Die ersten Bauern in Österreich
Deutschland in der Frühbronzezeit
Deutschland in der Mittelbronzezeit
Deutschland in der Spätbronzezeit
Die Aunjetitzer Kultur in Deutschland
Die Straubinger Kultur in Deutschland
Die Singener Gruppe
Die Arbon-Kultur in Deutschland
Die Ries-Gruppe und die Neckar-Gruppe
Die Adlerberg-Kultur
Der Sögel-Wohlde-Kreis
Die nordische Bronzezeit in Deutschland
Die Hügelgräber-Kultur in Deutschland
Die ältere Bronzezeit in Nordrhein-Westfalen
Die Bronzezeit in der Lüneburger Heide
Die Stader Gruppe
Die Oldenburg-emsländische Gruppe